技工院校实训基地人才培养一体化模块教材

普通车床加工实训
（中级模块）

人力资源和社会保障部教材办公室组织编写

U0840232

中国劳动社会保障出版社

简　介

本书主要内容有：轴类零件加工，套类零件加工及刀具磨损，米制普通螺纹、管螺纹及美制螺纹加工，矩形螺纹、梯形螺纹及蜗杆加工，偏心件及曲轴加工，矩形、非整圆孔和大型回转零件加工，车床内部机构调整以及职业技能鉴定车工中级模拟试卷。

图书在版编目(CIP)数据

普通车床加工实训：中级模块/吴静，蒋镇良主编．—北京：中国劳动社会保障出版社，2015

技工院校实训基地人才培养一体化模块教材

ISBN 978－7－5167－1645－8

Ⅰ.①普…　Ⅱ.①吴…②蒋…　Ⅲ.①车床-加工-技工学校-教材　Ⅳ.①TG510.6

中国版本图书馆 CIP 数据核字(2015)第 038803 号

中国劳动社会保障出版社出版发行

（北京市惠新东街 1 号　邮政编码：100029）

*

北京谊兴印刷有限公司印刷装订　新华书店经销

787 毫米×1092 毫米　16 开本　12.75 印张　284 千字

2015 年 3 月第 1 版　2015 年 3 月第 1 次印刷

定价：24.00 元

读者服务部电话：（010）64929211/64921644/84643933

发行部电话：（010）64961894

出版社网址：http://www.class.com.cn

版权专有　　侵权必究

如有印装差错，请与本社联系调换：（010）80497374

我社将与版权执法机关配合，大力打击盗印、销售和使用盗版图书活动，敬请广大读者协助举报，经查实将给予举报者奖励。

举报电话：（010）64954652

技工院校实训基地人才培养一体化模块教材编委会名单

编审委员会（以姓氏笔画排序）

王国海　冯跃虹　吕成鹰　刘海光　孙大俊
冷耀明　张　林　胡恒庆　龚　安

编审人员

本书主编：吴　静　蒋镇良
本书参编：朱　珩　朱　炼　刘建波
本书主审：周咸阳

为了进一步发挥技工院校在技能人才培养方面的作用，切实满足企业对技能型人才的需求，人力资源和社会保障部教材办公室组织有关学校的骨干教师和行业、企业专家，在充分调研技工院校实训基地人才培养和培训模式以及企业技能人才需求的基础上，吸收和借鉴当前较为成熟的人才培养理念，编写了技工院校实训基地人才培养一体化模块教材。

使用说明

本套教材分为基础模块和专业核心模块（见下图）。其中专业核心模块教材根据国家职业技能鉴定标准中的初级、中级和高级要求设计有相对应的初级模块教材、中级模块教材和高级模块教材。实训基地可根据需要按照“基础模块＋专业核心模块”组合模式选择相应的教材。

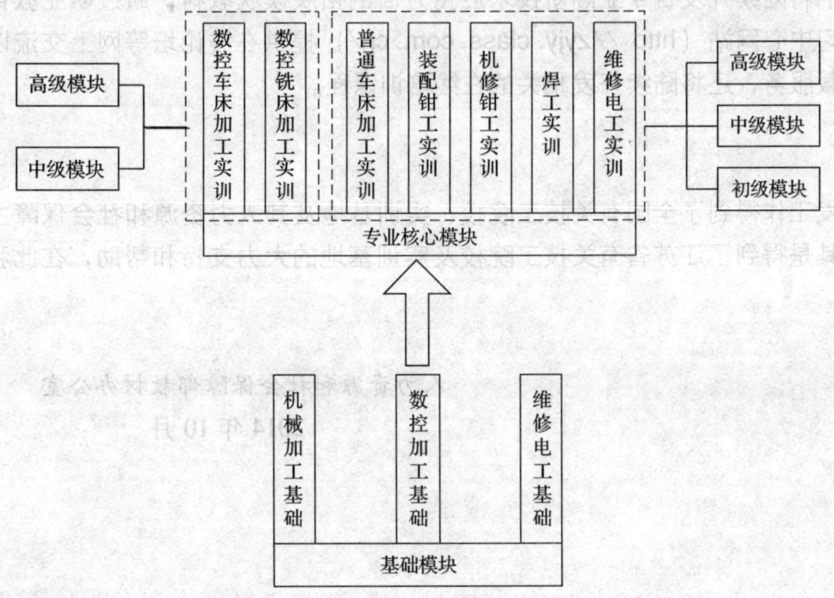

编写特色

◆与职业技能鉴定接轨

教材的编写以车工、数控车工、数控铣工、装配钳工、机修钳工、焊工、维修电工等国家职业技能标准为依据，涵盖国家职业技能标准（初、中、高级）的知识和技能要求，内容具有权威性。为了帮助学员熟悉职业技能鉴定考核形式及考题类型，每种专业核心模块教材均附有3～5套职业技能鉴定模拟试卷（包含理论知识试卷和技能操作试卷），并配有相应的参考答案。

◆与企业需求接轨

教材在编写中充分考虑企业的培训和用人需求，尽量选取企业真实的、有代表性的操作案例，整合相应的知识和技能，构建一体化教学模块，实现理论与操作技能的统一，既符合职业教育和职业培训的基本规律，又有利于培养学员分析问题和解决问题的综合职业能力。

◆保证先进性和规范性

教材根据相关专业领域的最新发展，编入了新知识、新技术、新设备、新材料等方面的内容，保证教材的先进性。同时采用最新的国家技术标准，使教材更加科学和规范。

读者对象

本套教材既可作为技工院校实训基地技能人才培养和培训用书，还可作为企业、社会培训机构的技能培训用书以及职业技术院校师生的专业用书。

后续拓展

作为补充，我们将陆续开发各专业高新技术应用方面的拓展模块教材，通过职业教育教学资源和数字学习中心网站（http://zyjy.class.com.cn/）提供在线论坛等网上交流以及相关教学资源下载服务，还将陆续开发相关的在线培训课程。

致谢

本套教材的开发工作得到了全国有关技工院校、实训基地及其人力资源和社会保障主管部门的支持，尤其是得到了江苏省有关技工院校及实训基地的大力支持和帮助，在此我们表示诚挚的谢意。

人力资源和社会保障部教材办公室

2014年10月

目　录

CONTENTS

模块六　矩形、非整圆孔和大型回转零件加工

模块七　车床内部机构的调整

模块八　职业技能鉴定车工中级考核模拟试卷

模块一 轴类零件加工

课题1 齿轮轴及花键轴的加工

1. 了解机械加工工艺过程的定义及组成。
2. 熟悉基准的类别及基准选择的原则。
3. 掌握工艺路线制订的方法和原则。
4. 能车削传动轴和花键轴。

一、机械加工工艺过程的组成

采用机械加工的方法，直接改变原材料或毛坯的形状、尺寸和表面质量等，使之变为半成品或成品的过程称为机械加工工艺过程，简称工艺过程。

在生产过程中，为了进行科学管理，常把合理的工艺过程中的各项内容编写成文件来指导生产。这类规定工件工艺过程和操作办法等的工艺文件称为机械加工工艺规程，简称工艺规程。工艺规程制订得是否合理，直接影响工件的质量、劳动生产率和经济效益。一个工件可以由几种不同的加工方法制造，但在一定的生产条件下，只有某一种方法是较合理的。因此，在制订工艺规程时，必须从实际出发，根据设备条件、生产类型等具体情况，尽量采用先进加工方法，制订出合理的工艺规程。工艺规程包括工艺过程卡片、工序卡片、检验卡片等。

机械加工工艺过程是比较复杂的，是由按一定顺序安排的工序组成的，这些工序可分为安装、工位、工步，如图1—1所示。毛坯依次通过各道工序，逐渐被加工成所需要的零件。

1. 工序

一个或一组工人，在一个工作地对同一个（或同时对几个）工件所连续完成的那部分加工过程，称为工序。划分工序的主要依据是生产场地（或设备）是否变动和加工过程是否连续。

例1—1 台阶轴的机械加工工艺过程见表1—1。

例1—2 轴套的机械加工工艺过程见表1—2。

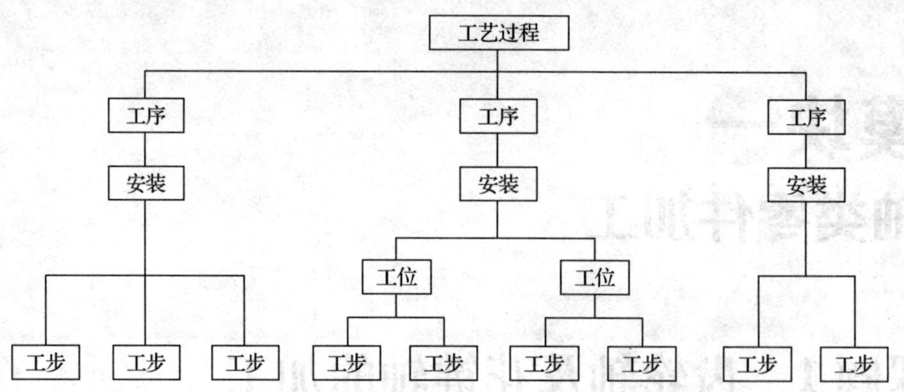

图 1—1 机械加工工艺过程的组成

表 1—1　台阶轴的机械加工工艺过程

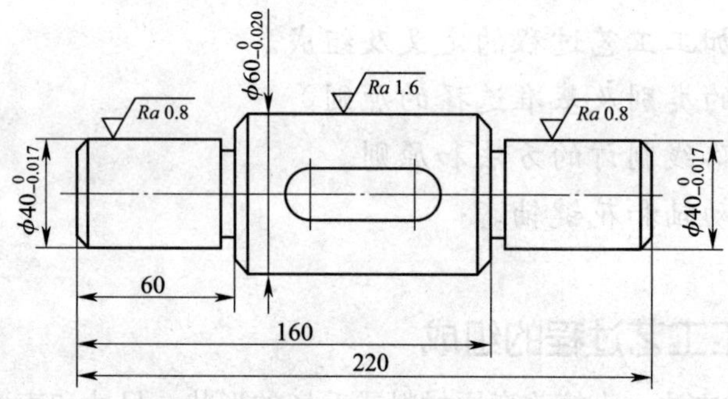

生产类型	工序号	工序内容	加工设备
单件小批生产	1	车端面，钻中心孔，车各外圆，车槽及倒角	车床
	2	铣键槽，去毛刺	铣床
	3	磨两端轴颈外圆	磨床
中批生产	1	铣端面，钻中心孔	专用机床
	2	车各外圆，车槽及倒角	车床
	3	铣键槽	铣床
	4	去毛刺	钳工台
	5	磨两端轴颈外圆	磨床

表 1—2　轴套的机械加工工艺过程

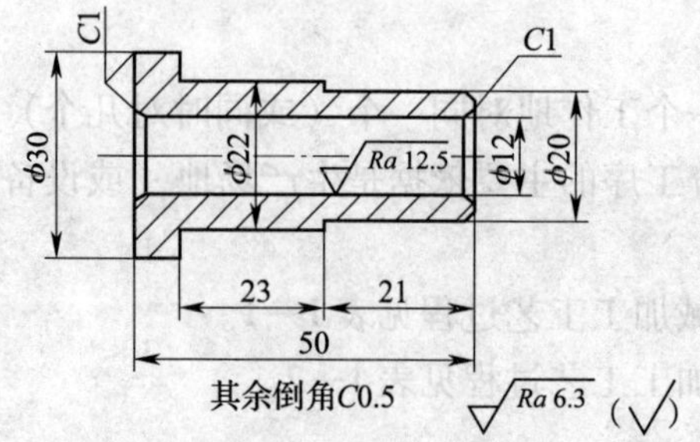

续表

生产类型	工序号	工种	工序内容	工序图
单件小批生产	工序 1	车	车端面、车外圆及台阶、钻孔、倒角、切断	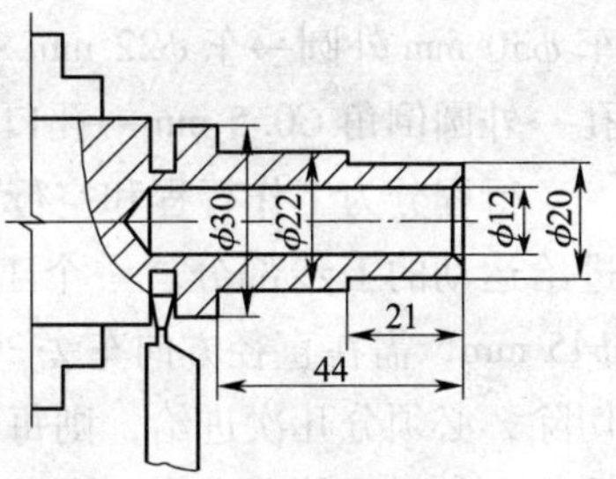
	工序 2	车	车端面、倒角	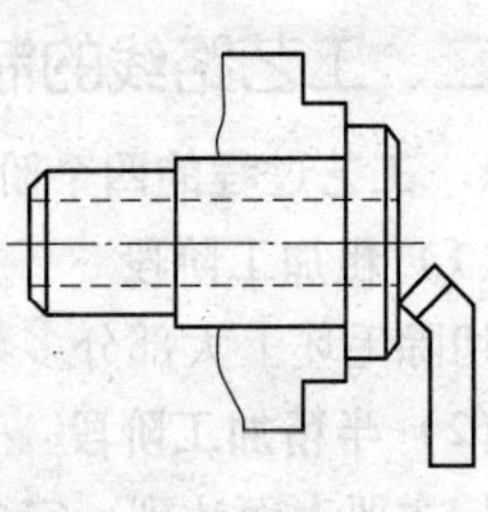

工序划分得多可以进行专用工序生产，采用专用机床可提高效率。

2. 安装

在一道工序中，工件在加工位置上，可以只装夹一次，也可装夹几次。工件经一次装夹后所完成的那部分工序称为安装。在同一工序中，应尽可能减少工件的安装次数。因为安装次数越多，引起的定位误差越大，而且安装工件消耗的时间越长。

3. 工位

为了完成一定的工序部分，一次装夹工件后，工件与夹具或设备的可动部分一起相对刀具或设备的固定部分所占据的每个位置，称为工位。如在车床上加工图 1—2 所示的齿轮泵体，工件装夹在夹具中，车削 A 孔时为一个工位；车削 B 孔时，必须把工件移动一个中心距 L 并夹紧，这时就是第二个工位。

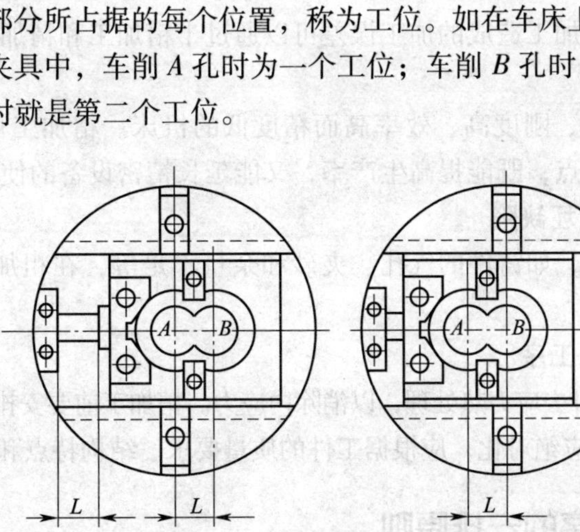

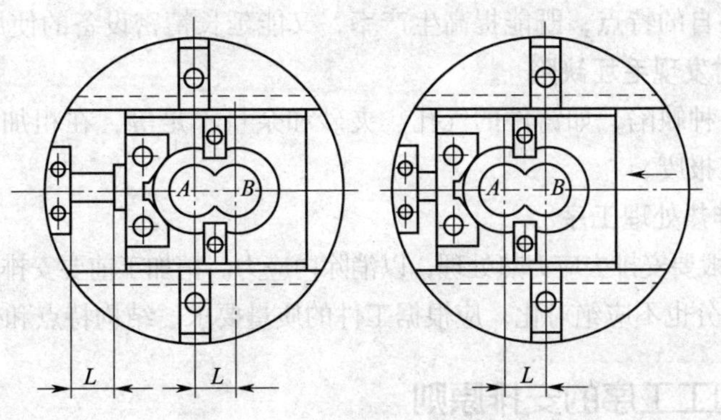

图 1—2　两工位车削齿轮泵体

4. 工步

在加工表面和加工工具不变的情况下，所连续完成的那部分工序，称为工步。如其中一个（或两个）因素变化，则为另一个工步。如轴套工序1包含以下几个工步：车端面→车 ϕ30 mm 外圆→车 ϕ22 mm × 44 mm 外圆→车 ϕ20 mm × 21 mm 外圆→钻 ϕ12 mm × 52 mm 孔→外圆倒角 C0.5 mm→孔口倒角 C1 mm→切断 51 mm。

行程分为工作行程和空行程。工作行程是指刀具以加工进给速度相对工件所完成一次进给运动的工步部分。一个工步可包括一个或几个工作行程。如将 ϕ65 mm 的外圆车至 ϕ45 mm，需在直径方向车去 20 mm 的余量，车床及车刀等工艺系统的刚度低，不允许一次切除，必须分几次进给，则每次进给运动就是一个工作行程。空行程是指刀具以非加工进给速度相对工件所完成一次进给运动的工步部分。

二、工艺路线的制订

1. 工艺过程的四个阶段

(1) 粗加工阶段

切除毛坯上大部分多余的金属，主要目标是提高生产率。

(2) 半精加工阶段

使主要表面达到一定的精度，留有一定的精加工余量，并可完成一些次要表面加工，如扩孔等。

(3) 精加工阶段

保证各主要表面达到规定的尺寸精度和表面粗糙度要求，主要目标是全面保证加工质量。

(4) 光整加工阶段

对工件上精度和表面粗糙度要求很高的表面，需进行光整加工，主要目标是提高尺寸精度、减小表面粗糙度值。但光整加工阶段一般不能用来提高位置精度。

2. 划分加工阶段的目的

(1) 保证加工质量

按加工阶段加工，粗加工造成的加工误差可以通过半精加工和精加工来纠正。

(2) 合理使用机床

粗加工可采用功率大、刚度高、效率高而精度低的机床。精加工可采用高精度机床。这样可发挥设备各自的特点，既能提高生产率，又能延长精密设备的使用寿命。

(3) 便于及时发现毛坯缺陷

对于毛坯的各种缺陷，如铸件的气孔、夹砂和余量不足等，在粗加工后即可发现，便于及时修补或决定报废。

(4) 便于安排热处理工序

粗加工后，一般要安排去应力热处理，以消除内应力。精加工前要安排淬火等最终热处理。

加工阶段的划分也不应绝对化，应根据工件的质量要求、结构特点和生产批量灵活掌握。

三、切削加工工序的安排原则

切削加工工序通常按下列原则安排：

1. 基面先行原则

用作精基准的表面应优先加工出来，因为定位基准的表面越精确，装夹误差就越小。如加工轴类工件时，总是先加工中心孔，再以中心孔为基准加工外圆表面和台阶。

2. 先粗后精原则

各个表面的加工顺序按照粗加工→半精加工→精加工→光整加工的顺序依次进行，逐步提高表面的加工精度并减小表面粗糙度值。

3. 先主后次原则

工件的主要表面、装配基面应先加工，从而及早发现毛坯中主要表面可能存在的缺陷。次要表面可穿插进行，放在主要表面加工到一定程度之后、精加工之前进行。

4. 先面后孔的原则

对复杂工件，一般先加工平面再加工孔。一方面，平面定位稳定可靠；另一方面，在加工过的平面上加工孔比较容易，并能提高孔的加工精度，如钻孔时孔的轴线不易偏斜。

四、热处理工序的安排

根据不同的热处理目的，一般将热处理工序分为预备热处理和最终热处理，具体内容见表1—3。

表1—3　　热处理工序简介

<table>
<tr><th>工序</th><th>工艺</th><th>工艺代号</th><th>应用</th><th>工序位置安排</th><th>目的</th></tr>
<tr><td rowspan="4">预备热处理</td><td>退火</td><td>511</td><td rowspan="2">用于铸铁或锻件毛坯，以改善其切削性能</td><td rowspan="2">毛坯制造后，在粗加工之前进行</td><td rowspan="4">改善材料的力学性能，消除毛坯制造时的内应力，细化晶粒，均匀组织，并为最终热处理准备良好的金相组织</td></tr>
<tr><td>正火</td><td>512</td></tr>
<tr><td>低温时效</td><td></td><td>用于各种精密工件，消除切削加工的内应力，保持尺寸稳定性，对于特别重要的高精度工件要经过几次低温时效处理。有些轴类工件在校直工序后，也要安排低温时效处理</td><td>半精车后，或粗磨、半精磨以后</td></tr>
<tr><td>调质</td><td>515</td><td>调质工件的综合力学性能良好，对某些硬度和耐磨性要求不高的工件，也可作最终热处理</td><td>粗加工后、半精加工之前</td></tr>
<tr><td rowspan="2">最终热处理</td><td>淬火</td><td>513</td><td>适用于碳结构钢。由于工件淬火后，表面硬度高，除磨削和线切割等加工外，一般方法不能对其切削</td><td>半精加工之后、磨削加工之前</td><td rowspan="2">提高工件材料的硬度、耐磨性和强度等力学性能</td></tr>
<tr><td>渗碳淬火</td><td>531</td><td>适用于低碳钢和低合金钢（如15、15Cr、20、20Cr等），其目的是先使工件表层含碳量增加，然后经淬火使表层获得高的硬度和耐磨性，而心部仍保持一定的强度和较高的韧性和塑性。渗碳淬火还可以解决工件上部分表面不淬硬的工艺问题</td><td>半精加工与精加工之间</td></tr>
</table>

续表

工序	工艺	工艺代号	应用	工序位置安排	目的
最终热处理	渗氮	533	渗氮是使氮原子渗入金属表面，从而获得一层含氮化合物的热处理方法。渗氮层较薄，一般不超过0.6～0.7 mm。渗氮后的表面硬度很高，不需淬火	精磨或研磨之前	提高工件材料的硬度、耐磨性和强度等力学性能

五、工序余量的确定

工件相邻两工序的工序尺寸之差，称为工序余量（加工余量）。选择毛坯时表面应留的加工余量称为毛坯余量。如粗车后，要在直径上留 1 mm 余量精车，这个 1 mm 是精车余量；又如精车后要留 0.4 mm 磨削，0.4 mm 是磨削余量。工序余量要考虑加工误差、热处理后的变形、定位基准误差、切痕和缺陷等。

在制定工艺规程时，必须确定适当的工序余量。如淬火工件，磨削余量留得太多，磨削时容易使工件表面退火；余量太少，又往往因工件淬火后变形等原因，磨削后无法把上道工序的痕迹切除而使工件报废。

六、技能训练

1. 齿轮轴的车削

齿轮轴是轴类零件中应用最多、结构最典型的一种零件。一般轴类零件的加工工艺路线为：下料→锻造→退火（正火）→粗加工→调质→半精加工→表面淬火→粗磨→低温时效→精磨。现以图 1—3 所示的齿轮轴为例进行工艺分析。

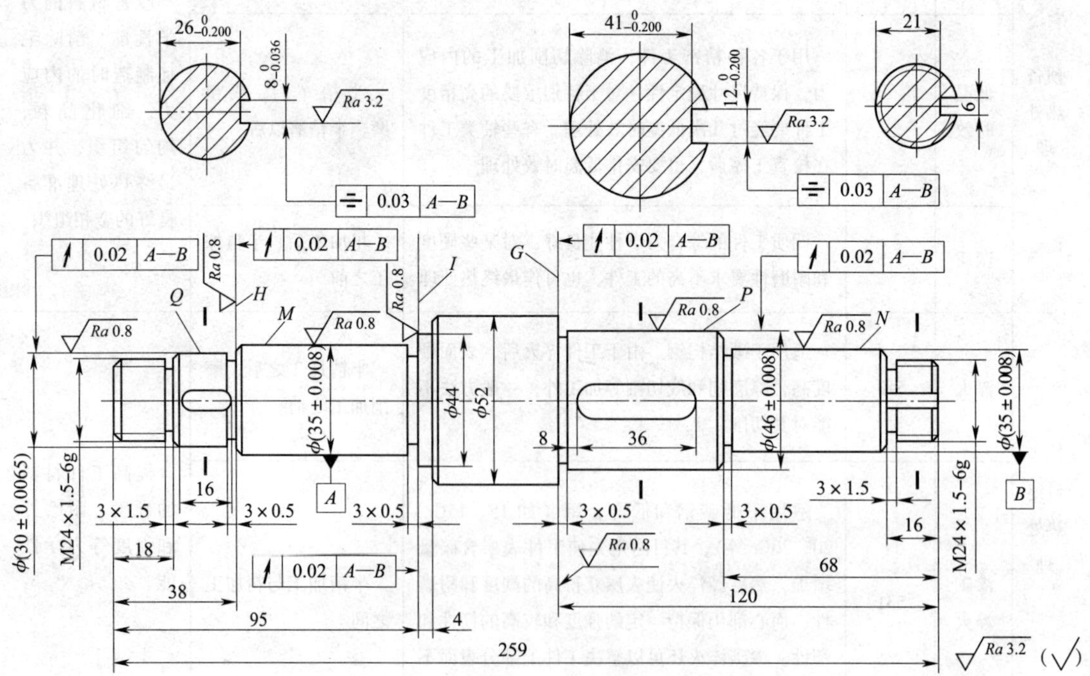

材料：40Cr　数量：5 件　调质（5151）：220～240HBW　未注倒角 $C1$

图 1—3　齿轮轴

(1) 齿轮轴的技术要求

齿轮轴的技术要求见表1—4。

表1—4　　齿轮轴的技术要求

工作部位	作用	技术要求
轴颈 *M* 轴颈 *N*	安装轴承的支撑轴颈，也是齿轮轴装入箱体的装配基准	尺寸精度高，公差等级均为IT6，表面粗糙度为 $Ra0.8\ \mu m$
轴中间的外圆 *P* 轴左端的外圆 *Q*	外圆 *P* 用来安装蜗轮，运动可以由蜗杆通过蜗轮减速后输入齿轮轴，再通过外圆 *Q* 上的齿轮将运动输送出去	
轴肩 *G*、*H*、*I*	在使用中承受轴向载荷，在加工中作为轴向定位基准	端面对公共轴线 *A*—*B* 的端面圆跳动为0.02 mm，表面粗糙度为 $Ra0.8\ \mu m$

(2) 工艺分析

齿轮轴的工艺分析见表1—5。

表1—5　　齿轮轴的工艺分析

内容	说明
主要表面的加工方法	齿轮轴的大部分表面应以车削为主。表面 *M*、*N*、*P* 和 *Q* 的尺寸精度要求很高，表面粗糙度值 *Ra* 小，所以车削后，还需要进行磨削。这些表面的加工顺序为：粗车→调质→半精车→磨削
选择定位基准	齿轮轴的几个主要配合表面和台阶面，对基准轴线 *A*—*B* 均有径向圆跳动和端面圆跳动要求，所以应在粗车之前加工B型中心孔作径向定位基面
选择毛坯类型	轴类工件的毛坯通常选用圆钢或锻件。对于直径相差较小、传递转矩不大的一般台阶轴，其毛坯多采用圆钢；而对于传递较大转矩的重要轴，无论其轴径相差多少、形状简单与否，均应选择锻件作毛坯 图示的齿轮轴，为一般用途的台阶轴，且批量仅5件，故选用圆钢坯料，材料为40Cr
拟定加工路线	拟定齿轮轴工艺路线，在考虑主要表面加工的同时，还要考虑次要表面的加工和热处理。要求不高的外圆表面（如 $\phi52$ mm），以及退刀槽、砂轮越程槽、倒角和螺纹，应在半精车时加工。键槽在半精车后再划线、铣削。调质安排在粗车后，调质后一定要修研中心孔。在磨削前，一般还应修研一次中心孔，以提高定位精度

(3) 齿轮轴机械加工工艺过程

齿轮轴机械加工工艺过程见表1—6。

表 1—6　　齿轮轴机械加工工艺过程

工序号	工步	工序内容	加工简图	设备
1	下料	ϕ52 mm×263 mm		
2		粗车各台阶 三爪自定心卡盘夹持棒料毛坯		CA6140
	1	车平右端面		
	2	钻中心孔		
		一夹一顶装夹		
	3	粗车外圆 ϕ48 mm×118 mm		
	4	粗车外圆 ϕ37 mm×66 mm		
	5	粗车外圆 ϕ26 mm×14 mm		
		掉头夹 ϕ48 mm 外圆处		
	6	车端面，保证总长 259 mm		
	7	钻中心孔		
		一夹一顶装夹		
	8	粗车外圆 ϕ54 mm×141 mm		
	9	粗车外圆 ϕ37 mm×93 mm		
	10	粗车外圆 ϕ32 mm×36 mm		
	11	粗车外圆 ϕ26 mm×16 mm		
3	热	调质（5151）220～240HBW		
4	钳	修研两端中心孔	手握	
5		半精车台阶 两顶尖装夹		CA6140
	1	半精车外圆 ϕ（46.5±0.1）mm、左端距轴端 120 mm		
	2	半精车外圆 ϕ（35.5±0.1）mm、左端距轴端 68 mm		
	3	半精车外圆 $\phi24^{-0.1}_{-0.2}$ mm×16 mm		
	4	三处车槽		
	5	三处倒角 C1 mm		

续表

工序号	工步	工序内容	加工简图	设备
5		掉头两顶尖装夹		CA6140
	6	车外圆 $\phi52$ mm 到尺寸		
	7	车外圆 $\phi44$ mm 到尺寸，左端距轴端 99 mm		
	8	半精车外圆 ϕ（35.5 ±0.1）mm，左端距轴端 95 mm		
	9	半精车外圆 ϕ（30.5 ±0.1）mm、左端距轴端 38 mm		
	10	半精车外圆 $\phi24^{-0.1}_{-0.2}$ mm × 18 mm		
	11	三处车槽		
	12	四处倒角 $C1$ mm		
6		车螺纹		CA6140
	1	两顶尖装夹 车一端螺纹 M24 ×1.5—6g		
	2	掉头两顶尖装夹 车另一端螺纹 M24 ×1.5—6g		
7	钳	划键槽和止动垫圈槽加工线		
8	铣	铣键槽和止动垫圈槽		X6132
	1	铣键槽，宽 12 mm，深 5.25 mm		
	2	铣键槽，宽 8 mm，深 4.25 mm		
	3	铣右端止动垫圈槽，宽 6 mm，深 3 mm		
9	钳	修研两端中心孔	手握	

续表

工序号	工步	工序内容	加工简图	设备
10		磨外圆，靠磨台阶 两顶尖装夹工件		M1432A
	1	磨外圆 φ（30±0.006 5）mm，并靠磨台阶 *H*		
	2	磨外圆 φ（35±0.008）mm，并靠磨台阶 *I*		
		掉头，两顶尖装夹		
	3	磨外圆 φ（35±0.008）mm		
	4	磨外圆 φ（46±0.008）mm，并靠磨台阶 *G*		
11	检	检验		

2. 花键轴的车削

根据图 1—4 所示，完成花键轴的车削加工。

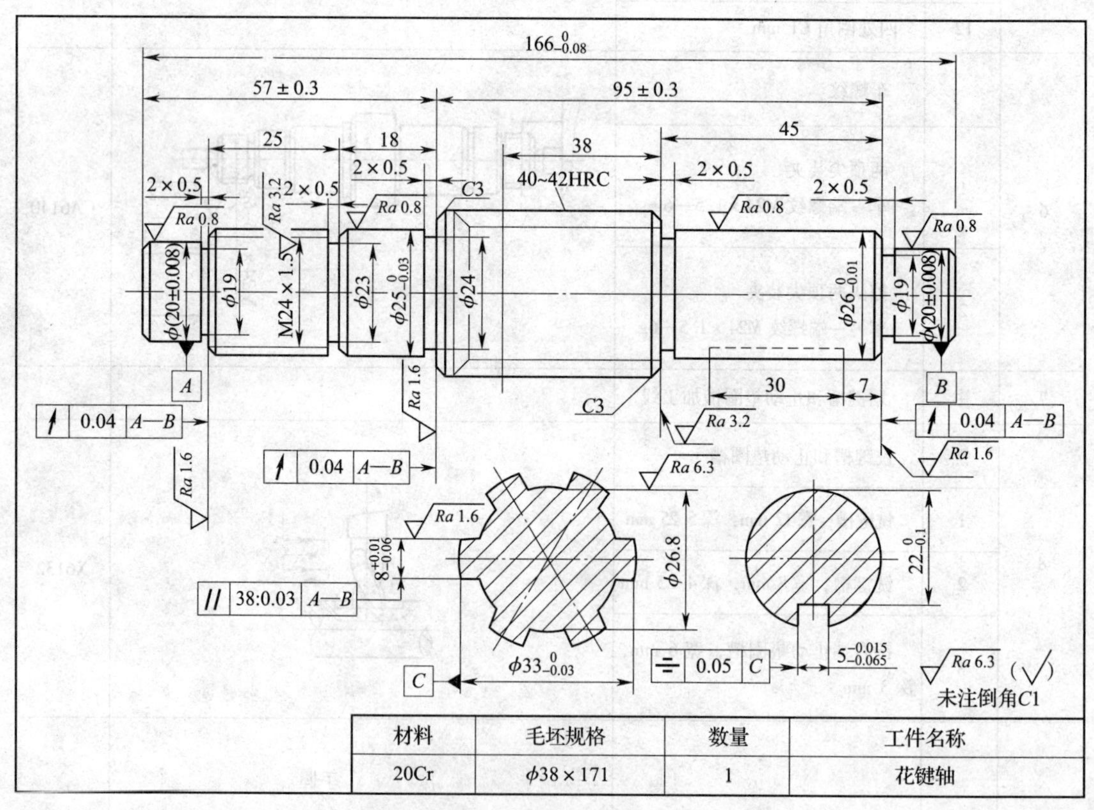

图 1—4　花键轴

(1) 技术要求

零件轴肩 $\phi20$ mm 轴线为基准 *A* 和 *B*；零件三个端面有较小的端面圆跳动公差；部分长度尺寸要求较高；未注倒角为 *C*1 mm。

(2) 工艺分析

零件加工路线为：钳→车→铣→磨，采取一夹一顶粗车，用两顶尖法装夹进行精车，保证形状、位置精度要求。

(3) 加工过程

备料：ϕ38 mm×171 mm

粗车：材料伸出长度为115 mm，夹紧后车端面，钻中心孔A2.5/5；粗车ϕ38 mm×110 mm、ϕ28 mm×58.5 mm、ϕ22 mm×13.5 mm；掉头，控制零件总长$166_{-0.08}^{0}$ mm，钻中心孔A2.5/5，粗车ϕ27 mm×55.5 mm、ϕ22 mm×13.5 mm。

精车：采用两顶尖对撑，用鸡心夹夹持ϕ22 mm外圆，精车另一端，ϕ25 mm×57 mm、精车ϕ24 mm，控制长度18 mm尺寸，精车ϕ20 mm，控制长度25 mm尺寸；切槽2 mm×0.5 mm（三处）、倒角*C*1 mm、*C*3 mm；车M24×1.5 mm螺纹，用螺纹环规检测其精度；掉头，用鸡心夹夹持ϕ20 mm外圆（垫铜皮），精车ϕ33 mm、ϕ26 mm、ϕ20 mm外圆，控制长度45 mm；切槽2 mm×0.5 mm（二处）；倒角*C*1 mm、*C*3 mm。

铣削：花键和键槽

磨削：ϕ25 mm、ϕ20 mm外圆

课题2　细长轴的加工

学习目标

1. 了解细长轴零件的结构及工艺特点。
2. 掌握细长轴的车削方法。

一、细长轴零件的结构及工艺特点

工件长度*L*与直径*d*之比大于25（即长径比>25）的轴类工件称为细长轴。细长轴零件的外形并不复杂，但其自身的刚度较差，车削时易出现以下问题：

(1) 在切削过程中，工件受热伸长会产生弯曲变形，甚至会使工件卡死在顶尖间无法加工。

(2) 工件受切削力作用产生弯曲，从而引起振动，影响工件的形状、尺寸精度和表面粗糙度。

(3) 由于工件有自重、变形、振动，影响工件圆柱度和表面粗糙度；旋转时受离心力作用产生振动，影响加工质量。

(4) 车细长轴时进给距离较长，刀具磨损很快，则工件容易出现圆柱度误差，甚至引起振动，使工件难以加工。

因此，车削细长轴时，不论对刀具、机床精度、辅助工具精度、切削用量的选用，还是工艺安排与操作技能都应有较高的要求。车削细长轴是一项工艺性较强的综合技术。

二、细长轴零件的车削方法

细长轴零件的加工难度较大，但解决其受热伸长、受力变形，提高工件的刚度等，问题就能迎刃而解。因此，正确使用中心架和跟刀架，解决工件热变形伸长，合理选择刀具的几何参数是车削细长轴的关键技术。

1. 使用中心架支撑车细长轴

中心架是车床附件之一，在车削细长轴时，可使用中心架支撑工件，增加工件的刚度，满足车削加工的要求。当细长轴可以分段加工时，中心架的架体通过压板支撑在工件中间，如图 1—5 所示。

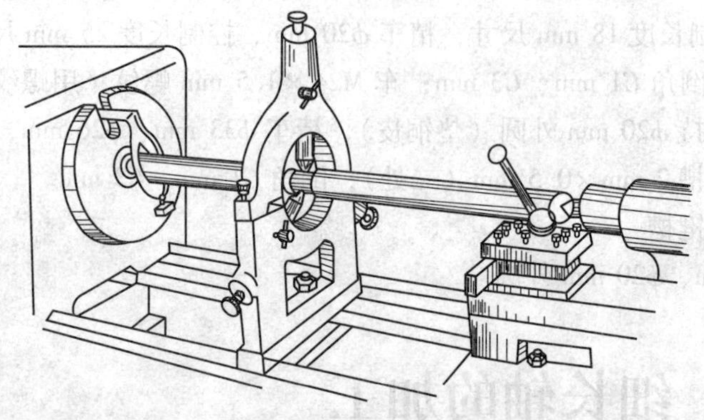

图 1—5　用中心架支撑车削细长轴

这时，工件的长径比减小了一半，工件的刚度可相应增加。但在工件装上中心架之前，必须在细长轴毛坯中部车出一段支撑中心架支撑爪的槽，沟槽直径略大于工件尺寸，表面粗糙度值和圆柱度误差要小，否则会影响工件的精度。调整中心架时，首先必须调整好中心架的下面两个支撑爪，用螺钉锁紧，然后再盖好上盖，调整上面的支撑爪，并用螺钉紧固。

当被车削的细长轴中间无法加工沟槽或支撑中心架处有键槽、花键等不规则表面时，可采用中心架和过渡套筒支撑车细长轴。如图 1—6 所示，中心架的支撑爪与过渡套筒的外表面接触，过渡套筒的两端各有 3 个调整螺钉，用这些螺钉夹住工件，调整套筒外圆的轴线与车床主轴轴线重合，即可车削。

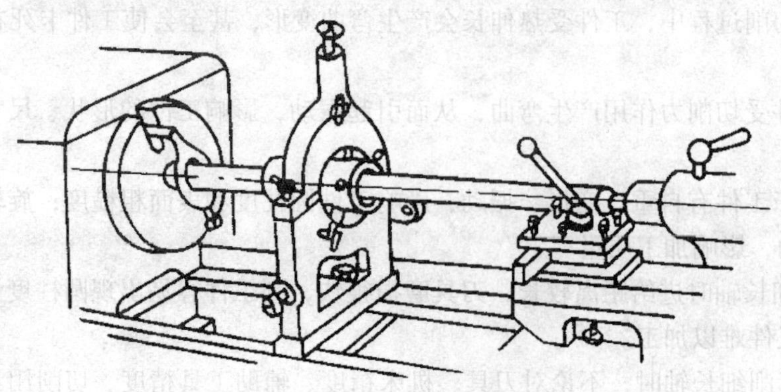

图 1—6　用过渡套筒支撑细长轴

中心架的三个支撑爪在工作时，由于与工件相互摩擦而产生磨损，支撑爪长期磨损至无法使用时，可用青铜、球墨铸铁或尼龙 1010 等材料的支撑爪替换。

2. 使用跟刀架支撑车细长轴

对不适宜掉头车削的细长轴，不能用中心架支撑时，可用跟刀架进行车削，以增加工件加工区域的刚度，如图 1—7 所示。由于跟刀架固定在床鞍上，在车削时跟在车刀的后面，随车刀的进给移动，抵消背向力，并可以增加工件的刚度，减小变形，从而提高细长轴的形状精度，减小表面粗糙度值。

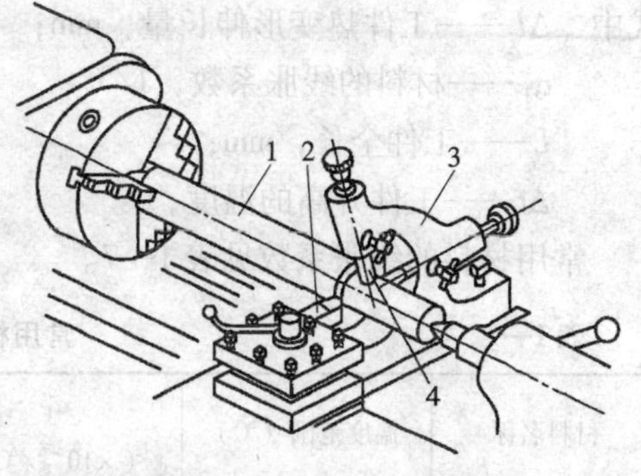

图 1—7　跟刀架的使用方法

1—细长轴　2—车刀　3—跟刀架　4—支撑爪

跟刀架主要用来车削细长轴和长丝杠。跟刀架分为两个支撑爪和三个支撑爪两种，如图 1—8 所示。

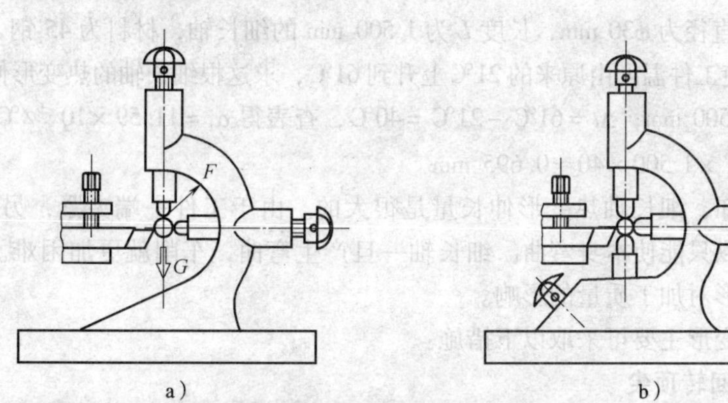

图 1—8　跟刀架的选用

a）两爪跟刀架　b）三爪跟刀架

从跟刀架的设计原理来看，只需两个支撑爪就可以了，如图 1—8a 所示。车刀对工件的切削力 F 使工件紧贴在跟刀架的两个支撑爪上，但在实际车削时，工件自身有一个向下的重力，以及工件不可能避免的弯曲，工件因离心力的作用而与支撑爪出现若即若离的现象，从而易引起振动。如果采用三个支撑爪的跟刀架，如图 1—8b 所示。工件一面由车刀抵住，另一面受跟刀架三爪支撑，上下、左右都不能移动。因此，车削细长轴时使用三个支撑爪的跟刀架效果较好。

3. 减少工件的受热变形伸长

车削时，由于切削热的影响，使工件随着温度升高而逐渐伸长变形，称为热变形。在车削一般轴类工件时可不考虑热变形伸长问题，但是车削细长轴时，因工件长，热变形伸长量大，所以一定要考虑热变形对加工质量的影响。

工件热变形伸长量可按下列公式计算：

$$\Delta L = \alpha_1 L \Delta t$$

式中 ΔL——工件热变形伸长量，mm；

α_1——材料的线胀系数，1/℃；

L——工件全长，mm；

Δt——工件升高的温度，℃。

常用材料的线胀系数见表1—7。

表1—7　　常用材料的线胀系数

材料名称	温度范围（℃）	α_1（$\times10^{-6}$/℃）	材料名称	温度范围（℃）	α_1（$\times10^{-6}$/℃）
灰铸铁	0～100	10.4	65Mn	25～100	11.1
球墨铸铁	0～100	10.4	纯铜	20～100	17.2
45钢	20～100	11.59	黄铜	20～100	17.8
20Cr	20～100	11.3	锡青铜	20～100	18.0
40Cr	25～100	11.0	铝	0～100	23.8

例1—3　车削直径为$\phi30$ mm，长度L为1 500 mm的细长轴，材料为45钢，车削时因受切削热的影响，使工件温度由原来的21℃上升到61℃，求这根细长轴的热变形伸长量。

解：已知$L=1\ 500$ mm，$\Delta t=61℃-21℃=40℃$，查表得$\alpha_1=11.59\times10^{-6}$/℃，则$\Delta L=\alpha_1 L\Delta t=11.59\times10^{-6}\times1\ 500\times40\approx0.695$ mm

从上例计算可知，细长轴热变形伸长量是很大的。由于工件一端夹紧，另一端顶住，工件无法伸长，所以只能使本身弯曲。细长轴一旦产生弯曲，车削就更加困难。因此，必须降低工件的热变形对加工质量的影响。

减少工件的热变形主要可采取以下措施：

（1）使用弹性回转顶尖

弹性回转顶尖的结构如图1—9所示。顶尖用圆柱滚子轴承、滚针轴承承受背向力，推力球轴承承受进给力。在短圆柱滚子轴承和推力球轴承之间，放置若干片碟形弹簧片。当工件受热变形伸长时，工件推动顶尖通过圆柱滚子轴承使碟形弹簧片压缩变形。生产实践证明，用弹性回转顶尖加工细长轴，可有效地补偿工件的热变形伸长，工件不易弯曲，车削可顺利进行。

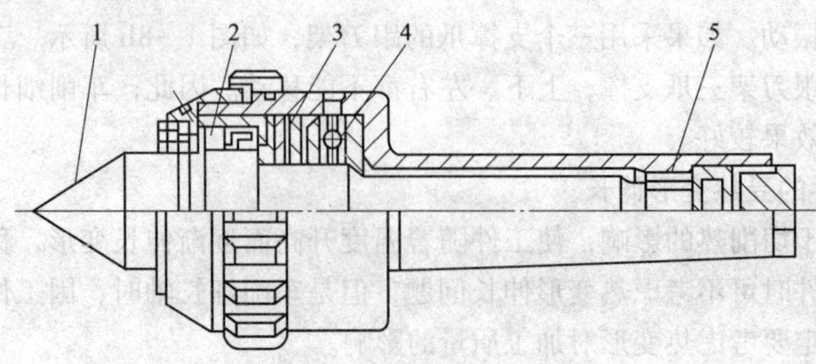

图1—9　弹性回转顶尖的结构

1—顶尖　2—圆柱滚子轴承　3—碟形弹簧片　4—推力球轴承　5—滚针轴承

（2）采用浮动夹紧和反向进给车削

如图 1—10 所示，浮动夹紧和反向进给车削细长轴。细长轴采用一夹一顶装夹方式，其卡爪夹持的部分不宜过长，一般为 15 mm 左右，最好用 $\phi 3$ mm 的钢丝圈垫在卡爪的凹槽中。这样细长轴左端的夹持就形成线接触的浮动状态，使细长轴在卡盘内能自由调节，切削过程中受热变形伸长的细长轴，不会因卡盘夹死而产生弯曲变形。

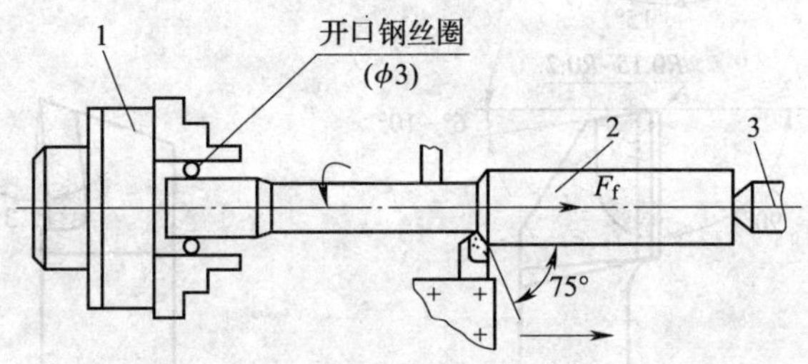

图 1—10　浮动夹紧和反向进给车削

1—卡盘　2—细长轴　3—弹性回转顶尖

采用反向进给时，进给力 F_f 拉直工件已加工部分，并推进工件待切削部分由右端的弹性回转顶尖支撑并补偿，细长轴不易产生弯曲变形。

浮动夹紧和反向进给车削能使工件达到较高的加工精度和较小的表面粗糙度值。

（3）加注充分的切削液

车削细长轴时，无论是低速切削，还是高速切削，加注充分的切削液能有效地降低切削区域的温度，从而减少工件的受热变形伸长，延长车刀的使用寿命。

（4）保持刀具锋利

细长轴车刀要求面平刃直，刀面光洁可以减少车刀与工件之间的摩擦，刃口锋利能降低切削力，减少细长轴的热变形和受力变形。

4. 合理选择车刀的几何参数

车细长轴时，由于工件刚度低，车刀的几何参数对切削力、切削热、振动和工件弯曲变形等均有明显的影响。选择车刀几何参数时主要考虑以下几点：

（1）车刀的主偏角是影响背向力的主要因素，在不影响刀具强度的前提下，应尽量增大车刀主偏角，以减小背向力，从而减小细长轴的弯曲变形。一般细长轴车刀的主偏角选 $\kappa_r = 80° \sim 93°$。

（2）为了减小切削力和切削热，应选择较大的前角，以使刀具锋利，切削轻快。前角一般取 $\gamma_o = 15° \sim 30°$。

（3）前面应磨有 $R1.5 \sim R3$ mm 的圆弧形断屑槽，使切屑顺利卷曲折断。

（4）选择正值刃倾角，通常 $\lambda_s = 3° \sim 10°$，使切屑流向待加工表面。此外，车刀也容易切入工件，降低切削抗力。

（5）为了减小背向力，应选择较小的刀尖圆弧半径（$r_\varepsilon < 0.3$ mm）。倒棱的宽度也应选得较小，一般选取倒棱宽度 $b_{r_1} = 0.5f$。

（6）要求切削刃表面粗糙度 $Ra \leqslant 0.4$ μm，并保持切削刃锋利。

图 1—11 所示为 90°细长轴车刀。

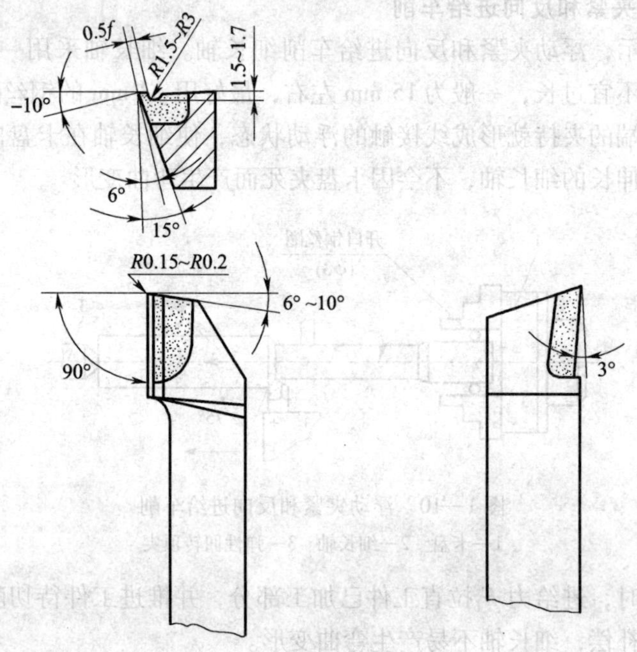

图1—11　90°细长轴车刀

三、技能训练

1. 中心架支撑爪的调整练习

操作步骤：

（1）工件用一夹一顶装夹，两端支撑妥当后，用切削时的切削速度进行试车。

（2）轻度拧紧中心架活动臂卡爪。

（3）拧紧靠操作者一侧的支撑爪，直到感觉支撑爪轻微接触到工件外圆为止（可结合耳听、目测等感觉）。

（4）拧紧远离操作者一侧的支撑爪。

（5）拧紧上面的支撑爪。

（6）用手轻轻拧动支撑爪的滚花螺钉，保证支撑爪与工件外圆正好接触。

（7）锁住下面的两个支撑爪。

（8）在支撑爪与工件之间加油进行润滑，防止发热。

2. 跟刀架调整练习

操作步骤：

（1）在已加工表面上，调整支撑爪与刀具的支撑位置，两者距离小于 10 mm。

（2）控制背吃刀量，使整个轴在全长上能够切除毛坯余量，不能留有黑疤和斑痕。

（3）拧紧后支撑爪至工件外圆，应用手感、听觉、目测等方法有效地控制支撑爪轻轻地接触到工件外圆为止。

（4）拧紧下支撑爪和上支撑爪，要求每个支撑爪都能与细长轴保持相同的微小间隙，并可自由活动。

（5）经常对各个支撑爪的接触情况进行跟踪监视和检查，并注油润滑。

3. 根据图 1—12 所示，完成细长轴的车削

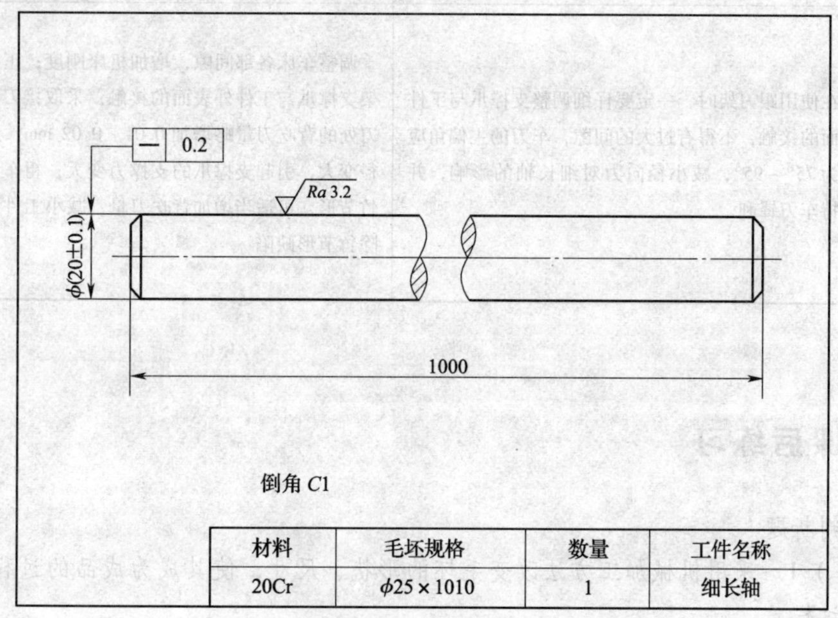

材料	毛坯规格	数量	工件名称
20Cr	$\phi 25 \times 1010$	1	细长轴

图 1—12　细长轴

加工提示：

（1）车削细长轴前必须调整尾座中心，使之与主轴轴线在同一直线上。

（2）尾座套筒伸出部分应尽可能短，后顶尖的顶紧力要适当。顶紧力过大，工件易出现弯曲变形；顶紧力太小，易引起工件振动。

（3）支撑爪与细长轴的接触压力要调整适当，压力过大，会把工件车成“竹节形”，如果压力太小，甚至没有接触，就起不到中心架、跟刀架的作用。

（4）车削细长轴时，应始终浇注冷却、润滑性能较好的乳化液进行充分冷却。

资料卡片

表 1—8 所示为细长轴加工缺陷及消除措施。

表 1—8　　细长轴加工缺陷及消除措施

	腰鼓形	竹节形
定义	车削加工后，工件出现两端直径小、中间直径大的现象，这种误差称为“腰鼓形”	形状如竹节，其节距大约等于跟刀架支撑爪与车刀刀尖间的距离，并且循环出现
产生原因	由于细长轴刚度差，跟刀架的支撑爪与工件表面接触不实，因磨损产生了间隙，当车削至中间部位时，由于径向力的作用，车刀将工件的旋转中心压向主轴旋转中心的一侧，使背吃刀量减小。而工件两端的刚度较好，背吃刀量基本无变化。因此，使工件中间部位产生“让刀”而使细长轴成腰鼓形	车床大滑板和中滑板的间隙过大，车削过程中出现“让刀”现象 跟刀架支撑爪与工件表面的间隙过大，使车出的直径略大于基准段直径，造成工件的旋转中心被压向车刀一边，车削出的直径减小。这样，跟刀架先后循环支撑在工件的不同直径处，使工件离开或靠近车刀，车削出有规律的竹节形

续表

	腰鼓形	竹节形
消除措施	在使用跟刀架时，一定要仔细调整支撑爪与工件表面的接触，不得有过大的间隙，车刀的主偏角应选为75°～95°，减小径向力对细长轴的影响，并保持车刀锋利	调整车床各部间隙，增加机床刚度；正确调整跟刀架支撑爪与工件外表面的接触；采取接刀车削时，接刀处的背吃刀量略增加0.01～0.02 mm，避免工件外径变大，引起支撑爪的支撑力变大；粗车细长轴出现竹节形，可适当增加背吃刀量，减小工件直径，以消除竹节形缺陷

课后练习

一、判断题

(　　) 1. 采用机械加工方法改变毛坯的形状、尺寸，使其成为成品的过程称为机械加工工艺过程。

(　　) 2. 机械加工工艺过程是由按一定顺序安排的工序组成的。

(　　) 3. 划分工序的主要依据是工作地（或设备）是否变动和加工过程是否连续。

(　　) 4. 工件的装夹次数越多，引起的误差就越大，所以在一道工序中，只能有一次安装。

(　　) 5. 因粗基准的表面粗糙度值大，精度又低，所以可以重复使用。

(　　) 6. 采用基准统一原则，可减小定位误差，提高加工精度，有利于保证其位置精度。

(　　) 7. 使用三爪跟刀架支撑车削细长轴的目的是使车削稳定，不易产生振动。

(　　) 8. 车削细长轴时，跟刀架支撑爪与工件的接触压力应大些，这样可使工件不易走动。

(　　) 9. 使用三爪跟刀架支撑车削细长轴，可以有效地补偿工件的受热变形伸长。

(　　) 10. 在机械制造中，加工零件和装配机器所采用的各种基准总称为工艺基准。

(　　) 11. 装配时用来确定零件或部件在产品中的相对位置所采用的基准，称为定位基准。

(　　) 12. 工件的各表面不需要全部加工时，应以不加工面作粗基准。

(　　) 13. 当零件的相对位置精度要求较高时，应采用工序分散法。

(　　) 14. 使用跟刀架车削细长轴时，调节跟刀架支撑爪与工件接触面间隙的大小是车削的关键。

二、选择题

1. 工件经一次装夹后，所完成的那一部分工序称为（　　）。

A. 安装　　B. 加工　　C. 工序

2. 工件一次安装中（　　）工位。

A. 只能有一个　　B. 必须有几个　　C. 可以有一个或几个

3. 将一个连接盘工件装夹在分度头上钻六个等分孔，钻好一个孔后要分度一次钻第二个孔，钻削该工件的六个等分孔，就有（　　）。

A. 六个工位　　B. 六道工序　　C. 六次安装

4. 在加工表面和加工工具不变的情况下，连续完成的那一部分工序称为（　　）。

A. 进给　　B. 安装　　C. 工步

5. 采用设计基准、测量基准、装配基准作为定位基准时，称为基准（　　）原则。

A. 统一　　B. 互换　　C. 重合

6. 在车床上，用三把刀具同时加工一个工件的三个表面的工步为（　　）工步。

A. 一个　　B. 三个　　C. 复合

7. 在工艺过程卡片中，对（　　）一般不做严格区别。

A. 工步和进给　　B. 安装和工位　　C. 工步和工位

8. 在大量生产中，广泛采用（　　）。

A. 专用机床、自动机床和自动生产线

B. 数控机床和加工中心

C. 通用机床

9. 在单件生产中，常采用（　　）法加工。

A. 工序集中　　B. 工序分散　　C. 分段

10. 对于碳的质量分数大于0.7%的碳素钢和合金钢毛坯，常采用（　　）作为预备热处理。

A. 正火　　B. 退火　　C. 回火

11. 定位基准、测量基准和装配基准（　　）。

A. 都是工艺基准

B. 都是设计基准

C. 既是设计基准、又是工艺基准

12. 锻件、铸件和焊接件，在毛坯制造之后，一般都安排（　　）热处理。

A. 退火或正火　　B. 调质　　C. 时效

13. 调质热处理用于各种（　　）碳钢。

A. 低　　B. 中　　C. 高

14. 淬火工序一般安排在（　　）。

A. 毛坯制造之后，粗加工之前

B. 粗加工之后，半精加工之前

C. 半精加工之后，磨削加工之前

15. 基准一般分为（　　）。

A. 设计基准和工艺基准两大类

B. 定位基准、测量基准和装配基准三大类

C. 设计基准、工艺基准、定位基准、测量基准和装配基准五大类

三、简答及计算题

1. 车削直径为 ϕ50 mm、长度为 1 500 mm，材料的线胀系数为 11.59×10^{-6}/℃的细长轴时，测得工件伸长了 0.522 mm，问工件的温度升高了多少？

2. 车削直径为 ϕ25 mm、长度为 1 200 mm、材料为 45 钢的细长轴，因受切削热的影响，使工件由原来的 21℃上升到 61℃时，求这根轴的热变形伸长量为多少？（提示：材料线胀系数 α_1 为 11.59×10^{-6}/℃）

3. 何谓定位误差？它包括哪两部分？

4. 工件装夹在夹具中加工时，保证工件加工精度的条件是什么？

5. 试述一般主轴加工的典型工艺路线。

6. 车削轴类工件外圆时，产生锥度的原因是什么？

7. 车削轴类工件时，表面粗糙度达不到要求的原因是什么？

8. 车细长轴有哪些关键技术问题？如何解决？

9. 加工细长轴时，解决工件热变形伸长的方法有几种？

10. 使用浮动夹紧和反向进给车削细长轴有什么好处？

11. 使用中心架和跟刀架的目的都是提高工件的装夹刚度，简述两者的差异。

模块二

套类零件加工及刀具磨损

课题 1　薄壁套零件的加工

学习目标

1. 了解薄壁套零件的加工特点。
2. 掌握防止和减少薄壁套零件变形的方法。
3. 掌握薄壁套零件常用车削方法。

薄壁套零件加工的关键问题是工件的变形，产生变形的原因是切削力、切削热、夹紧力、定位误差和工件的弹性变形。其中，影响最大的是夹紧力和切削力。

一、薄壁套零件的加工特点

车削薄壁套零件时，由于工件刚度低，在车削过程中，可能产生以下现象：

(1) 工件壁薄，在夹紧力的作用下容易产生变形，从而影响工件的尺寸精度和形状精度。

(2) 因工件壁较薄，切削热会引起工件热变形，使工件尺寸难以控制。

(3) 在切削力尤其是背向力的作用下，容易产生振动和变形，影响工件的尺寸精度、表面粗糙度、形状精度和位置精度。

二、防止和减少薄壁套工件变形的方法

1. 把薄壁套工件的加工分为粗车和精车两个阶段

粗车时夹紧力稍大些，变形虽然也相应增大，但是由于切削余量较大，不会影响工件的最终精度；精车时夹紧力可稍小些，一方面夹紧变形小，另一方面精车时还可以消除粗车时因切削力过大而产生的变形。

2. 合理选择刀具的几何参数

精车薄壁套工件时，要求刀柄的刚度高，车刀的修光刃不宜过长（一般取 0.2 ~ 0.3 mm），刃口要锋利。车刀几何参数可参考下列数值：

外圆精车刀：

$\kappa_r=90°\sim93°$、$\kappa_r'=15°$、$\alpha_o=14°\sim16°$、$\alpha_o'=15°$、λ_s可适当增大。

内孔精车刀：

$\kappa_r = 60°$、$\kappa_r' = 30°$、$\gamma_o = 35°$、$\alpha_o = 14° \sim 16°$、$\alpha_o' = 6° \sim 8°$、$\lambda_s = 5° \sim 6°$。

3. 增加装夹接触面积

使用开缝套筒或特制的软卡爪，增大装夹时的接触面积，使夹紧力均布在薄壁套工件的圆周上，因而夹紧时工件不易产生变形。

4. 应用轴向夹紧夹具

车削薄壁套工件时，尽量不使用径向夹紧，而优先选用轴向夹紧的方法。例如，薄壁套工件装夹在图 2—1 所示的车床夹具体内，用螺母的端面来压紧工件，使夹紧力 F 沿工件轴向分布，这样可防止薄壁套工件产生夹紧变形。

5. 增加工艺肋

有些薄壁套工件可以在其装夹部位特制几根工艺肋，以增加工件刚度，让夹紧力更多地作用在工艺肋上，以减少工件的变形。加工完毕后，再去掉工艺肋，如图 2—2 所示。

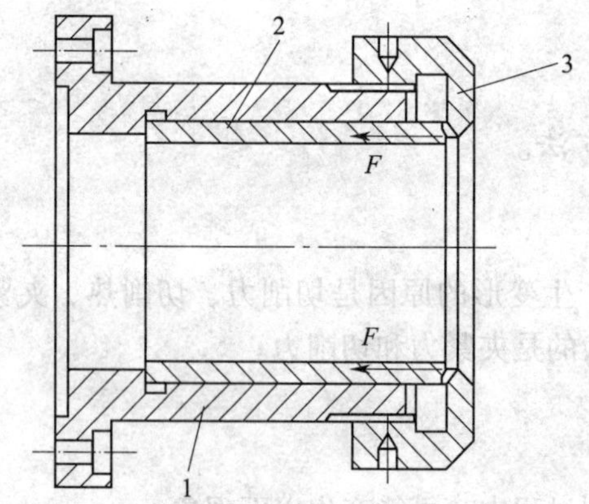

图 2—1　轴向夹紧夹具

1—夹具体　2—薄壁套工件　3—螺母

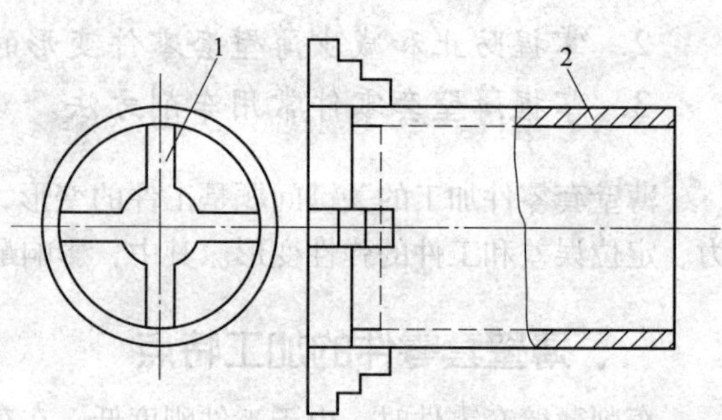

图 2—2　增加工艺肋防止薄壁套工件变形

1—工艺肋　2—薄壁套工件

6. 浇注充分的切削液

浇注充分的切削液，可降低切削温度，减少工件热变形，这是防止和减少薄壁套工件变形的有效方法。

7. 其他减振、吸振措施

采用软橡胶片卷成筒状塞入工件已加工好的内孔后精车外圆，或用橡胶均匀缠绕在已加工好的外圆上再精加工内孔等措施，均能获得较好的减振、吸振效果。

三、薄壁套零件常用车削方法

1. 在一次装夹中车削薄壁套零件

车削短小的薄壁套零件，为了保证内外圆的同轴度，防止装夹变形，可用一次装夹车削。车削图 2—3 所示的薄壁套衬套，材料为 45 钢。其车削方法为：

（1）夹住棒料，伸出长度为 45 mm。

（2）粗车内外表面，留 0.5 mm 精车余量（钻孔深度为 36 mm 即可，以增加工件的刚度）。

（3）加注切削液，让工件充分冷却后，精车外圆和内孔。

（4）拉油槽。

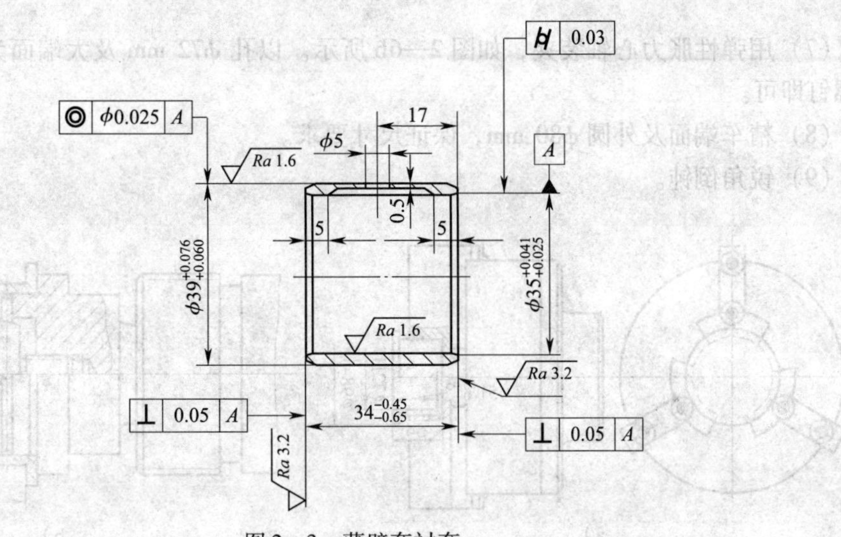

图 2—3 薄壁套衬套

（5）锐角倒钝。

（6）切断。

（7）工件用胀力心轴安装，车端面控制总长，并锐角倒钝。

2. 用扇形软卡爪及心轴装夹车削薄壁套零件

车削图 2—4 所示的薄壁套筒，材料为合金结构钢。其车削方法为：

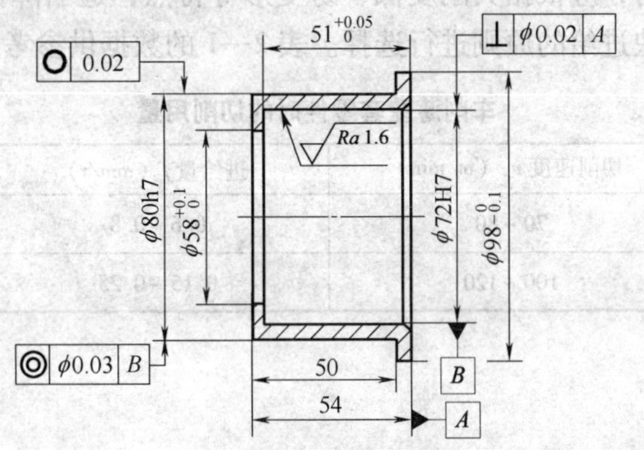

图 2—4 薄壁套筒

（1）粗车工件，尺寸如图 2—5 所示。

（2）用扇形软卡爪装夹，如图 2—6a 所示。扇形软卡爪的材料为有色金属，其内圆弧尺寸与工件外圆基本一致，保证有较大的接触面积，防止产生装夹变形。

（3）精车外圆 ϕ98 mm 及端面，保证尺寸要求。

（4）精车内孔 ϕ58 mm。

（5）精车内孔 ϕ72 mm 及孔深 51 mm，保证尺寸要求。

（6）锐角倒钝。

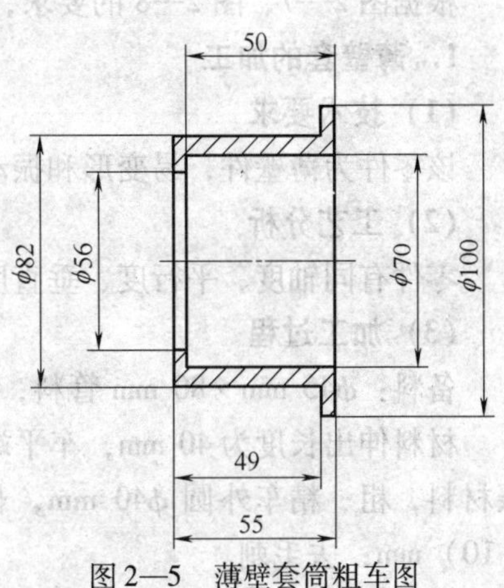

图 2—5 薄壁套筒粗车图

（7）用弹性胀力心轴装夹，如图2—6b所示。以孔 $\phi72$ mm及大端面为定位基准，旋紧螺钉即可。

（8）精车端面及外圆 $\phi80$ mm，保证尺寸要求。

（9）锐角倒钝。

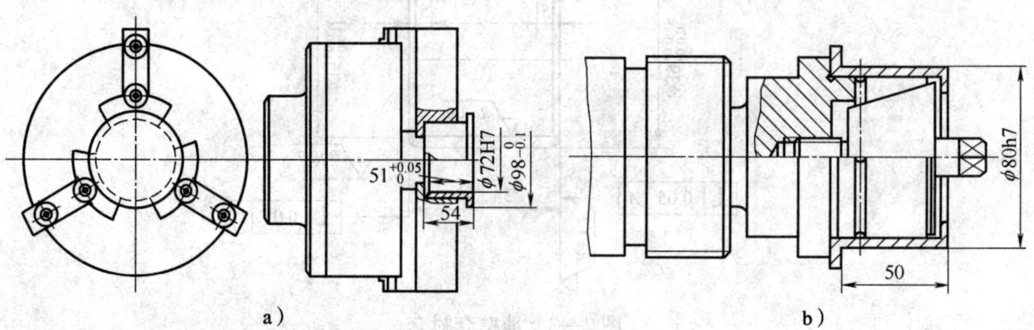

图2—6　薄壁套筒的装夹方法

a）用扇形软卡爪装夹　b）弹性胀力心轴装夹

四、车削薄壁套零件时切削用量的选择

薄壁套零件车削时，应根据其刚度低、易变形等特点，适当降低切削用量，一般按照中速、小背吃刀量、快进给的原则进行选择。表2—1的数据供参考。

表2—1　　车削薄壁套零件时的切削用量

加工性质	切削速度 v_c（m/min）	进给量 f（mm/r）	背吃刀量 a_p（mm）
粗车	70～80	0.6～0.8	1
精车	100～120	0.15～0.25	0.3～0.5

五、技能训练

根据图2—7、图2—8的要求，完成薄壁套、薄壁套筒的加工。

1. 薄壁套的加工

（1）技术要求

该零件为薄壁件，易变形和振动，零件倒角为 C0.5 mm。

（2）工艺分析

零件有同轴度、平行度、垂直度和圆柱度要求，加工数量较少，故在一次安装中完成。

（3）加工过程

备料：$\phi45$ mm×80 mm管料，壁厚15 mm。

材料伸出长度为40 mm，车平端面，粗、精车内孔 $\phi35$ mm，深度36 mm；内孔填充吸振材料，粗、精车外圆 $\phi40$ mm，长度36 mm；倒角 C0.5 mm；切断、控制长度（35 ± 0.10）mm；去毛刺。

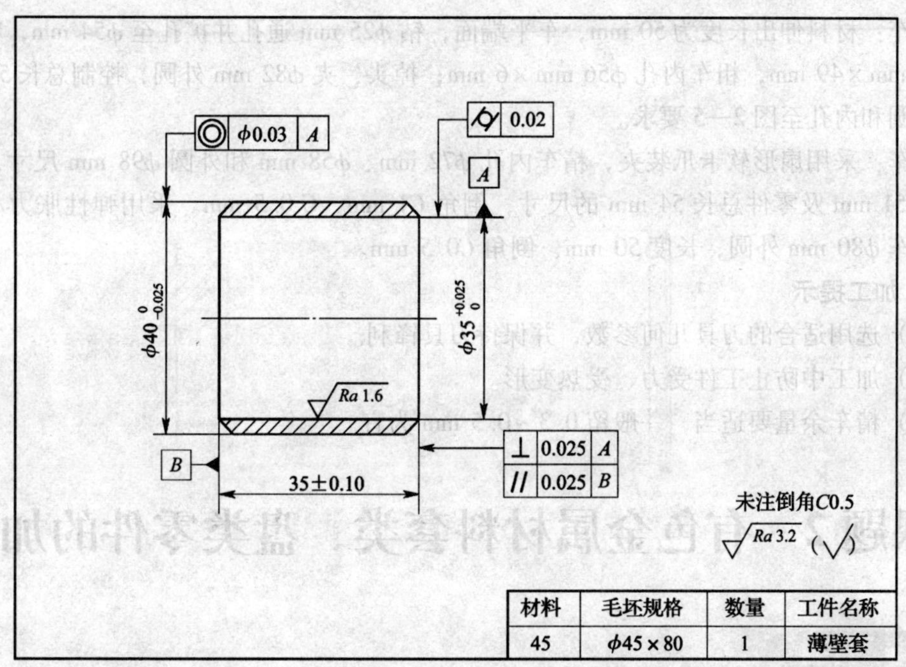

材料	毛坯规格	数量	工件名称
45	$\phi45\times80$	1	薄壁套

图 2—7　薄壁套

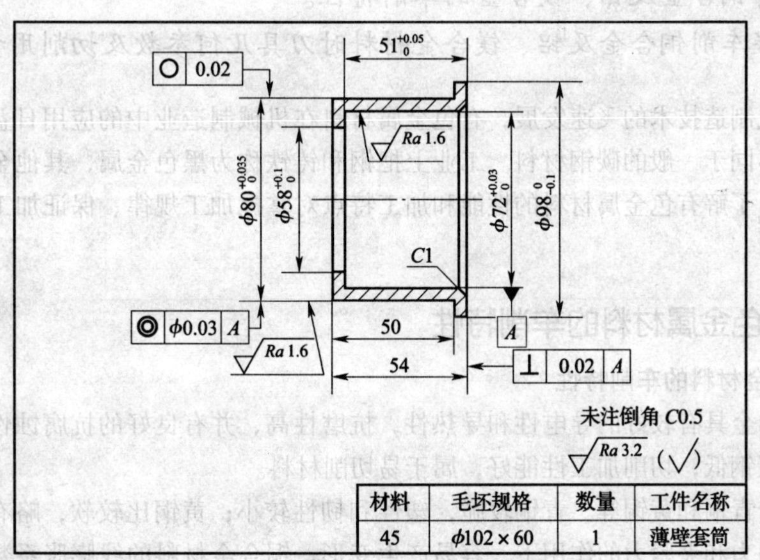

材料	毛坯规格	数量	工件名称
45	$\phi102\times60$	1	薄壁套筒

图 2—8　薄壁套筒

2. 薄壁套筒的加工

(1) 技术要求

零件材料为中碳钢，属于薄壁易变形工件，有较高的同轴度、圆度和垂直度要求。

(2) 工艺分析

零件粗、精车分开进行，使用扇形软卡爪和弹性胀力心轴装夹精车。

(3) 加工过程

备料：$\phi102$ mm × 60 mm

粗车：材料伸出长度为 50 mm，车平端面，钻 ϕ25 mm 通孔并扩孔至 ϕ54 mm，粗车外圆 ϕ82 mm ×49 mm，粗车内孔 ϕ56 mm ×6 mm；掉头，夹 ϕ82 mm 外圆，控制总长 55 mm，粗车外圆和内孔至图 2—5 要求。

精车：采用扇形软卡爪装夹，精车内孔 ϕ72 mm、ϕ58 mm 和外圆 ϕ98 mm 尺寸，并控制孔深 51 mm 及零件总长 54 mm 的尺寸，倒角 C1 mm、C 0.5 mm。采用弹性胀力心轴装夹，精车 ϕ80 mm 外圆，长度 50 mm，倒角 C0.5 mm。

3. 加工提示

（1）选用适合的刀具几何参数，并保持刀具锋利。

（2）加工中防止工件受力、受热变形。

（3）精车余量要适当，一般留 0.3 ~0.5 mm 为宜。

课题 2　有色金属材料套类、盘类零件的加工

学习目标

1. 了解铜合金及铝、镁合金的车削特性。
2. 掌握车削铜合金及铝、镁合金材料时刀具几何参数及切削用量的选择。

随着机械制造技术的飞速发展，有色金属材料在机械制造业中的应用日益增多，这些材料的加工不同于一般的碳钢材料。工业上把钢和铸铁称为黑色金属，其他金属及合金称为有色金属。了解有色金属材料的性能和加工特点对掌握加工规律、保证加工质量具有重要意义。

一、有色金属材料的车削特性

1. 铜合金材料的车削特性

铜和铜合金具有较好的导电性和导热性，抗磨性高，并有良好的抗腐蚀性能，强度和硬度比普通碳钢低，切削加工性能好，属于易切削材料。

铜合金分青铜和黄铜等。青铜较脆，塑性和韧性较小；黄铜比较软，略有韧性。铜合金材料在切削力和夹紧力的作用下，容易产生变形。铜合金材料的线膨胀系数较大，在加工中热变形大。

2. 铝、镁合金材料的车削特性

铝、镁合金材料具有密度小、硬度低和导热性好的特点，切削加工性好，都属易切削材料。

二、车削有色金属材料刀具几何参数的选择

1. 刀具材料

车削铜合金及铝、镁合金材料常用的刀具材料为钨钴类硬质合金（YG6、YG8）、高速

钢（W18Cr4V）、碳素工具钢（T12A）等。这些刀具材料刃磨方便，但刀具耐用度低。

2. 刀具几何参数

车削铜合金材料时，刀具应刃磨锋利，并用油石研磨，刃口处刀面的表面粗糙度值应在 $Ra0.8\ \mu m$ 以下，一般不磨负倒棱。车黄铜时，取前角 $\gamma_o=10°\sim25°$、后角 $\alpha_o=8°\sim10°$；车青铜时，取前角 $\gamma_o=0°\sim10°$、后角 $\alpha_o=6°\sim8°$。

车削铝、镁合金材料时，取前角 $\gamma_o=20°\sim25°$、副后角 $\alpha'_o=10°$、主偏角 $\kappa_r=60°\sim95°$、主后角 $\alpha_o=10°\sim15°$。

三、车削有色金属材料时切削用量的选择

有色金属材料一般都属于易切削材料，但对于塑性较大的材料，在一定的切削速度范围内易形成积屑瘤。因此，可采用较高的切削速度（$v=150\sim500$ m/min），而背吃刀量和进给量与车削碳钢相同。

四、技能训练

根据图 2—9 的要求，完成零件的加工。

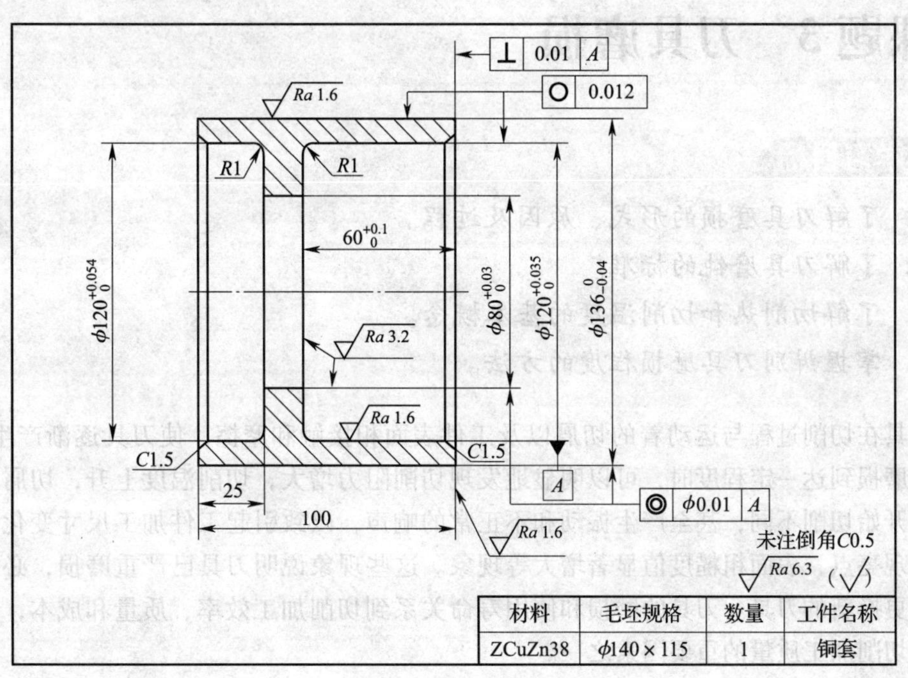

材料	毛坯规格	数量	工件名称
ZCuZn38	$\phi140\times115$	1	铜套

图 2—9　铜套

1. 铜套加工

(1) 技术要求

零件材料为 ZCuZn38，塑性较大；相对于内孔 $\phi120$ mm 轴线有垂直度和同轴度要求。

(2) 工艺分析

车削过程中在刀具的前面上易形成积屑瘤，因此可选用较高的切削速度（$v=200$ m/min）

进行精加工。

(3) 加工过程

备料：ϕ140 mm×115 mm。

材料伸出长度 10 mm，钻通孔 ϕ25 mm 并扩孔至 ϕ76 mm；扩孔 ϕ110 mm×28 mm。掉头，工件伸出长度为 105 mm，车平端面；粗车内孔 ϕ115 mm×59.5 mm；粗、精车外圆 ϕ136 mm×100 mm；精车内孔 ϕ120 mm×60 mm，并控制圆角尺寸 *R*1 mm，精车 ϕ80 mm×16 mm；倒角 *C*1.5 mm、*C*0.5 mm。用软卡爪夹紧 ϕ136 mm 外圆，控制零件总长 100 mm；精车内孔 ϕ120 mm×25 mm，并控制圆角尺寸 *R*1 mm；倒角 *C*1.5 mm、*C*0.5 mm。

2. 加工提示

(1) 应选用钨钴类硬质合金材料制作的刀具，如 YG8。

(2) 刀具要锋利，刃口处的表面粗糙度值要小（*Ra*0.8 μm 以下），且不能刃磨负倒棱。

(3) 铜合金材料的热膨胀系数较大，精加工时正确选用冷却、润滑液，避免冷却后的实际尺寸变化引起尺寸超差。

课题 3　刀具磨损

学习目标

1. 了解刀具磨损的形式、原因及过程。
2. 了解刀具磨钝的标准。
3. 了解切削热和切削温度的基本概念。
4. 掌握辨别刀具磨损程度的方法。

刀具在切削过程与运动着的切屑以及工件表面相接触和摩擦，使刀具逐渐产生磨损，当刀具磨损到达一定程度时，可以明显地发现切削阻力增大，切削温度上升，切屑的颜色也和刚开始切削不同，甚至产生振动和不正常的响声，以致引起工件加工尺寸变化，工件表面出现亮点，表面粗糙度值显著增大等现象。这些现象说明刀具已严重磨损，必须重新刃磨或更换新的刀具。刀具的磨损和使用寿命关系到切削加工效率、质量和成本，因此它是影响切削加工质量的重要因素之一。

一、刀具磨损形式

由于加工材料不同，切削用量不一样，在正常情况下，刀具磨损按其主要发生的部位有前面磨损、后面磨损和前面、后面同时磨损等形式。

1. 后面磨损

磨损部位主要发生在刀具的后面上。由于加工表面和刀具后面间存在着强烈的摩擦，在后面上毗邻切削刃的地方很快被磨出后角为 0°的磨损带，它的高度 *VB* 表示磨损量，如

图 2—10 所示。这种磨损一般是在切削脆性金属，或采用较低的切削速度和较小的切削层厚度（h_D <0. 7 mm）的情况下切削塑性材料时产生。这时前面上的机械摩擦较小，温度较低，所以后面上的磨损大于前面上的磨损。

2. 前面磨损

磨损部位主要发生在刀具的前面上，车削时切屑在前面靠刃口附近磨出月牙洼，如图 2—11 所示。月牙洼和切削刃之间有一条棱边。在磨损过程中，月牙洼逐渐加深加宽，并向刃口方向扩展，使棱边很窄时，切削刃强度大为削弱，甚至导致崩刃。这种磨损一般是在采用较高的切削速度和较大的切削层厚度（h_D >0. 5 mm）的情况下切削塑性金属时发生。

3. 前、后面同时磨损

这是一种兼有上述两种形式的磨损，如图 2—12 所示。在切削塑性金属时，纯粹的前面磨损很少发生，一般都是前面、后面同时磨损的。

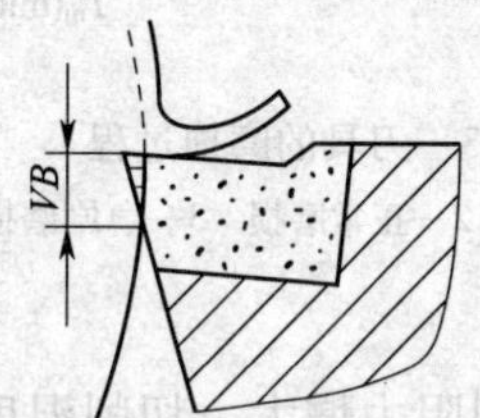

图 2—10　后面磨损形状

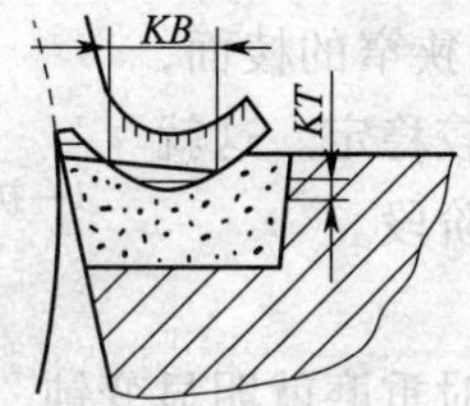

图 2—11　前面磨损形状

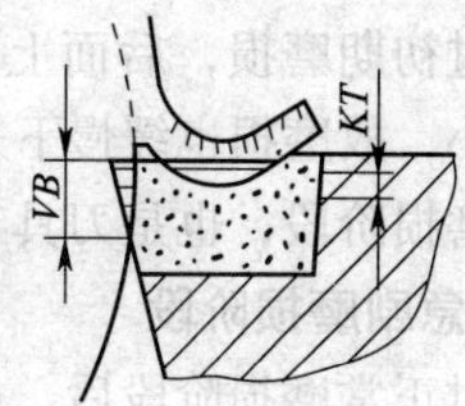

图 2—12　前面、后面同时磨损形状

二、刀具磨损的原因

金属切削过程中，刀具磨损的原因是很复杂的。在机械摩擦、切削力和切削温度作用下的物理和化学综合作用下，可以导致磨粒磨损、冷焊磨损（黏结磨损）、扩散磨损和氧化磨损等。

1. 磨粒磨损

工件材料或切屑底层的硬质点（如工件材料中的金属碳化物、积屑瘤碎片等）可在刀具表面刻划出沟纹，这就是磨粒磨损。磨粒磨损在各种切削速度下都存在，但对低速切削的刀具（如板牙），磨粒磨损是刀具磨损的主要原因。工件中的硬质点越多，工件材料硬度与刀具硬度比越高，磨粒磨损就越严重。

2. 冷焊磨损

在切削温度稍高的情况下，刀具前、后面上的一些凸出点，在相对运动中会与工件、切屑发生冷焊黏结，而后逐渐地被工件或切屑剪切、撕裂而带走，这就是冷焊磨损。通常硬质合金刀具在产生积屑瘤的切削速度范围内，最易产生冷焊磨损。

3. 扩散磨损

切削温度很高（850℃以上），工件材料与刀具材料中的某些化学元素（如铁、钛、碳、钴、钨等）在固态下互相扩散，改变了原来材料的成分与结构，使刀具材料变得脆弱，从而加剧了刀具的磨损。这种磨损叫作扩散磨损，主要发生在硬质合金刀具上。

4. 氧化磨损

在高温（700～800℃）下。空气中的氧与硬质合金中的钴及碳化钨、碳化钛等发生氧化作用，产生较软的氧化物被切屑或工件擦掉而形成磨损，称为氧化磨损。一般空气不易进入刀具与切屑接触区，氧化磨损最易在主、副切削刃的工作边界处形成。

三、刀具磨损的过程

后面磨损量 *VB* 随切削时间的增长而增大。这一关系可用图 2—13 表示，其磨损过程分为三个阶段。

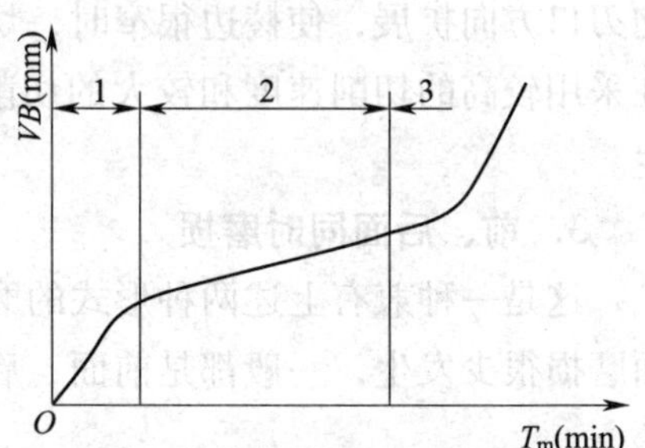

图 2—13 刀具的磨损过程

1—初期磨损 2—正常磨损 3—急剧磨损

1. 初期磨损阶段

刃磨后的新刀具，其后面与工件加工表面间的实际接触面积很小，压力很大，故磨损很快。此外，新刃磨的刀面上的微观不平也加速了刀面磨损。

2. 正常磨损阶段

经过初期磨损，后面上被磨出一条狭窄的棱面，压强减小，故磨损也缓慢下来，并且比较稳定。这就是正常磨损阶段，也是刀具工作的有效阶段。

3. 急剧磨损阶段

经过正常磨损阶段后，如刀具不及时重磨就明显变钝，使切削阻力增大，切削温度升高，磨损加剧。刀具使用时，应避免使刀具磨损进入急剧磨损阶段，否则不但不能保证加工质量，而且刀具材料消耗多，很不经济。

一般的硬质合金及高速钢刀具是按这个规律磨损的，但对某些耐热性和耐磨性较好而较脆的刀具材料，如陶瓷、立方氮化硼以及部分硬质合金等，往往没有磨损到急剧磨损阶段就会因切削阻力增大和振动而崩刃，造成严重破损。

四、刀具的磨钝标准

刀具磨损后将增大切削阻力，增高切削温度，影响加工质量，所以刀具不可能无休止地使用下去，必须根据加工情况规定一个最大的允许磨损值，这就是刀具的磨钝标准。一般刀具后面上的磨损，对加工精度和切削阻力的影响比前面磨损显著，同时后面磨损值 *VB* 比较容易测量，所以目前常以 *VB* 来确定刀具的磨钝标准。如用硬质合金车刀粗车碳钢时，*VB*＝0.6～0.8 mm；粗车铸铁时，*VB*＝0.8～1.2 mm；精车时，*VB*＝0.1～0.3 mm。

五、提高刀具寿命的措施

刃磨后的刀具自开始切削直到磨损量达到磨钝标准为止的切削时间称为刀具寿命，以 *T* 表示。刀具寿命是指纯切削的时间，也就是刀具两次重磨之间的纯切削时间总和。

刀具寿命是很重要的数据，在同一条件下切削同一材料时，可以用刀具寿命来比较不同刀具材料的切削性能；同一刀具材料切削各种材料，又可以用刀具寿命来比较不同材料的切削加工性；也可以用刀具寿命来判断刀具几何参数是否合理。

在切削加工中，凡是影响刀具磨损的因素，都能影响刀具寿命。影响刀具寿命的主要因素有以下几方面：

1. 工件材料

工件材料的强度、硬度增高，则切削时切削阻力增大，切削温度升高，刀具磨损加快，降低了刀具使用寿命。

切削塑性大的金属材料时，工件易与刀具冷焊，且切削阻力大，切削温度较高，刀具易磨损，刀具寿命降低。

切削脆性大的材料时，由于切屑和刀具前面的接触长度短，切削力和切削温度集中在刃口附近，使刀具易崩刃或磨损，刀具寿命降低。

切削热导率大的材料时，由于工件和切屑传出去的热量多，使切削温度较低，刀具磨损较慢，刀具寿命提高。

2. 刀具材料

刀具材料的抗弯强度和硬度越高，韧性、耐磨性和耐热性越好，则抗磨损能力越强，刀具寿命越高。但往往硬度高和耐热性好的刀具材料，抗弯强度和韧性就较差；而抗弯强度和韧性好的刀具材料，耐热性较差。因此，合理选用刀具材料应全面分析工件材料的切削性能和具体加工条件，这对提高刀具寿命非常重要。

3. 切削用量

切削用量越大，则切削温度越高，刀具磨损也越快，刀具寿命就降低。但切削速度、进给量及背吃刀量三者对切削温度的影响也不同，因此对刀具寿命的影响也不同。

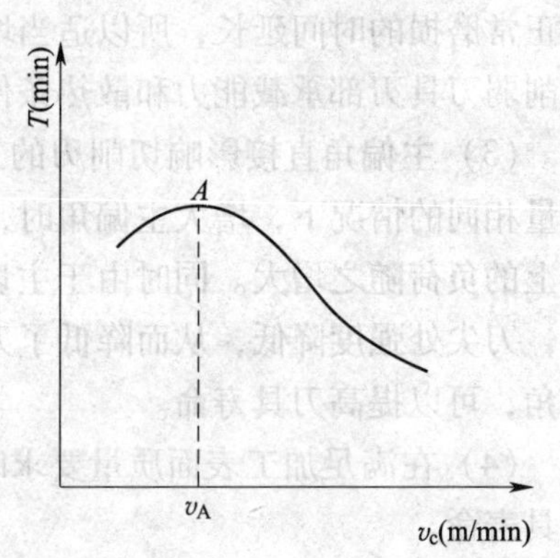

图 2—14 切削速度对刀具寿命的影响

切削速度对刀具寿命的影响如图 2—14 所示。从图中可以看到在一定的速度范围内，刀具寿命最高，增大或减小切削速度，都将会降低刀具寿命。根据曲线的指数关系式可知，常用刀具材料在超过材料的耐热温度之后，切削速度提高 20%，刀具寿命下降 46%；切削速度提高 100%，刀具寿命降低 90%。实际切削加工中，对每一种刀具材料与工件材料的组合，理论上都有一个最佳切削温度，这样才能保证刀具的合理寿命。经实验发现硬质合金车刀切削碳素钢、合金结构钢和不锈钢的切削温度大致为 800℃，而高速钢车刀切削 45 钢的切削温度为 300 ~ 350℃。

进给量的变化将影响切削力和切削区温度，所以它对刀具寿命也有一定的影响，但其影响程度不如切削速度显著。实验证明，如用 YT15 硬质合金可转位车刀车削 35 钢外圆，当刀具几何参数、切削速度和背吃刀量固定不变时，进给量越增加，刀具寿命就越降低。根据经验可知进给量增大 20%，刀具寿命约下降 19%；进给量增大 100%，刀具寿命约下降 55%。刀具寿命随进给量而变化的幅度比切削速度要小得多。

背吃刀量的变化也将影响切削力和切削热，所以它对刀具寿命也会产生一些影响。但背吃刀量增加后，切削刃参加工作的长度加长，切削刃单位长度上的负荷基本不变，而散热条件有所改善，所以虽然切削力和切削热都增大了，但对切削温度和刀具使用寿命的影响并不显著。根据经验可知，背吃刀量增大20%，刀具寿命约下降10%；背吃刀量增大100%，刀具寿命约下降34%。刀具寿命随背吃刀量变化的幅度比随切削速度和进给量要小得多。

根据上述实验证明，对刀具寿命影响最大的是切削速度，其次是进给量，背吃刀量影响最小。所以一般选择切削用量时，首先应尽量选用大的背吃刀量，然后根据加工条件及加工要求选择尽可能大的进给量，最后按刀具寿命来选择切削速度。

4. 刀具几何角度

选择合理的刀具几何角度时，在考虑加工效率的同时，还应考虑加工质量及刀具寿命。

（1）前角对刀具寿命的影响很明显。前角太大，使切削刃部分的强度和散热能力过分削弱；前角太小，又使切削力、切削热增加过多。在这两种情况下，刀具寿命都要降低。只有在适当的前角下，刀具寿命最高。

在正前角车刀切削刃附近的前面上磨出一条很窄的棱边，称为倒棱。倒棱可增加切削刃强度，改善散热条件，从而提高刀具寿命。倒棱的取舍和尺寸参数的选择，应根据刀具材料、工件材料和加工条件不同而区别对待。总的原则是应使切削阻力增加不多，同时又要保证刀具寿命不降低。

（2）当后面的磨钝标准 *VB* 一定时，后角增大，可供磨耗的刀具材料体积增加，使刀具正常磨损的时间延长，所以适当增大后角可提高刀具寿命；但后角过大，会使楔角减小而削弱刀具刃部承载能力和散热条件，刀具磨损反而急剧上升，使刀具寿命降低。

（3）主偏角直接影响切削刃的工作长度和切削刃单位长度上的负荷。在进给量和背吃刀量相同的情况下，增大主偏角时，切削厚度 h_D 增大，切削宽度 b_D 减小，主切削刃单位长度上的负荷随之增大。同时由于主切削刃工作长度减小，刀尖角减小，刀具的散热条件变差，刀尖处强度降低，从而降低了刀具寿命。因此，在工艺系统刚度较好时，适当减小主偏角，可以提高刀具寿命。

（4）在满足加工表面质量要求时，适当减小副偏角，增加刀尖强度及散热体积，提高刀具寿命。

（5）修磨过渡刃，提高刀具寿命。刀尖是刀具工作条件最恶劣的部位。刀尖强度差，切削阻力和切削热又较集中，很容易磨损。而当刀尖磨有过渡刃后，就能显著改善刀尖处的切削性能，提高刀具寿命。因此，粗加工时应考虑强化刀尖以提高刀具寿命。

（6）粗车时或车削有冲击负荷的工件时，在工艺系统刚度许可的条件下，选用负的刃倾角，增加刀尖强度和切削的平稳性。当刃倾角为负值时，离刀尖较远的切削刃先接触工件，而后逐渐切入。这样可使刀尖免受冲击，有利于提高刀具寿命。

六、切削热和切削温度

1. 切削热的来源和传散

切削热来源于切削层金属发生弹性变形和塑性变形产生的热量以及切屑与前面、工件与后面摩擦产生的热量。切削过程中上述变形与摩擦消耗的功绝大部分转化为热能。

切削热通过切屑、工件、刀具和周围介质传散。

切削热传至各部分的比例，一般情况是切屑带走的热量最多。如不用切削液，以中等切削速度切钢时，切削热的50% ~86%由切屑带走，10% ~40%传入工件，3% ~9%传入车刀，1%左右传入周围空气。

切削温度一般是指切削区域的平均温度。它的高低是由产生热和传散热两方面综合影响的结果。例如，车削不锈钢和高温合金时，变形产生的热量较多，工件材料的热导率低，热量不易传散，所以切削温度较高。

2. 影响切削温度的主要因素

(1) 刀具角度

前角 γ_o影响切削变形和摩擦，对切削温度的影响较明显。例如前角增大，变形和摩擦减小，产生热量少，切削温度下降。但前角过大，由于楔角 β_o减小后使刀具散热条件变差，切削温度反而略为上升。

加大主偏角 κ_r后，在相同的背吃刀量下，主切削刃参加切削的长度缩短，使切削热相对集中，并由于刀尖角 ε_r减小，使散热条件变差，切削温度将升高，如图 2—15 所示。

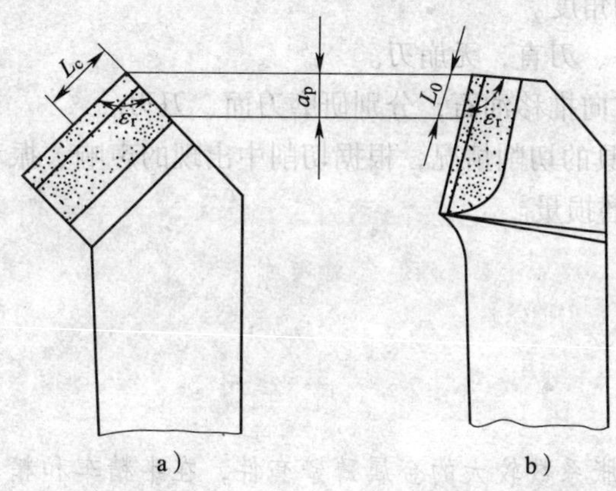

图 2—15　主偏角对切削刃工作长度和刀尖角的影响

a）主偏角较小，则刀尖角大　b）主偏角较大，则刀尖角小

(2) 切削用量

切削用量 v_c、f、a_p增大，切削温度升高，其中切削速度 v_c的影响最大，进给量 f 次之，背吃刀量 a_p影响最小。因为当切削用量 v_c、f 和 a_p增大时，变形和摩擦加剧，切削功率增大，所以切削温度升高。但 a_p增大后，主切削刃参加切削的长度以相同比例增加，显著改善了散热条件；f 增大，切屑与前面接触长度增加，散热条件有所改善；v_c增高，虽然使切削力略为减小，但切屑与前面接触长度减短，散热条件较差。

(3) 工件材料

工件材料是通过其强度、硬度和导热系数等性能不同而影响切削温度的。例如，切削强度和硬度较高的材料，消耗的功率与产生的热量较多，切削温度较高。

(4) 切削液

使用切削液能起冷却和润滑作用，可减少切削热的产生，并降低切削温度。

七、技能训练

(1) 研磨 90°外圆精车刀，降低刀具初期磨损对精车尺寸的影响。

操作步骤：

1）粗磨主后面，$\alpha_o = 6° \sim 8°$。

2）粗磨副后面，$\alpha_o' = 6° \sim 8°$。

3）粗磨前面。

4）精磨主后面，$Ra0.8\ \mu m$。

5）精磨副后面，$Ra0.8\ \mu m$。

6）刃磨卷屑槽，$\gamma_o = 10° \sim 15°$，$Ra0.8\ \mu m$。

7）刃磨刀尖圆弧，$R < 0.5$ mm。

8）研磨主后面。

9）研磨副后面。

10）研磨主切削刃。

操作要求：

1）准确保证刀具的角度。

2）研磨前要求面平、刃直，无崩刃。

3）研磨时按一个方向推移油石，分别研磨刀面、刀刃。

（2）在车间观察刀具的切削情况，根据切削中出现的声响、振动和已加工表面质量及切屑颜色，辨别刀具的磨损量。

课后练习

一、判断题

（　　）1. 对于线胀系数较大的金属薄壁套件，在半精车和精车的一次装夹中连续车削，所产生的切削热不会影响它的尺寸精度。

（　　）2. 钨钴钛类硬质合金的常用牌号有 YG3、YG6、YG6X 和 YG8。

（　　）3. 钨钴类硬质合金的韧性、磨削性能和导热性好，主要适用于加工脆性材料（如铸铁）、有色金属和非金属材料。

（　　）4. 减小车刀的主偏角，会使背向力 F_p 减小，进给力 F_f 增大。

二、简答题

1. 在正常情况下，刀具磨损一般有几种形式？

2. 刀具磨损的过程可分哪三个阶段？

3. 什么叫刀具寿命？刀具寿命有什么意义？

4. 车削薄壁套工件时，防止和减少工件变形的方法有哪些？

模块三

米制普通螺纹、管螺纹及美制螺纹加工

课题1　米制普通螺纹精加工

学习目标

1. 熟悉影响螺纹加工精度和表面粗糙度的主要因素。
2. 熟悉螺纹车刀的背前角 γ_p 对螺纹牙型角 α 的影响。
3. 掌握车削米制普通螺纹时切削用量的选择。
4. 掌握米制普通螺纹的检测方法。

一、影响螺纹加工精度和表面粗糙度的主要因素

在车床上车削螺纹时，工件必须做等速旋转运动，车刀则必须做等速直线运动，两者应保持准确的传动比关系，即工件旋转一周，车刀移动一个螺距。螺距越大，螺纹升角对加工质量的影响越明显。因此，必须考虑螺纹升角的变化对螺纹车刀工作角度的影响，如图3—1所示。

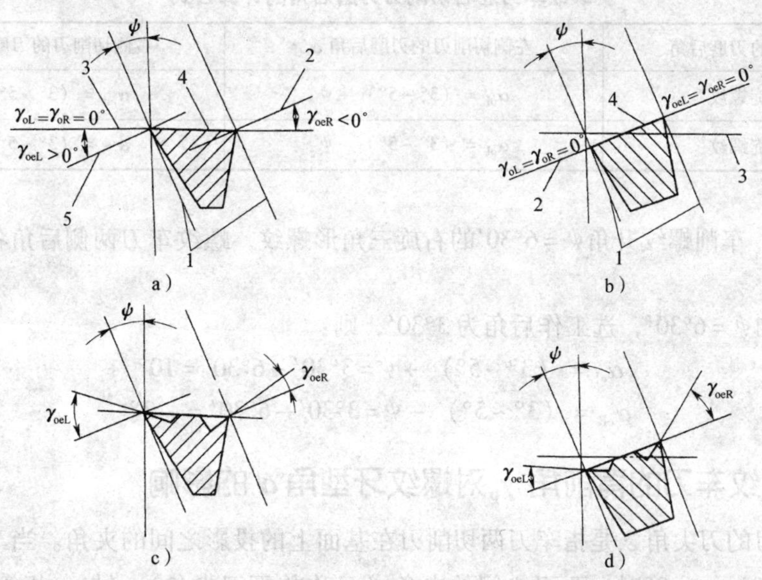

图3—1　螺纹升角对车刀工作前角的影响

a）水平装刀　b）法向装刀　c）水平装刀且磨有较大前角的卷屑槽　d）法向装刀且磨有较大前角的卷屑槽

1—螺旋线　2、5—工作时的基面　3—基面　4—前面

1. 螺纹升角ψ对螺纹车刀工作前角的影响

如图3—1a所示，车削右旋螺纹时，如果车刀左右侧切削刃的刃磨前角均为0°，即$\gamma_{oL}=\gamma_{oR}=0°$。螺纹车刀水平装夹时，左切削刃在工作时是正前角（$\gamma_{oeL}>0°$），切削比较顺利；而右切削刃在工作时是负前角（$\gamma_{oeR}<0°$），切削不顺利，排屑也困难。

为改善上述情况，可采用以下措施：

（1）将车刀左右两侧切削刃组成的平面垂直于螺旋线装夹（法向装刀），这时两侧切削刃的工作前角都为0°，即$\gamma_{oeL}=\gamma_{oeR}=0°$，如图3—1b所示。

（2）车刀仍然水平装夹，但在前面上沿左右两侧的切削刃上磨有较大前角的卷屑槽，如图3—1c所示。这样可使切削顺利，并利于排屑。

（3）法向装刀时，在前面上也可磨出有较大前角的卷屑槽，如图3—1d所示，这样切削更顺利。

2. 螺纹升角ψ对螺纹车刀工作后角的影响

螺纹车刀的工作后角一般为3°~5°。当不存在螺纹升角时（如横向进给车槽），车刀左右切削刃工作后角与刃磨后角相同。但在车螺纹时，由于螺纹升角的影响，车刀左右切削刃的工作后角与刃磨后角不相同，如图3—2所示。螺纹车刀左右切削刃刃磨后角的计算公式见表3—1。

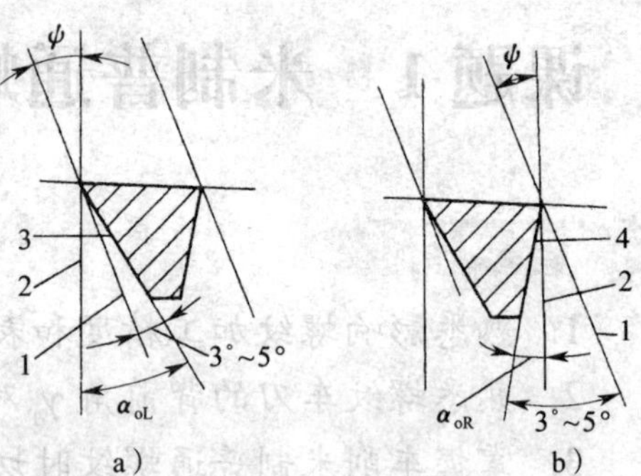

图3—2　车右旋螺纹时螺纹升角对螺纹车刀工作后角的影响
a）左侧切削刃　b）右侧切削刃
1—螺旋线（工作时切削平面）　2—切削平面
3—左侧后面　4—右侧后面

表3—1　螺纹车刀左右切削刃刃磨后角的计算公式

螺纹车刀的刃磨后角	左侧切削刃的刃磨后角 α_{oL}	右侧切削刃的刃磨后角 α_{oR}
车右旋螺纹	$\alpha_{oL}=(3°\sim5°)+\psi$	$\alpha_{oR}=(3°\sim5°)-\psi$
车左旋螺纹	$\alpha_{oL}=(3°\sim5°)-\psi$	$\alpha_{oR}=(3°\sim5°)+\psi$

例3—1　车削螺纹升角$\psi=6°30'$的右旋三角形螺纹，螺纹车刀两侧后角各应刃磨多少度？

解：已知$\psi=6°30'$，选工作后角为3°30′，则：

$$\alpha_{oL}=(3°\sim5°)+\psi=3°30'+6°30'=10°$$

$$\alpha_{oR}=(3°\sim5°)-\psi=3°30'-6°30'=-3°$$

二、螺纹车刀的背前角γ_p对螺纹牙型角α的影响

螺纹车刀的刀尖角ε_r是指车刀两切削刃在基面上的投影之间的夹角。当车刀的径向前角（即背前角）$\gamma_p=0°$时，两刃之间的夹角（又称前面刀尖角）ε_r'与ε_r相等，即$\varepsilon_r'=\varepsilon_r$；当车刀的背前角$\gamma_p>0°$时，$\varepsilon_r'<\varepsilon_r$，则会造成螺纹牙型角的误差。螺纹车刀的背前角$\gamma_p$对螺纹加工和螺纹牙型的影响见表3—2。

表 3—2　　螺纹车刀的背前角 γ_p 对螺纹加工和螺纹牙型的影响

序号	背前角 γ_p	螺纹车刀的两刃夹角 ε'_r 和螺纹牙型角 α 的关系	车出的螺纹牙型角 α 和螺纹车刀的两刃夹角 ε'_r 的关系	螺纹牙侧	应用
1	0°	$\varepsilon'_r=60°$ α_{oL} $\varepsilon'_r=\alpha=60°$	$\alpha=60°$ $\alpha=\varepsilon'_r=60°$	直线	适用于车削精度要求较高的螺纹，同时可增大螺纹车刀两侧切削刃的后角，来提高切削刃的锋利程度，减小螺纹牙型两侧表面粗糙度值
2	>0°	$\gamma_p>0°$ $\varepsilon'_r=60°$ α_{oL} $\varepsilon'_r=\alpha=60°$	60° α $\alpha>\varepsilon'_r$，即 $\alpha>60°$，前角 γ_p 越大，牙型角的误差也越大	曲线	不允许，必须对车刀两切削刃夹角 ε'_r 进行修正
3	5°～15°	$\gamma_p=5°\sim15°$ $\varepsilon'_r=59°\pm30'$ α_{oL} 选 $\varepsilon'_r=58°30'\sim59°30'$	$\alpha=60°$ $\alpha=\varepsilon'_r=60°$	曲线	车削精度要求不高的螺纹或粗车螺纹

为了车削出正确的牙型角，背前角 $\gamma_p>0°$ 的螺纹车刀，两切削刃之间的夹角 ε'_r 应进行修正，螺纹车刀前面刀尖角 ε'_r 的修正值见表 3—3。ε'_r 可按下列计算公式确定：

$$\tan\frac{\varepsilon'_r}{2}=\cos\gamma_p\tan\frac{\alpha}{2}$$

式中　α——螺纹的牙型角，(°)；

γ_p——螺纹车刀的背前角，(°)；

ε'_r——螺纹车刀前面刀尖角，(°)。

表 3—3　　螺纹车刀前面刀尖角 ε'_r 的修正值

背前角/前面刀尖角/牙型角	29°	30°	40°	55°	60°
0°	29°	30°	40°	55°	60°
5°	28°54′	29°53′	39°52′	54°49′	59°49′
10°	28°35′	29°34′	39°26′	54°17′	59°15′
15°	28°03′	29°01′	38°44′	53°23′	58°18′
20°	27°19′	28°16′	37°46′	52°08′	56°58′

三、车削米制普通螺纹时切削用量的选择

1. 车削米制普通螺纹时的切削用量

车削普通螺纹时，切削用量的选择决定了生产效率和切削质量，其参考值见表 3—4。

表 3—4　车削米制普通螺纹时的切削用量

工件材料	刀具材料	螺距（mm）	切削速度 v_c（m/min）	背吃刀量 a_p（mm）
45 钢	P10	2	60 ~ 90	余量 2 ~ 3 次完成
45 钢	W18Cr4V	1.5	粗车：15 ~ 30 精车：5 ~ 7	粗车：0.15 ~ 0.30 精车：0.05 ~ 0.08
铸铁	K20	2	粗车：15 ~ 30 精车：15 ~ 25	粗车：0.20 ~ 0.40 精车：0.05 ~ 0.10

2. 车削螺纹时切削用量的选择原则

（1）工件材料

加工塑性金属时，切削用量应相应增大；加工脆性金属时，切削用量应相应减小。

（2）加工性质

粗车螺纹时，切削用量可选得大些；精车时切削用量宜选小些。

（3）螺纹车刀的刚度

车外螺纹时，切削用量可选得大些；车内螺纹时，刀柄刚度较低，切削用量宜选小些。

（4）进刀方式

直进刀切削法车削时，切削用量可选小些；斜进刀切削法和左右切削法车削时，切削用量可选大些。

四、米制普通外螺纹中径的检测

普通螺纹的中径是一个较重要的尺寸，它的精度直接影响螺纹副的性质。普通外螺纹的中径可用螺纹千分尺进行测量，如图 3—3 所示。

螺纹千分尺的读数原理与外径千分尺相同。但螺纹千分尺有 60°和 55°两套，适用于不同牙型角和不同螺距的测量头。测量头可以根据测量的需要进行选择，然后分别插入千分尺的测杆和砧座的孔内。在更换测量头后，必须调整砧座的位置，使千分尺对准“0”位。

测量时，跟螺纹牙型角相同的上下两个测量头正好卡在螺纹的牙侧上，如图 3—4 所示。图中 *ABCD* 是一个平行四边形，因此测得的尺寸 *AD* 就是中径的实际尺寸。

螺纹千分尺的误差较大，为 0.1 mm 左右，一般用来测量精度不高、螺距（或导程）为 0.4 ~ 6 mm 的三角形螺纹。

普通外螺纹中径较精确的测量方法是单针法或三针测量法，具体方法详见模块四课题 1 矩形螺纹、梯形螺纹加工中有关梯形螺纹测量的内容。三针测量普通外螺纹中径的计算公式为：

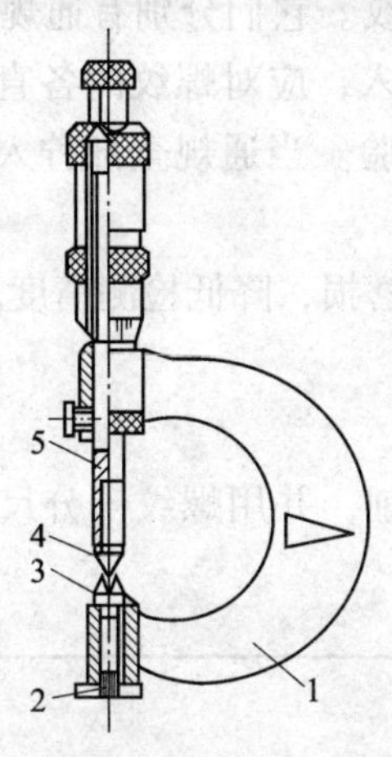

图 3—3　螺纹千分尺

1—尺架　2—砧座　3—下测量头

4—上测量头　5—测微螺杆

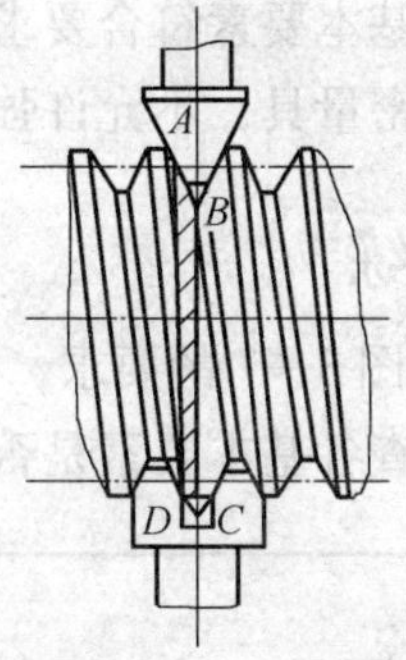

图 3—4　用螺纹千分尺测量螺纹中径

$$M = d_2 + 3d_D - 0.866P$$

式中　M——三针测量时千分尺的读数；

d_2——普通螺纹中径；

d_D——三针测量时选用量针的直径；

P——普通外螺纹的螺距。

量针直径的选择参见表 3—5。

表 3—5　　　　**量针直径的选择**

量针直径 d_D		
最大值	最佳值	最小值
$1.01P$	$0.577P$	$0.507P$

五、米制普通螺纹的综合测量

普通螺纹的综合测量就是用螺纹量规对螺纹各基本要素进行综合性检验。螺纹量规如图 3—5 所示，包括螺纹塞规和螺纹环规。

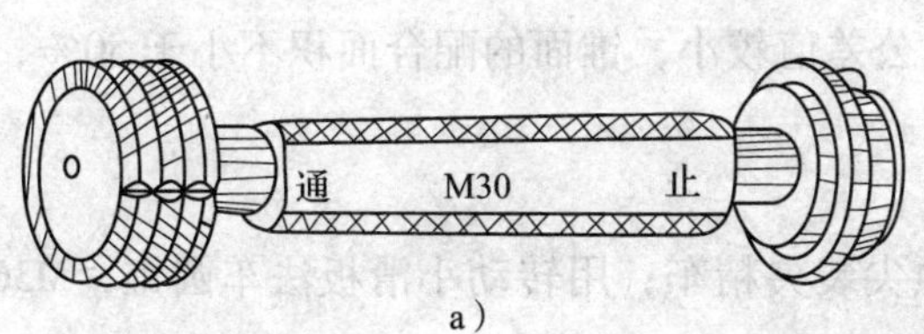

a）

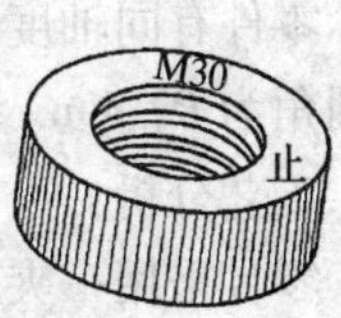

b）

图 3—5　螺纹量规

a）螺纹塞规　b）螺纹环规

螺纹塞规用来检验内螺纹，螺纹环规用于检验外螺纹。它们分别有通规 T 和止规 Z 之分，在使用中要注意区分，不能搞错。如果通规难以拧入，应对螺纹的各直径尺寸、牙型角、牙型半角和螺距等进行检查，经修正后再用通规检验。当通规全部拧入，止规不能拧入时，说明螺纹各基本要素符合要求。

螺纹量规是精密量具，不允许强拧，以免引起严重磨损，降低检测精度。

六、技能训练

根据图 3—6、图 3—7 的要求，分别完成零件的车削，并用螺纹千分尺测量其中径尺寸，用螺纹环规检查各基本要素是否符合要求。

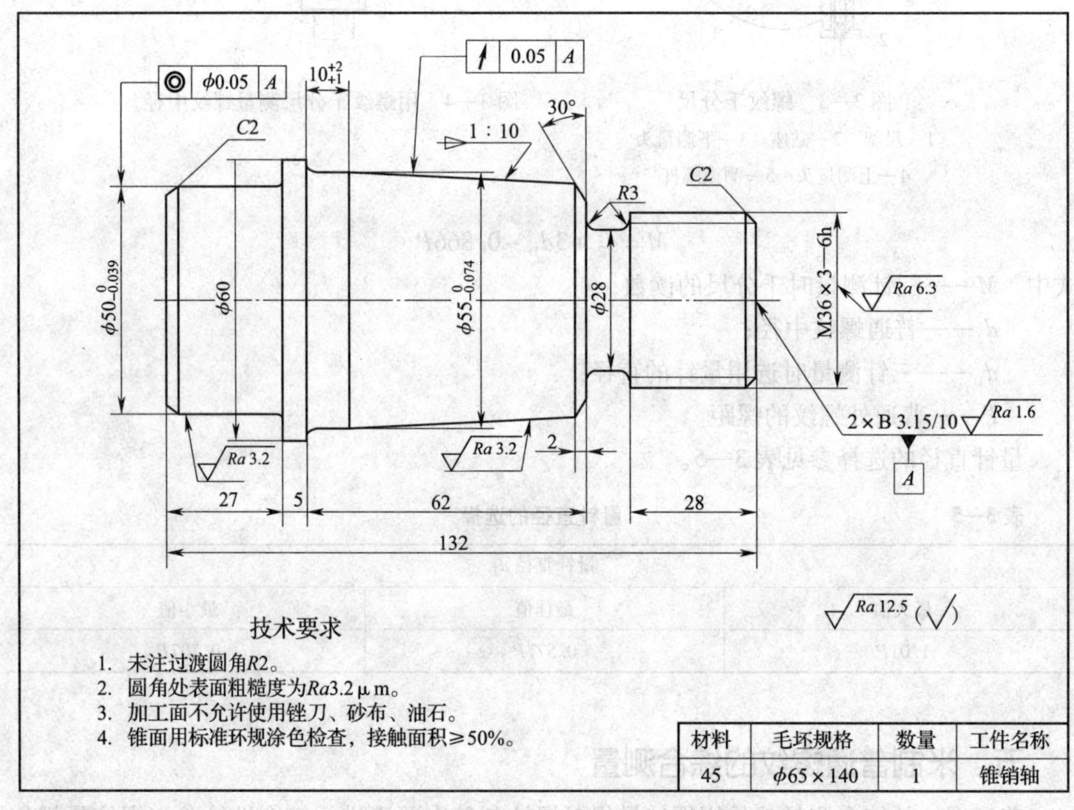

材料	毛坯规格	数量	工件名称
45	$\phi65\times140$	1	锥销轴

图 3—6 锥销轴

1. 锥销轴的加工

技术要求：

零件有同轴度和圆跳动要求，外径尺寸公差值较小，锥面的配合面积不小于 50%，过渡圆角为 $R2$ mm。

工艺分析：

零件采用一夹一顶装夹进行粗车，两顶尖装夹精车；用转动小滑板法车圆锥；M36 × 3 mm 用螺纹环规检测。

加工过程：

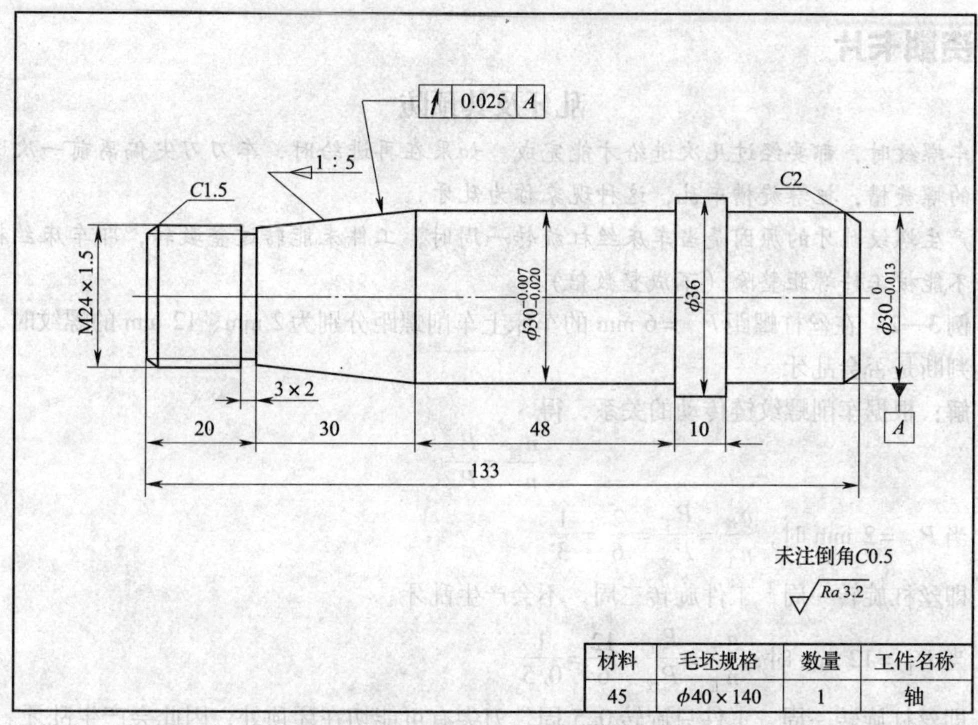

图 3—7 轴

备料 $\phi65$ mm × 140 mm。

材料伸出 110 mm，车平端面，钻中心孔 B3. 15/10；一夹一顶粗车 $\phi58$ mm × 100 mm，$\phi38$ mm × 38 mm，$\phi61$ mm × 7 mm；掉头，控制总长 132 mm，钻中心孔 B3. 15/10；粗车 $\phi52$ mm × 25 mm；零件用两顶尖支撑，鸡心夹头夹 $\phi52$ mm 外圆，精车 $\phi60$ mm × 7 mm、$\phi55$ mm × 62 mm、$\phi36$ mm × 38 mm；精车圆锥；切槽 $\phi28$ mm × 10 mm（圆角 *R*3），倒角 2 × 30°、*C*2 mm；车 M36 × 3 mm 三角形螺纹，用螺纹环规检测；掉头，鸡心夹头夹 M36 × 3 mm 部位（垫铜皮），两顶尖支撑工件，精车 $\phi50$ mm × 27 mm，倒角 *C*2 mm。

2. 轴的加工

技术要求：

零件锥面以 $\phi30$ 轴线为基准，其圆跳动为 0. 025 mm，螺纹为三角形细牙螺纹。

工艺分析：

零件精车采用两顶尖装夹。

加工过程：

备料 $\phi40$ mm × 140 mm。

材料伸出长度 40 mm，车平端面，钻中心孔 A2，粗车 $\phi32$ mm × 24 mm、$\phi37$mm × 12 mm；掉头，控制零件总长 133 mm，钻中心孔 A2；一夹一顶装夹，粗车 $\phi32$ mm × 97 mm，粗车 $\phi25$ mm × 20 mm；采用两顶尖装夹，精车 M24 × 1. 5 mm 螺纹外径、$\phi30$ mm 及$\phi36$ mm，控制相应的长度尺寸；精车锥度；切槽 3 mm × 2 mm、倒角 *C*1. 5 mm、*C*0. 5 mm；车 M24 × 1. 5 mm 螺纹，用环规检验；掉头，精车 $\phi30$ mm，控制 $\phi36$ mm 的长度 10 mm；倒角 *C*2 mm、去毛刺。

资料卡片

乱牙及其预防

车螺纹时，都要经过几次进给才能完成。如果在再进给时，车刀刀尖偏离前一次进给车出的螺旋槽，把螺旋槽车乱，这种现象称为乱牙。

产生螺纹乱牙的原因是当车床丝杠旋转一周时，工件未能转过整数转，即车床丝杠的螺距不能被工件螺距整除（不成整数倍）。

例 3—2　在丝杠螺距 $P_{丝}=6$ mm 的车床上车削螺距分别为 2 mm、12 mm 的螺纹时，试分别判断是否会乱牙。

解：根据车削螺纹链传动的关系，得

$$\frac{n_{丝}}{n_{工}}=\frac{P_{工}}{P_{丝}}$$

当 $P_{工}=2$ mm 时，$\frac{n_{丝}}{n_{工}}=\frac{P_{工}}{P_{丝}}=\frac{2}{6}=\frac{1}{3}$

即丝杠旋转一周，工件旋转三周，不会产生乱牙。

当 $P_{工}=12$ mm 时，$\frac{n_{丝}}{n_{工}}=\frac{P_{工}}{P_{丝}}=\frac{12}{6}=\frac{1}{0.5}$

即丝杠旋转一周，工件只旋转 0.5 周，刀尖有可能切在牙顶处，因此会产生乱牙。

在车床丝杠螺距与车削工件螺纹的螺距不是整数倍时，采用倒顺车法车削就可避免产生螺纹乱牙。但主轴换向动作不能过快，否则车床传动部件受到瞬时冲击，易使传动机构损坏。

课题 2　普通内螺纹加工

学习目标

1. 了解普通内螺纹车刀的种类、几何形状及其安装。
2. 掌握普通内螺纹底孔直径的计算方法。
3. 掌握普通内螺纹的车削方法。
4. 掌握普通内螺纹的检测方法。

一、普通内螺纹的形式

根据应用场合及其结构特征，普通内螺纹通常有通孔内螺纹、不通孔内螺纹和台阶孔内螺纹三种形式，如图 3—8 所示。

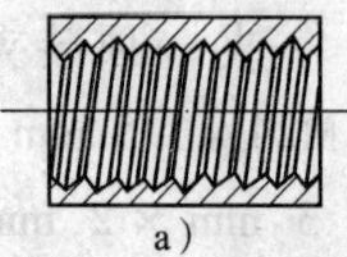

a）

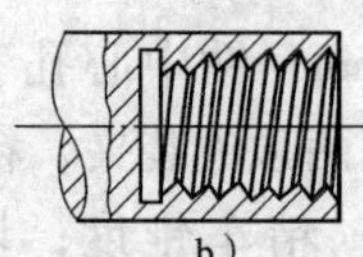

b）

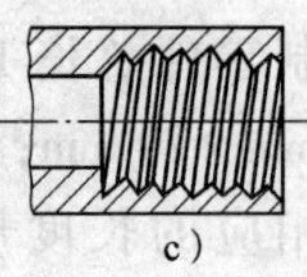

c）

图 3—8　内螺纹的形式

a）通孔内螺纹　b）不通孔内螺纹　c）台阶孔内螺纹

二、普通内螺纹车刀

1. 普通内螺纹车刀的种类及其几何形状

车削普通内螺纹时，应根据内螺纹的形状选用不同结构的内螺纹车刀，图 3—9 所示为高速钢普通内螺纹车刀。

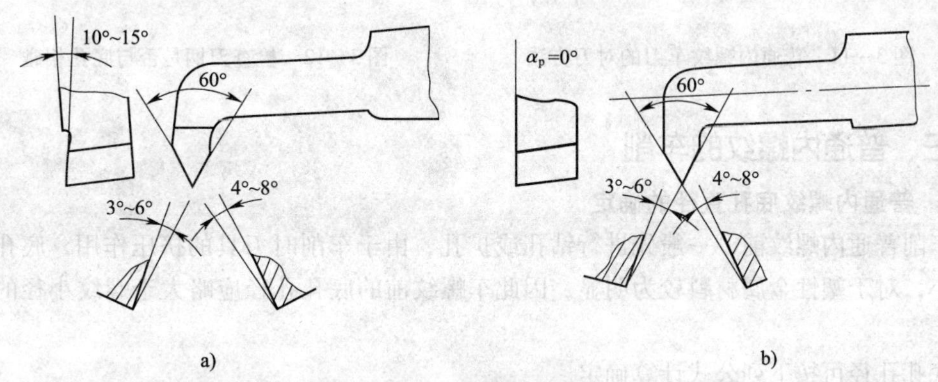

图 3—9　高速钢普通内螺纹车刀

a）粗车刀　b）精车刀

内螺纹车刀刀柄尺寸受螺纹形式和螺纹底孔直径尺寸的限制，应在保证顺利车削的前提下使刀柄截面积尽量大些，如果刀柄太细，车削时容易引起振动或出现“让刀”现象；如果刀柄太粗，退刀时会碰伤内螺纹牙顶，甚至不能车削。

硬质合金普通内螺纹车刀的几何形状如图 3—10 所示。

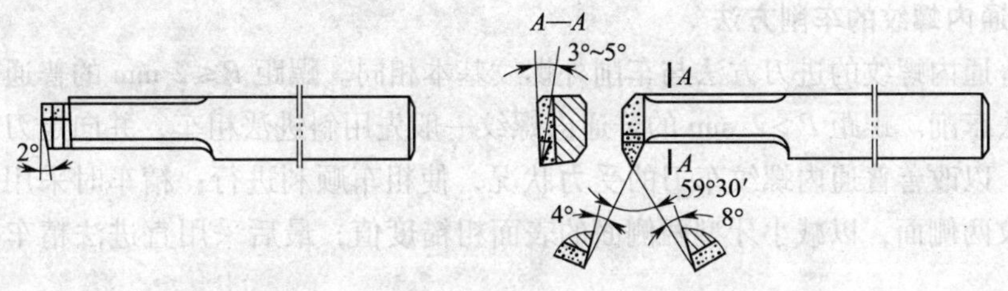

图 3—10　硬质合金普通内螺纹车刀的几何形状

2. 普通内螺纹车刀的安装

普通内螺纹车刀的安装，应注意以下要点：

（1）刀柄伸出的长度应大于内螺纹长度 10 ~ 20 mm。

（2）调整车刀的高低位置，使刀尖对准工件回转中心，并轻轻压住。

（3）将螺纹对刀样板侧面靠平工件端平面，刀尖部分进入样板的槽内进行对刀，调整并夹紧车刀，如图 3—11 所示。

（4）装夹好的螺纹车刀应在底孔内手动试走一次，防止刀柄与内孔相碰而影响车削，如图 3—12 所示。

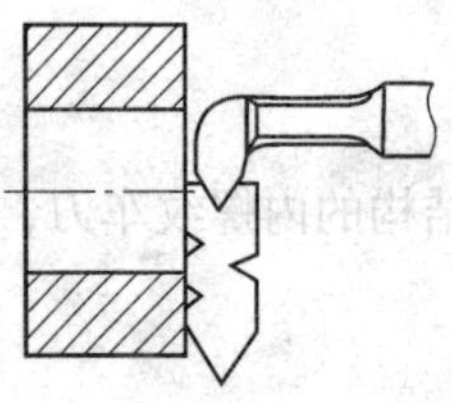

图 3—11　普通内螺纹车刀的对刀方法

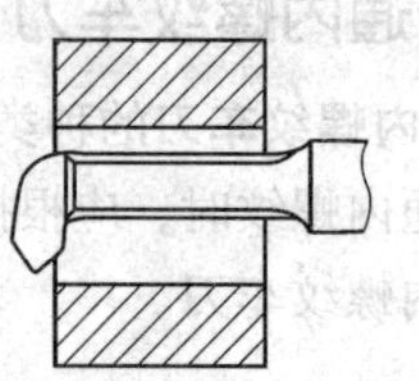

图 3—12　检查刀柄是否与底孔相碰

三、普通内螺纹的车削

1. 普通内螺纹底孔直径的确定

车削普通内螺纹前，一般先进行钻孔或扩孔，由于车削时刀具的挤压作用，底孔直径会缩小，对于塑性金属材料较为明显，因此车螺纹前的底孔孔径应略大于螺纹小径的基本尺寸。

底孔孔径可按下列公式计算确定。

车削塑性材料：

$$D_{孔} \approx D - P$$

车削脆性材料：

$$D_{孔} \approx D - 1.05P$$

式中　$D_{孔}$——底孔孔径，mm；

D——内螺纹大径，mm；

P——内螺纹螺距，mm。

2. 普通内螺纹的车削方法

车削普通内螺纹的进刀方法与车削外螺纹基本相同。螺距 $P \leqslant 2$ mm 的普通内螺纹一般采用直进法车削。螺距 $P > 2$ mm 的普通内螺纹一般先用斜进法粗车，并向走刀相反的方向一侧赶刀，以改善普通内螺纹车刀的受力状况，使粗车顺利进行；精车时采用左、右进刀法精车螺纹两侧面，以减小牙型两侧面的表面粗糙度值，最后采用直进法精车牙底至螺纹大径。

3. 普通内螺纹的检测

普通内螺纹一般采用螺纹塞规进行综合检测。检测时，螺纹塞规的通端能轻松、顺利地拧入工件，而止端不能拧进工件，说明螺纹合格。对于精度要求不高的内螺纹，也可以用标准螺栓来检测，以拧入时是否顺利和配合的间隙大小（松紧程度）来确定是否合格。

四、技能训练

根据图 3—13、图 3—14 的要求，刃磨相应的普通内螺纹车刀，并完成零件的加工。

1. 加工提示

（1）普通内螺纹车刀必须严格按照内螺纹的形式、底孔直径的大小来选择刀头形状和刀柄尺寸，保证车削顺利进行。

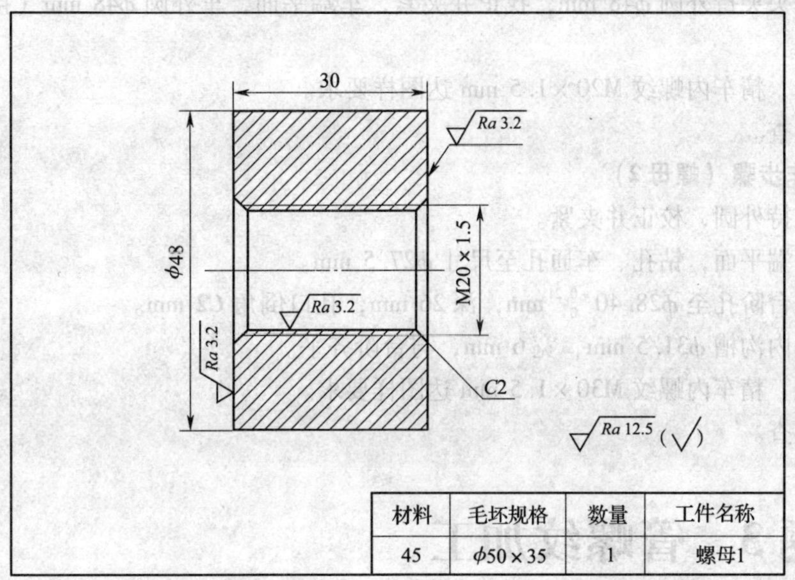

图 3—13　螺母 1

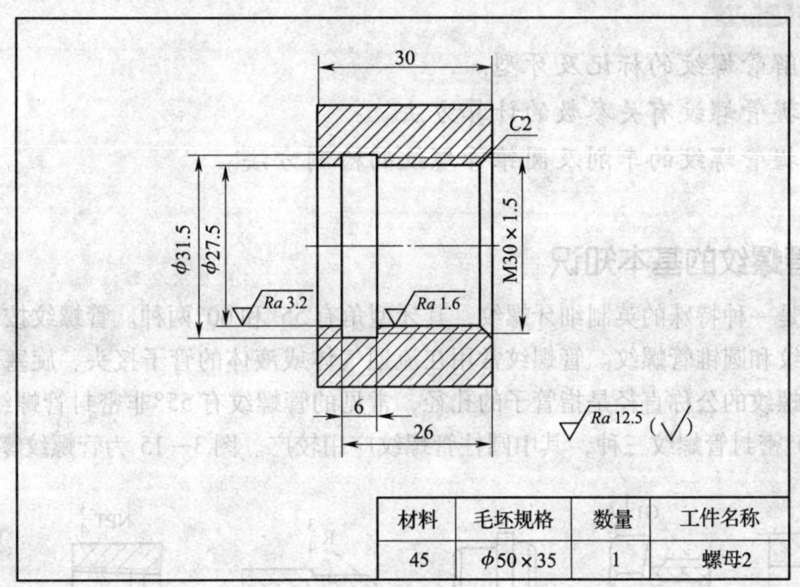

图 3—14　螺母 2

（2）刀尖角的平分线必须与刀柄垂直，否则在车削过程易撞碰刀杆。

（3）车削内螺纹时的进、退刀方向与车外螺纹相反，中滑板刻度做“减法”。

（4）严格控制普通内螺纹车刀在内孔的车削长度。

2．操作步骤（螺母 1）

（1）夹持外圆长 10 ~ 15 mm，校正并夹紧，车端平面，车外圆至 ϕ48 mm，锐角倒圆。

（2）钻孔、车内孔至 $\phi 18.40^{+0.18}_{0}$ mm。

（3）孔口倒角 $C2$ mm。

(4) 掉头夹持外圆 $\phi48$ mm，找正并夹紧，车端平面，车外圆 $\phi48$ mm（接刀），孔口倒角 $C2$ mm。

(5) 粗、精车内螺纹 M20×1.5 mm 达图样要求。

(6) 检查。

3. 操作步骤（螺母 2）

(1) 夹持外圆，校正并夹紧。

(2) 车端平面，钻孔、车通孔至尺寸 $\phi27.5$ mm。

(3) 车台阶孔至 $\phi28.40^{+0.21}_{0}$ mm，深 26 mm，孔口倒角 $C2$ mm。

(4) 车内沟槽 $\phi31.5$ mm，宽 6 mm，与台阶齐平。

(5) 粗、精车内螺纹 M30×1.5 mm 达图样要求。

(6) 检查。

课题 3 管螺纹加工

学习目标

1. 了解管螺纹的标记及牙型。
2. 掌握管螺纹有关参数的计算方法。
3. 掌握管螺纹的车削及圆锥管螺纹的检测方法。

一、管螺纹的基本知识

管螺纹是一种特殊的英制细牙螺纹，其牙型角有 55°和 60°两种。管螺纹按母体形状分为圆柱管螺纹和圆锥管螺纹。管螺纹常用在流通气体或液体的管子接头、旋塞、阀门及其附件中。管螺纹的公称直径是指管子的孔径，常见的管螺纹有 55°非密封管螺纹、55°密封管螺纹和 60°密封管螺纹三种，其中圆柱管螺纹应用较广。图 3—15 为管螺纹零件。

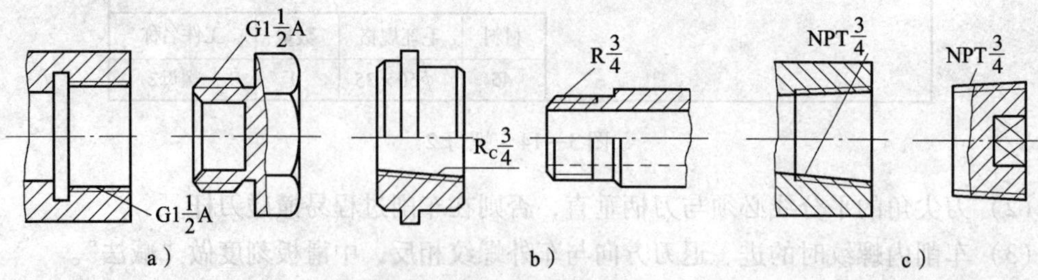

图 3—15 管螺纹零件

a) 55°非密封管螺纹 b) 55°密封管螺纹 c) 60°密封管螺纹

1. 管螺纹的标记

管螺纹的标记见表 3—6。

表 3—6　　　　　　　　　管螺纹的标记

<table>
<tr><th colspan="2">管螺纹种类</th><th>特征代号</th><th>牙型角</th><th>标记示例</th></tr>
<tr><td colspan="2">55°非密封管螺纹</td><td>G</td><td>55°</td><td>G1A
示例说明：
G——55°非密封管螺纹
1——尺寸代号
A——外螺纹公差等级代号</td></tr>
<tr><td rowspan="4">55°密封管螺纹</td><td>圆锥内螺纹</td><td>R_c</td><td rowspan="4">55°</td><td rowspan="4">$R_c 1\frac{1}{2}$—LH
示例说明：
R_c——圆锥内螺纹，属于55°密封管螺纹
$1\frac{1}{2}$——尺寸代号
LH——左旋</td></tr>
<tr><td>圆柱内螺纹</td><td>R_P</td></tr>
<tr><td>与圆柱内螺纹配合的圆锥外螺纹</td><td>R_1</td></tr>
<tr><td>与圆锥内螺纹配合的圆锥外螺纹</td><td>R_2</td></tr>
<tr><td rowspan="2">60°密封管螺纹</td><td>圆锥管螺纹（内、外）</td><td>NPT</td><td>60°</td><td>NPT $\frac{3}{4}$—LH
示例说明：
NPT——圆锥管螺纹，属于60°密封管螺纹
$\frac{3}{4}$——尺寸代号
LH——左旋</td></tr>
<tr><td>与圆锥外螺纹配合的圆柱内螺纹</td><td>NPSC</td><td>60°</td><td>NPSC $\frac{3}{4}$
示例说明：
NPSC——与圆锥外螺纹配合的圆柱内螺纹，属于60°密封管螺纹
$\frac{3}{4}$——尺寸代号</td></tr>
</table>

2. 管螺纹的牙型及相关参数计算

管螺纹是一种英制螺纹，其螺距 P 以 1 in（25.4 mm）中的牙数 n 表示，如 1 in 中有 12 牙，其螺距为 1/12 in。

（1）非密封管螺纹的牙型及相关参数计算

非密封管螺纹的母体形状是圆柱，其牙型角为 55°，螺纹的顶部和底部 $H/6$ 处倒圆。其牙型如图 3—16 所示，相关参数的计算公式见表 3—7。

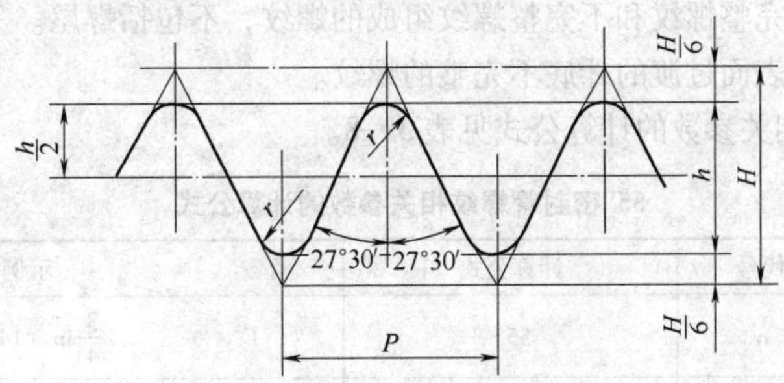

图 3—16　非密封管螺纹的牙型

表 3—7　　非密封管螺纹相关参数的计算公式

名称	代号	计算公式	示例
牙型角	α	55°	$\frac{3}{4}$in（14 牙）
螺距	P	$P=\frac{25.4}{n}$	$P=\frac{25.4}{14}\approx1.814$
原始三角形高度	H	$H=0.960\ 49P$	$H=0.960\ 49\times1.814\approx1.742$
牙型高度	h	$h=0.640\ 33P$	$h=0.640\ 33\times1.814\approx1.162$
圆弧半径	r	$r=0.137\ 33P$	$r=0.137\ 33\times1.814\approx0.249$

（2）55°密封管螺纹的牙型及相关参数计算

55°密封管螺纹，其牙型角为 55°，在螺纹的顶部和底部 $H/6$ 处倒圆，牙型如图 3—17a 所示。圆锥管螺纹有 1∶16 的锥角，可以使管螺纹越旋越紧，配合更加紧密，也可以用在压力较高的管接头处。

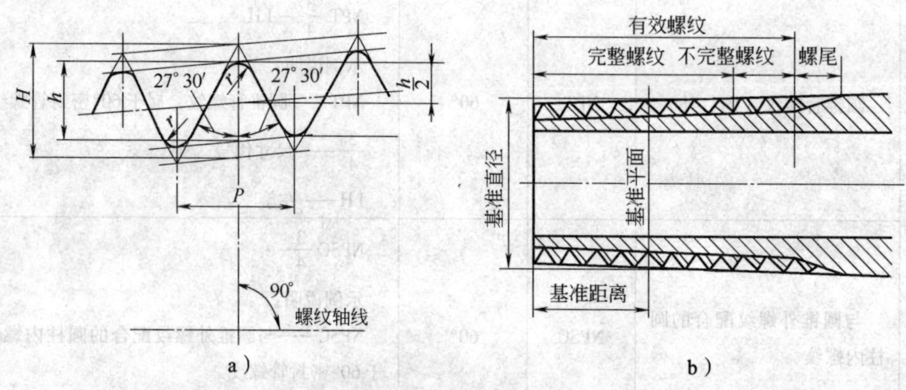

图 3—17　55°密封管螺纹基本牙型和术语
a）基本牙型　b）术语

图 3—17b 中的术语解释：

基准直径——设计给定的内锥螺纹或外锥螺纹的基本大径。

基准平面——垂直于锥螺纹轴线，具有基准直径的平面，简称基面。

基准距离——从基准平面到外锥螺纹小端的距离，简称基距。

完整螺纹——牙顶和牙底均具有完整形状的螺纹。

不完整螺纹——牙底完整而牙顶不完整的螺纹。

有效螺纹——由完整螺纹和不完整螺纹组成的螺纹，不包括螺尾。

螺尾——向光滑表面过渡的牙底不完整的螺纹。

55°密封管螺纹相关参数的计算公式见表 3—8。

表 3—8　　55°密封管螺纹相关参数的计算公式

名称	代号	计算公式	示例
牙型角	α	55°	$\frac{3}{4}$in（14 牙）
螺距	P	$P=\frac{25.4}{n}$	$P=\frac{25.4}{14}\approx1.814$

续表

名称	代号	计算公式	示例
原始三角形高度	H	$H=0.960\ 24P$	$H=0.960\ 24\times1.814\approx1.742$
牙型高度	h	$h=0.640\ 33P$	$h=0.640\ 33\times1.814\approx1.162$
圆弧半径	r	$r=0.137\ 28P$	$r=0.137\ 28\times1.814\approx0.249$

（3）60°密封管螺纹的牙型及尺寸计算

60°密封管螺纹属英制管螺纹，其牙型如图 3—18 所示。螺纹的顶部和底部处削平，内、外螺纹配合时没有间隙。

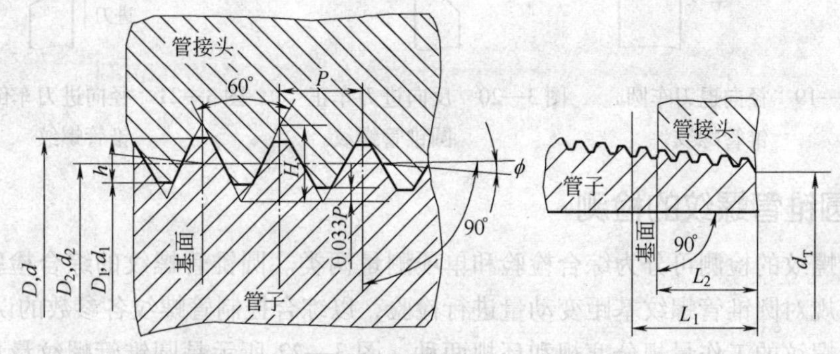

图 3—18　60°密封管螺纹基本牙型

60°密封管螺纹相关参数的计算公式见表 3—9。

表 3—9　　60°密封管螺纹相关参数的计算公式

名称	代号	计算公式	示例
牙型角	α	55°	$\frac{3}{4}$in（14 牙）
螺距	P	$P=\frac{25.4}{n}$	$P=\frac{25.4}{14}\approx1.814$
原始三角形高度	H	$H=0.866P$	$H=0.866\times1.814\approx1.571$
牙型高度	h	$h=0.8P$	$h=0.8\times1.814\approx1.451$
$K=1:16$　　$\phi=1°47'24''$			

二、管螺纹的车削方法

管螺纹的车削方法与普通螺纹的车削方法相似，所不同的是需要解决螺纹的锥度问题。车削圆锥管螺纹的常用方法有靠模法、手赶法和丝锥攻螺纹法。

手赶法就是在车削螺纹时，径向手动退刀或进刀，使刀尖沿着与圆锥素线平行的方向运动，来保证螺纹的锥度和尺寸的方法。由于锥度用手动车削，加工精度不高，一般用于精度较低的单件、小批量生产。

图 3—19 所示为径向退刀车圆锥管螺纹。车削时，床鞍从右向左纵向进给的同时，中滑板手动均匀退刀，车出圆锥管螺纹。

图 3—20 所示为反向进刀车正圆锥管螺纹。车削时，车刀反装，车床主轴反转，车刀

从左向右纵向进给的同时，中滑板手动均匀进刀，车出圆锥管螺纹。

图 3—21 所示为径向进刀车倒圆锥管螺纹。车削时，车刀从右向左纵向进给的同时，中滑板手动均匀进刀，车出圆锥管螺纹。

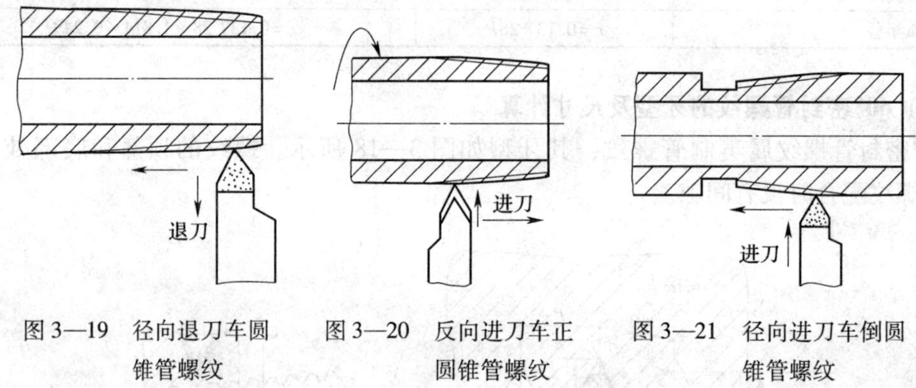

图 3—19　径向退刀车圆锥管螺纹　　图 3—20　反向进刀车正圆锥管螺纹　　图 3—21　径向进刀车倒圆锥管螺纹

三、圆锥管螺纹的检测

圆锥管螺纹的检测可分为综合检验和单项测量两类。圆锥管螺纹的综合检验是利用圆锥管螺纹量规对圆锥管螺纹基距变动量进行检验，以综合控制管螺纹各参数的误差。

圆锥管螺纹的工作量规分塞规和环规两种，图 3—22 所示是圆锥管螺纹量规的结构和使用。其中 L 为基距，m 为基距允差，检验时若被检工件的基面落在允差范围内，则合格。

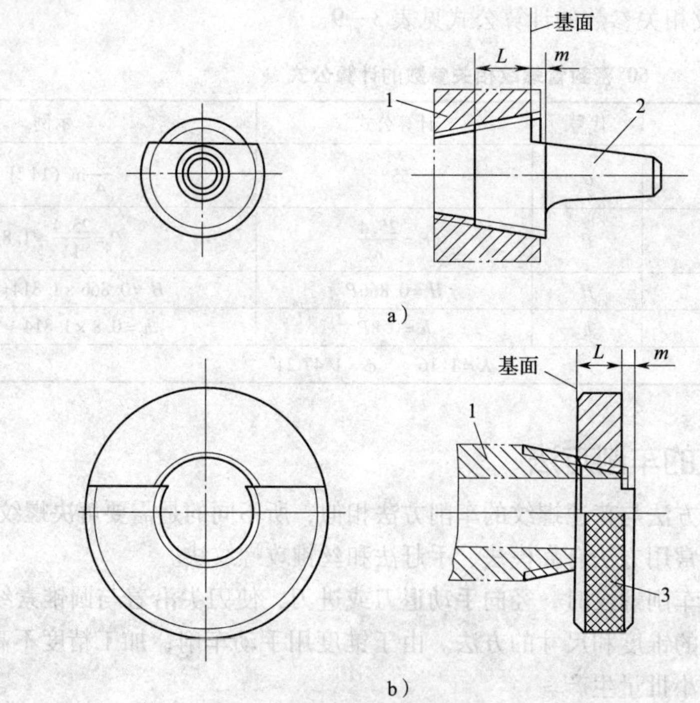

图 3—22　圆锥管螺纹量规的结构和使用

a）塞规　b）环规

1—工件　2—塞规　3—环规

四、技能训练

根据图 3—23 的要求，车削管接嘴。

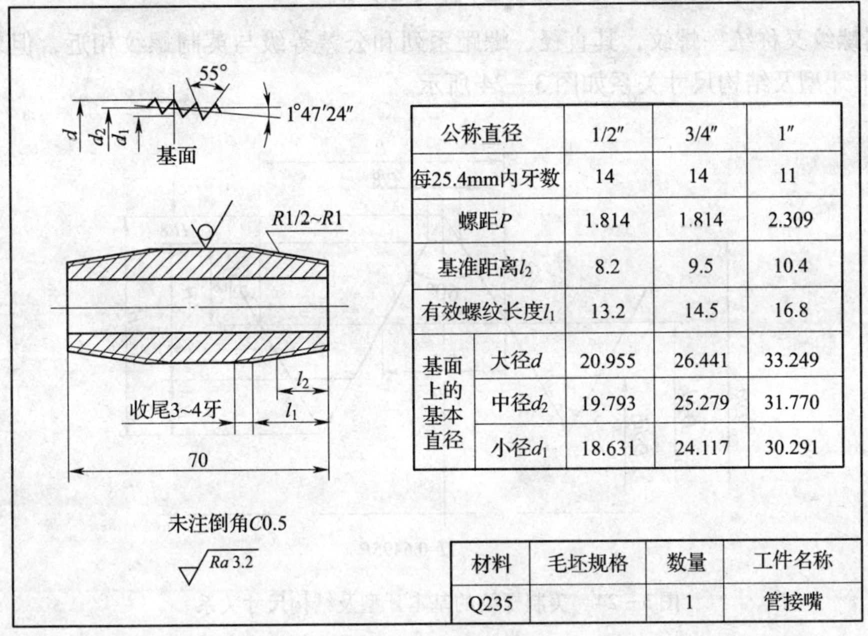

公称直径		1/2″	3/4″	1″
每25.4mm内牙数		14	14	11
螺距P		1.814	1.814	2.309
基准距离l_2		8.2	9.5	10.4
有效螺纹长度l_1		13.2	14.5	16.8
基面上的基本直径	大径d	20.955	26.441	33.249
	中径d_2	19.793	25.279	31.770
	小径d_1	18.631	24.117	30.291

材料	毛坯规格	数量	工件名称
Q235		1	管接嘴

图 3—23　管接嘴

1. 加工步骤

（1）夹持管料外圆，伸出长度 35 ~ 40 mm，校正并夹紧。

（2）车端面。

（3）逆时针转动小滑板 1°47′24″，车外圆锥面至尺寸要求，倒角 C0.5 mm。

（4）用手赶刀（径向退刀）车圆锥管螺纹至尺寸要求。

（5）检验。

（6）掉头夹持工件，重复步骤（1）~（5）车另一端圆锥管螺纹。

2. 加工提示

（1）螺纹车刀刀头中心线垂直于工件轴线。

（2）用手赶法车削，手赶速度应与主轴转速配合好，否则易损坏刀具或使零件报废。

（3）用相应的标准管接头检查工件螺纹时，应以基面为准，保证有效长度 l_1，一般管接头拧进 3 ~ 4 圈，螺纹收尾长度在 3 ~ 4 牙，即“松三紧四”原则。

课题 4　美制螺纹加工

1. 掌握美制螺纹的牙型及结构尺寸关系。

2. 了解美制螺纹系列、等级和标记。

一、美制螺纹的基本牙型及结构尺寸关系

美制螺纹又称统一螺纹，其直径、螺距系列和公差等级与英制螺纹相近，但牙型角为60°，基本牙型及结构尺寸关系如图3—24所示。

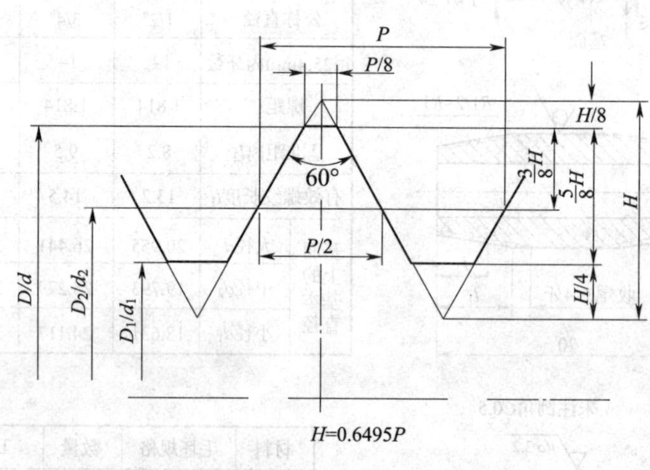

图3—24 美制螺纹的基本牙型及结构尺寸关系

二、美制螺纹系列、等级和标记

美制螺纹的基本代号为“UN”，螺距以每英寸的螺纹牙数表示。

1. 美制螺纹系列

美制螺纹根据其螺距大小的变化，分为以下几种系列：

（1）粗牙系列，用UNC表示。

（2）细牙系列，用UNF表示。

（3）特细牙系列，用UNEF表示。

（4）定螺距系列，用UN表示。

（5）特殊系列，用UNS和UNRS表示。

另外，美制螺纹又分美制统一螺纹（UN）和美制航空航天螺纹（UNJ）。

2. 美制螺纹的等级

不同等级的螺纹具有不同的基本偏差和公差。美制外螺纹规定有1A、2A、3A三个等级；美制内螺纹规定有1B、2B、3B三个等级。其中A表示外螺纹，B表示内螺纹，字母前的数字代表公差等级的大小，其数字越小，表示螺纹公差值越大，精度也就越低。例如，相同尺寸的螺纹，1A级公差值大于2A级公差值。

3. 美制螺纹的标记

美制螺纹的标记顺序为：公称尺寸、每英寸的牙数、螺纹系列代号、螺纹等级代号等。

如：5/16 - 18 UNC - 3A - RH

其中，5/16 ——螺纹公称尺寸5/16″；

18——每英寸 18 牙；

UNC——粗牙系列螺纹；

3A——3 级外螺纹；

RH——右旋美制螺纹，LH 为左旋。

三、技能训练

车削如图 3—25 所示的美制螺纹轴 1 -8UNC -3A -RH。

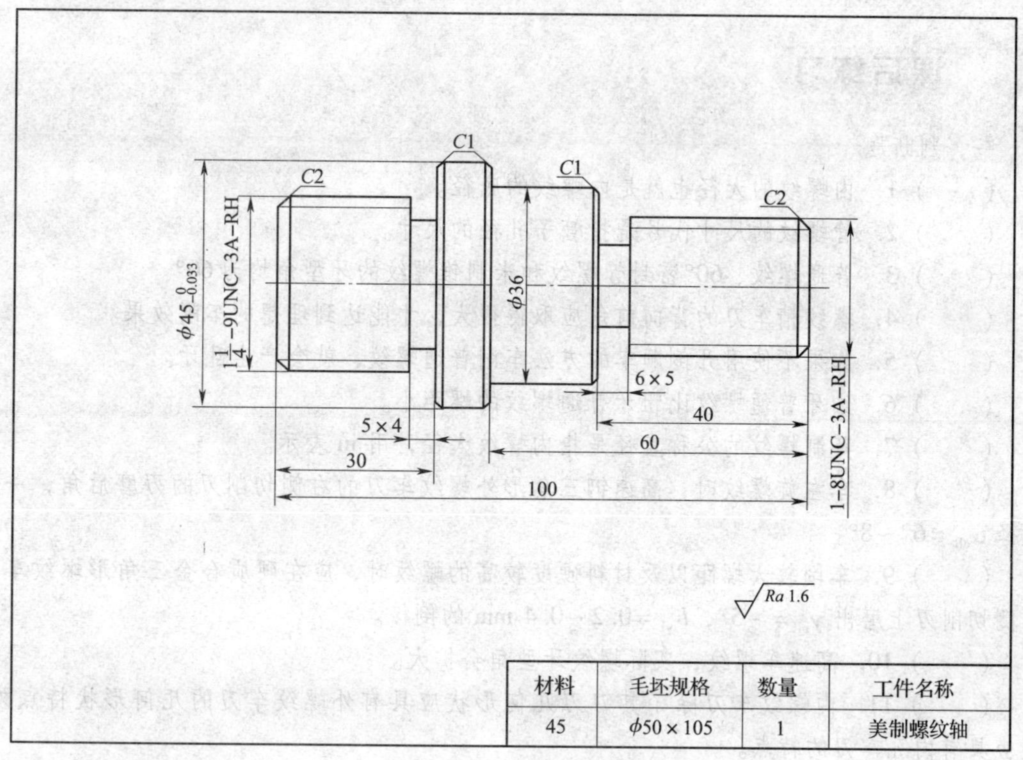

材料	毛坯规格	数量	工件名称
45	$\phi 50 \times 105$	1	美制螺纹轴

图 3—25　美制螺纹轴

1. 美制螺纹轴的加工

(1) 技术要求

零件为美制螺纹轴，虽然没有复杂的形位公差要求，但各表面的表面粗糙度要求较高。

(2) 工艺分析

零件长度为 100 mm，两侧端面在长度方向上互为基准，故采用一夹一顶进行加工。

(3) 加工过程

备料：$\phi 50$ mm × 105 mm

材料伸出长度 65 mm，车平端面；粗车 $\phi 47$ mm × 42 mm；粗车 $\phi 35$ mm × 30 mm。

掉头，控制零件总长 100 mm，粗车 $\phi 38$ mm × 60 mm；粗车 $\phi 26$ mm × 40 mm。

精车 $\phi 45$ mm × 12 mm、$\phi 36$ mm × 60 mm、$\phi 25.4$ mm × 40 mm；切槽 6 mm × 5 mm，倒角 $C1$ mm、$C2$ mm。

车削 1 -8UNC -3A -RH 美制螺纹，用螺纹中径千分尺测量，控制中径尺寸 $\phi 23.37$ mm。

掉头，精车 $\phi31.75$ mm × 30 mm，切槽 5 mm × 4 mm，倒角 $C1$ mm、$C2$ mm；车削 $1\frac{1}{4}-9$UNC－RH 美制螺纹，控制中径尺寸 $\phi29.26$ mm。

2. 加工提示

（1）根据每英寸牙数，正确选、挂齿轮或正确调整进给箱手柄。

（2）根据螺距的大小进行有关尺寸的计算。

（3）美制螺纹的牙型角为60°。

课后练习

一、判断题

（　　）1. 内螺纹的大径也就是内螺纹的底径。

（　　）2. 管螺纹的尺寸代号是指管子孔径的尺寸。

（　　）3. 普通螺纹、60°密封管螺纹和米制锥螺纹的牙型角均为60°。

（　　）4. 螺纹精车刀的背向前角应取得很大，才能达到理想的车削效果。

（　　）5. 如果不使用开倒顺车的方法车削普通螺纹，就会产生乱牙。

（　　）6. 细牙普通螺纹比粗牙普通螺纹的螺距小。

（　　）7. 英制螺纹的公称直径是指内螺纹大径，用 in 表示。

（　　）8. 车左旋螺纹时，高速钢三角形外螺纹车刀的右侧切削刃的刃磨后角，一般选择 $\alpha_{oR}=6°\sim8°$。

（　　）9. 车削较大螺距以及材料硬度较高的螺纹时，应在硬质合金三角形螺纹车刀两侧切削刃上磨出 $\gamma_{o1}=-5°$，$b_{\gamma1}=0.2\sim0.4$ mm 的倒棱。

（　　）10. 高速车螺纹，实际螺纹牙型角会扩大。

（　　）11. 内螺纹车刀除了其刀刃几何形状应具有外螺纹车刀的几何形状特点外，还应具有内孔车刀的特点。

（　　）12. 车削塑性金属材料的三角形内螺纹底孔的孔径 $D_{孔}$，应比同规格的脆性金属材料底孔的孔径 $D_{孔}$ 小些。

（　　）13. 车削内螺纹时，不能用手去摸螺纹表面，但可以把砂纸卷在手指上对内螺纹进行去毛刺。

（　　）14. 车削螺纹时，预防乱牙的最好方法就是提开合螺母车削。

（　　）15. 螺纹千分尺是测量普通螺纹中径的最佳工具。

（　　）16. 用三针或单针测量普通螺纹的中径，其测量精度较低。

（　　）17. 螺纹量规可以对相应螺纹进行综合测量。

（　　）18. 车削内螺纹时，车刀无法用角度样板进行对刀。

（　　）19. 普通内螺纹牙侧的表面粗糙度较难控制，因此均采用直进法车削内螺纹。

（　　）20. 管螺纹为非标螺纹，因此可以用相应的普通螺纹替代。

二、选择题

1. 如果螺纹车刀的背前角 $\gamma_p>0°$，其两刃夹角 $\varepsilon_r'=60°$，则车出的螺纹牙型角

α（　　）60°。

A. 等于　　B. 大于　　C. 小于

2. 螺纹车刀的背前角 $\gamma_p>0°$，则车出螺纹的螺纹牙型是（　　）线。

A. 直　　B. 曲　　C. 任意

3. 车右旋螺纹时，车刀左侧切削刃的后角比其刃磨后角（　　）。

A. 大　　B. 小　　C. 相等

4. 螺纹车刀左右侧切削刃的刃磨前角为0°，将车刀左右两侧切削刃组成的平面垂直于螺旋线装夹，左侧切削刃的工作前角 γ_{oeL}（　　）。

A. $=0°$　　B. $>0°$　　C. $<0°$

5. 同一条螺旋线相邻两牙在中径线上对应点之间的轴向距离称为（　　）。

A. 螺距　　B. 导程　　C. 节距

6. 在丝杠螺距为12 mm的车床上，车削（　　）螺纹不会产生乱扣。

A. M24　　B. M12　　C. M20

7. 高速钢车刀的（　　）较差，因此不能用于高速切削。

A. 强度　　B. 硬度　　C. 耐热性

8. 管螺纹是用于管道连接的一种（　　）。

A. 精密螺纹　　B. 英制螺纹　　C. 连接螺纹

9.（　　）螺纹是在管子上加工的特殊的细牙螺纹，其牙型角有55°和60°两种。

A. 普通　　B. 英制　　C. 管

10. 用刀尖角 $\varepsilon_r=55°$ 的三角形螺纹车刀，可以车削（　　）螺纹、55°非密封管螺纹和55°密封管螺纹。

A. 米制锥　　B. 普通　　C. 英制

11. 车螺纹时，在每次往复行程后，除中滑板横向进给外，小滑板只向一个方向做微量进给，这种车削方法是（　　）法。

A. 直进　　B. 左右切削　　C. 斜进

12. 美制螺纹的牙型角为（　　）。

A. 60°　　B. 55°　　C. 59°

13. 在同一螺旋线上，大径上的螺纹升角（　　）中径上的螺纹升角。

A. 大于　　B. 等于　　C. 小于

14.（　　）法车普通外螺纹时，切削用量可以取大些。

A. 左右切削　　B. 斜进　　C. 斜进或左右切削

15. 美制螺纹的标记中，表示细牙系列的代号是（　　）。

A. UNC　　B. UNF　　C. UNS

三、简答及计算题

1. 车削右旋螺纹时，车刀左、右两侧前角会产生什么变化？如何改进？

2. 车削左旋螺纹时，怎样确定两侧后角刃磨时的角度值？

3. 在丝杠螺距为12 mm的CA6140型车床上，车导程为1.75 mm、4 mm、6 mm、8 mm的螺纹，判断是否产生乱牙？

4. 根据工件材料，如何确定普通内螺纹的底孔孔径？
5. 使用三针或单针测量普通螺纹中径时，如何选择量针的直径？
6. 高速车三角形螺纹时，为什么不能使用左右切削法？
7. 如何车削三角形内螺纹？如何安装三角形内螺纹车刀？
8. 车削圆锥管螺纹时如何进退刀？
9. 螺纹升角对螺纹车刀的工作前角有何影响？
10. 如何解决螺纹升角对螺纹车刀工作后角的影响？
11. 当螺纹车刀的背前角大于0°时，螺纹牙侧为何形状？为什么？
12. 如何选择车削螺纹时的切削用量？
13. 产生乱牙的主要原因是什么？如何预防？
14. 常见的管螺纹有哪三种类型？
15. 何为圆锥管螺纹的基准直径和基准平面？

模块四 矩形螺纹、梯形螺纹及蜗杆加工

课题1 矩形螺纹、梯形螺纹加工

学习目标

1. 熟悉矩形螺纹和梯形螺纹有关参数的计算。
2. 掌握矩形螺纹和梯形螺纹车刀的结构及刃磨要求。
3. 掌握矩形螺纹和梯形螺纹的车削方法。
4. 掌握矩形螺纹和梯形螺纹的检测。

一、矩形螺纹和梯形螺纹有关参数的计算

1. 矩形螺纹有关参数的计算

矩形螺纹也称方牙螺纹，是一种非标准螺纹，在零件图上的标记为“矩形 公称直径×螺距”，如“矩形40×6”。矩形螺纹的牙型如图4—1所示，主要参数的计算公式见表4—1。

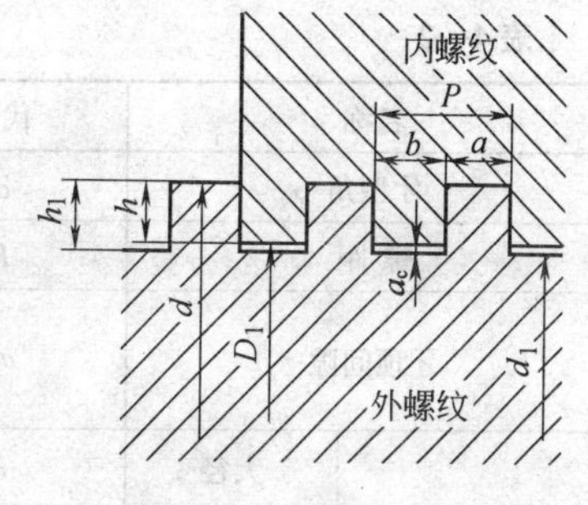

图4—1 矩形螺纹的牙型

例4—1 车削丝杠的矩形30×6螺纹，求矩形螺纹基本要素的尺寸。

表4—1 矩形螺纹主要参数的计算公式

基本参数	符号	计算公式
牙型角	α	$\alpha=0°$
牙型高度	h_1	$h_1=0.5P+a_c$
外螺纹大径	d	公称直径
外螺纹小径	d_1	$d_1=d-2h_1$
外螺纹槽宽	b	$b=0.5P+(0.02\sim0.04)$
外螺纹牙宽	a	$a=P-b$
牙顶间隙	a_c	根据螺距 P 的大小取 $a_c=0.1\sim0.2$

解：已知螺纹的公称直径 $d=30$ mm，螺距 $P=6$ mm，取 $a_c=0.15$ mm

则：
$$h_1=0.5P+a_c=0.5\times6+0.15=3.15\ \text{mm}$$
$$d_1=d-2h_1=30-2\times3.15=23.7\ \text{mm}$$
$$b=0.5P+(0.02\sim0.04)=0.5\times6+0.03=3.03\ \text{mm}$$
$$a=P-b=6-3.03=2.97\ \text{mm}$$

2. 梯形螺纹有关参数的计算

梯形螺纹是传动螺纹中应用最广泛的一种，其传动精度高，机床丝杠多为梯形螺纹。梯形螺纹有米制（$\alpha=30°$）和英制（$\alpha=29°$）两种。梯形螺纹的标注为“Tr 公称直径 × 螺距”，如 Tr36 ×6。左旋梯形螺纹在尺寸之后加注“LH”，如“Tr44 ×8LH”。梯形螺纹的牙型如图 4—2 所示，主要参数的计算公式见表 4—2。

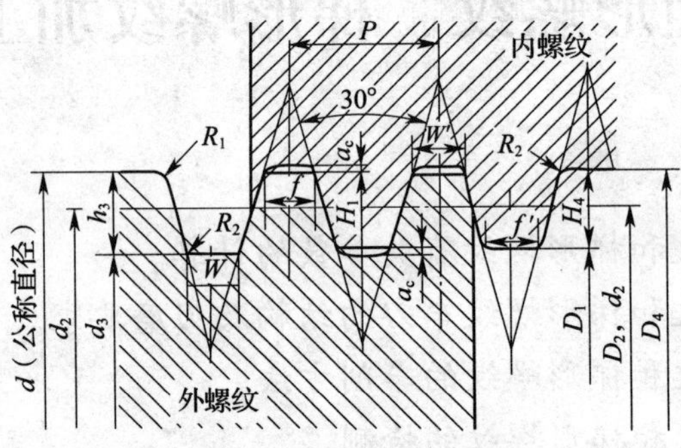

图 4—2　梯形螺纹的牙型

表 4—2　**梯形螺纹主要参数的计算公式**

名称		代号	计算公式			
牙型角		α	$\alpha=30°$			
螺 距		P	由螺纹标准确定			
牙顶间隙		a_c	P（mm）	1.5 ~5	6 ~12	14 ~44
			a_c（mm）	0.25	0.5	1
外螺纹	大径	d	公称直径			
	中径	d_2	$d_2=d-0.5P$			
	小径	d_3	$d_3=d-2h_3$			
	牙 高	h_3	$h_3=0.5P+a_c$			
内螺纹	大径	D_4	$D_4=d+2a_c$			
	中径	D_2	$D_2=d_2$			
	小径	D_1	$D_1=d-P$			
	牙高	H_4	$H_4=h_3$			
牙顶宽		f，f'	$f=f'=0.366P$			
牙槽底宽		W，W'	$W=W'=0.366P-0.536a_c$			

例 4—2 车削丝杠的 Tr42×10 螺纹，试求螺纹基本要素尺寸和螺纹升角。

解：公称直径 $d=42$ mm，螺距 $P=10$ mm，$a_c=0.5$ mm

则：

$$h_3=0.5P+a_c=0.5\times10+0.5=5.5\ \text{mm}$$

$$d_2=d-0.5P=42-0.5\times10=37\ \text{mm}$$

$$d_3=d-2h_3=42-2\times5.5=31\ \text{mm}$$

$$f=0.366P=0.366\times10=3.66\ \text{mm}$$

$$W=0.366P-0.536a_c=0.366\times10-0.536\times0.5=3.392\ \text{mm}$$

$$\tan\psi=P/\pi d_2=10/(3.14\times37)=0.086,\ \psi=4°55'$$

二、矩形螺纹和梯形螺纹车刀结构及刃磨要求

1. 矩形螺纹车刀结构及刃磨要求

矩形螺纹车刀与车槽刀十分相似，其几何形状如图 4—3 所示。

其刃磨要求为：

（1）精车刀主切削刃宽度直接决定着矩形螺纹的牙槽宽度，其主切削刃宽度 $b=0.5P+0.02\sim0.04$ mm。

（2）刀头长度影响刀具的强度，因此刀头长度 $L=0.5P+2\sim4$ mm。

（3）矩形螺纹的螺距一般比较大，因此刃磨两侧后角时必须考虑螺纹升角对工作后角的影响。

（4）为了减小螺纹牙侧的表面粗糙度，在精车刀的两侧副切削刃上应磨有一段修光刃，$b'_\varepsilon=0.3\sim0.5$ mm。

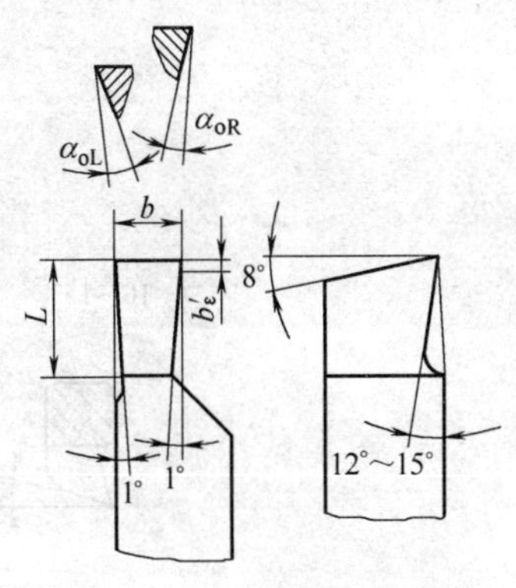

图 4—3 矩形螺纹车刀的几何形状

2. 梯形螺纹车刀结构及刃磨要求

梯形螺纹车刀有高速钢螺纹车刀和硬质合金螺纹车刀两类，梯形外螺纹车刀结构如图 4—4 所示。

梯形内螺纹车刀与普通内螺纹车刀基本相同，只是刀尖角为 30°。其结构如图 4—5 所示。为了增加刀头强度、减小振动，梯形内螺纹车刀的前面应适当磨得低一些。

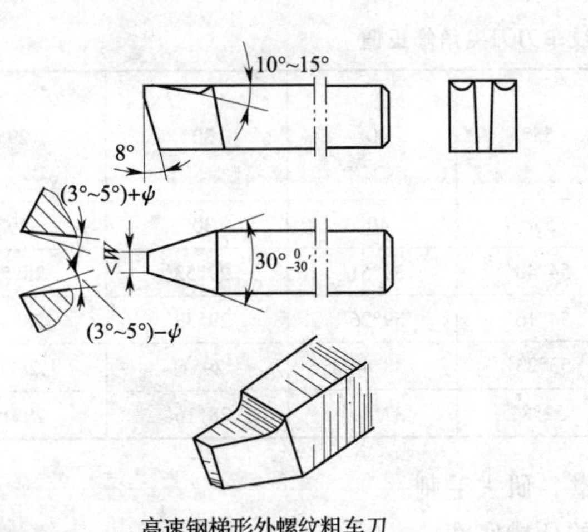

高速钢梯形外螺纹粗车刀

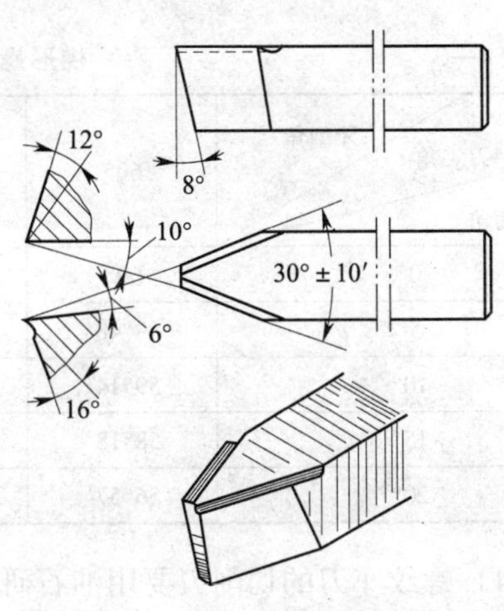

高速钢梯形外螺纹精车刀

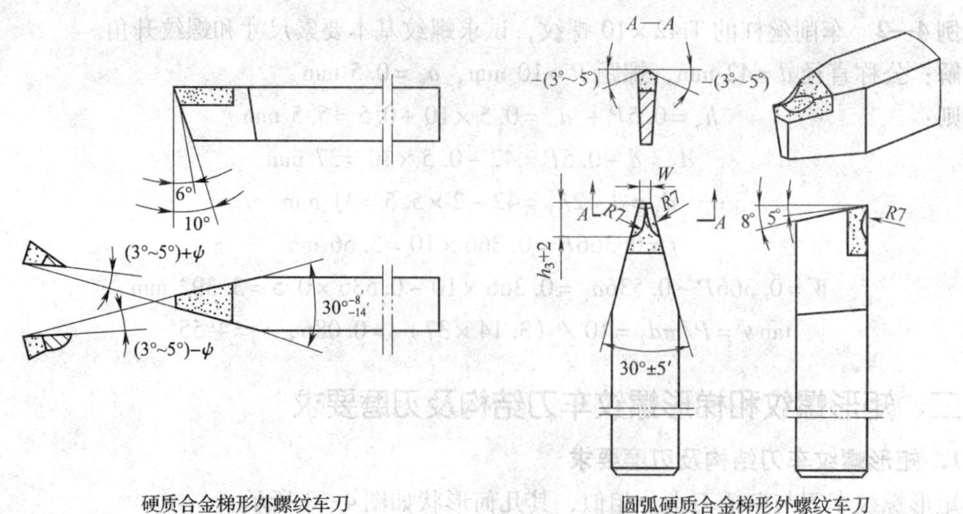

硬质合金梯形外螺纹车刀　　圆弧硬质合金梯形外螺纹车刀

图 4—4　梯形外螺纹车刀结构

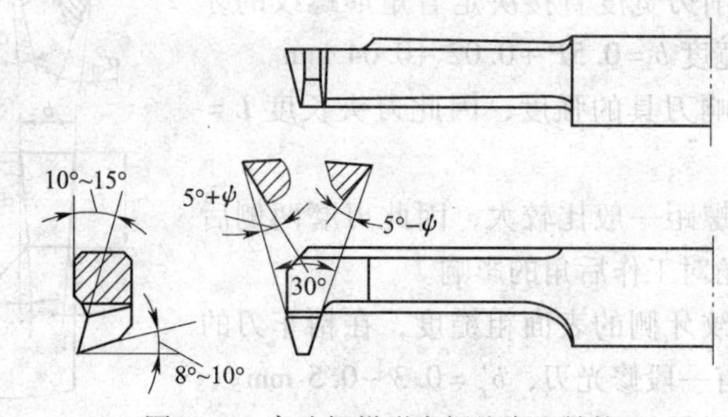

图 4—5　高速钢梯形内螺纹车刀结构

高速钢梯形螺纹车刀的刃磨要求：

(1) 用角度样板严格控制车刀两刃的夹角，且角平分线与工件中心线垂直。

(2) 梯形螺纹车刀的各切削刃要光滑、平直、无裂口，刀面要平整、光洁。

(3) 径向前角不为零的螺纹车刀，两刃夹角应修正，其修正值见表 4—3。

表 4—3　　梯形螺纹车刀刀尖角修正值

刀尖角 / 牙型角 / 纵向前角	60°	55°	40°	30°	29°
0°	60°	55°	40°	30°	29°
5°	59°48′	54°48′	39°51′	29°53′	28°53′
10°	59°14′	54°16′	39°26′	29°33′	28°34′
15°	58°18′	53°23′	38°44′	29°1′	28°3′
20°	56°57′	52°8′	37°49′	28°16′	29°19′

(4) 螺纹车刀的切削刃要用油石研磨，研去毛刺。

(5) 精车刀的刀头宽度应小于螺纹的牙槽底宽。

三、矩形螺纹和梯形螺纹的车削方法

矩形螺纹和梯形螺纹的车削方法，分别见表4—4、表4—5。

表4—4　　矩形螺纹的车削方法

使用场合	$P<4$ mm	$P=4\sim8$ mm	$P>8$ mm
进刀方法	直进法	直进法	粗车一般用直进法，精车用左右切削法
图示			
说明	一般不分粗、精车，用直进法以一把车刀完成	先用粗车刀以直进法粗车，两侧各留0.2～0.4 mm余量，再用精车刀以直进法精车	粗车时，刀头宽度比牙底槽宽 b 小0.5～1 mm，采用直进法把小径 d_1 车到尺寸 采用两把大前角精车刀左右切削螺纹槽的两侧面，但要严格控制牙槽底宽，以保证内、外螺纹的配合间隙

表4—5　　梯形螺纹的车削方法

车削方法	低速车削法				高速车削法
进刀方法	左右车削法	车直槽法	车阶梯槽法	直进法	车直槽法和车阶梯槽法
图示					

续表

车削方法	低速车削法				高速车削法
进刀方法	左右车削法	车直槽法	车阶梯槽法	直进法	车直槽法和车阶梯槽法
车削方法说明	在每次横向进给时，都必须把车刀向左或向右移动，很不方便。但是可防止因三个切削刃同时参加切削而产生振动和扎刀现象	可先用主切削刃宽度等于牙槽底宽 *W* 的矩形车刀车出螺旋直槽，使槽底直径等于梯形螺纹的小径，然后用梯形螺纹精车刀精车牙型两侧	可用主切削刃宽度小于$\frac{P}{2}$的矩形螺纹车刀，用车直槽法车至接近螺纹中径处，再用主切削刃宽度等于牙槽底宽 *W* 的矩形螺纹车刀把槽深车至接近螺纹牙高 h_3，这样就车出了一个阶梯槽。然后用梯形螺纹精车刀精车牙型两侧	可用双面圆弧硬质合金梯形外螺纹车刀粗车，再用硬质合金梯形螺纹车刀精车	为了防止振动，可用硬质合金车槽刀，采用车直槽法和车阶梯槽法进行粗车，然后用硬质合金梯形螺纹车刀精车
使用场合	车削 $P \leqslant 8$ mm 的梯形螺纹	粗车 $P \leqslant 8$ mm 的梯形螺纹	精车 $P > 8$ mm 的梯形螺纹	车削 $P \leqslant 8$ mm 的梯形螺纹	车削 $P > 8$ mm 的梯形螺纹

四、矩形螺纹和梯形螺纹的检测

车削矩形螺纹和梯形螺纹时，应根据不同的加工精度和生产批量的大小，相应地选择不同的检测方法。常用的检测方法有单项测量法和综合检验法两种。

1. 单项测量法

（1）梯形螺纹顶径、螺距和牙型角的测量

梯形螺纹顶径、螺距和牙型角的测量与普通螺纹的测量方法基本相同，螺距较大的梯形外螺纹牙型角可用万能角度尺或专用角度样板测量，其方法如图 4—6 所示。

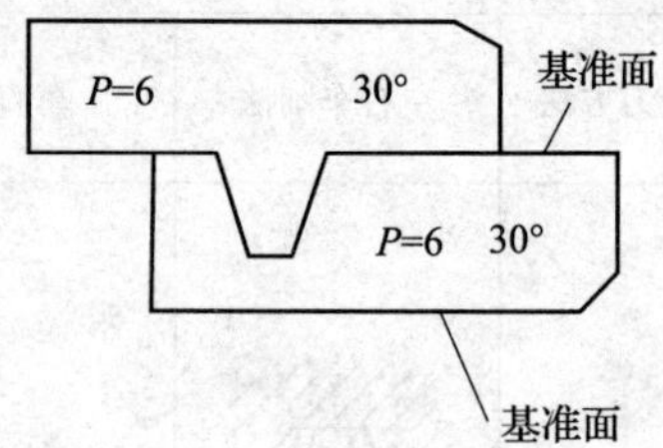

图 4—6 梯形外螺纹牙型角的检测

（2）梯形螺纹中径的测量

梯形螺纹中径是决定螺纹配合精度的主要尺寸，一般采用三针测量法或单针测量法。

1）三针测量法。三针测量法是测量梯形外螺纹中径的一种比较精密的方法，适用于测量一些精度要求较高、螺纹升角小于 4°的螺纹零件。

测量时将三根直径相等的量针放置在螺纹两侧相对应的螺旋槽中，用千分尺（或公法线千分尺）量出两边量针顶点之间的距离 *M*，根据 *M* 值计算出螺纹中径的实际尺寸，如图 4—7 所示。

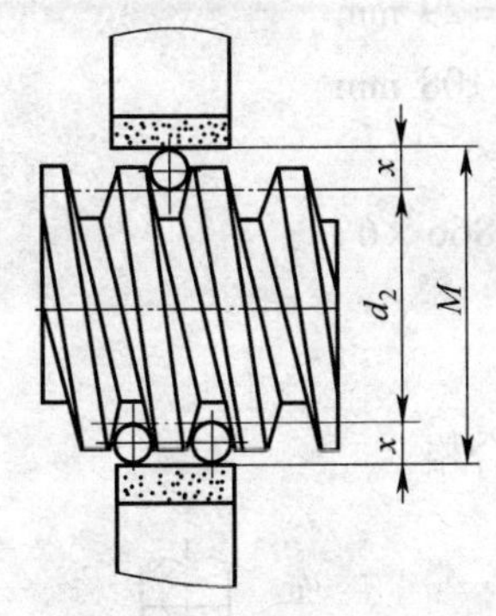

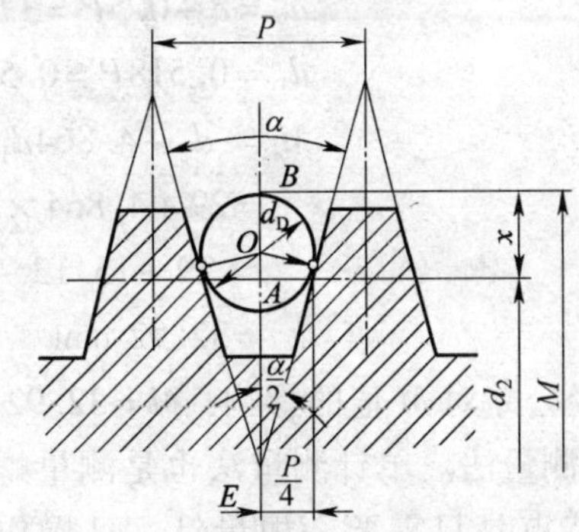

图 4—7　三针测量梯形外螺纹中径

三针测量时，M 值的计算公式为：

$$M = d_2 + 4.864d_D - 1.866P$$

式中　d_2——螺纹中径；

d_D——量针直径；

P——螺纹螺距。

测量选用的量针一般是专门制造的，在实际应用中，有时也可以用优质钢丝或新的麻花钻柄部来代替。量针直径 d_D不能太大或太小，如直径太大，量针的横截面不能与螺纹牙侧相切，无法测量中径的实际尺寸；如果太小，量针就会陷入螺纹牙槽中，其顶点低于螺纹牙顶而无法测量；最佳量针直径应是量针横截面与螺纹牙侧相切于螺纹中径处，如图 4—8 所示。量针直径的最大值、最佳值、最小值可用表 4—6 中公式进行计算。

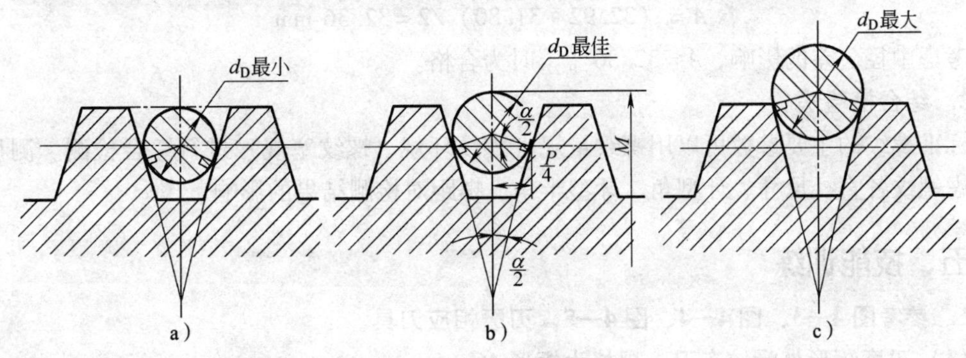

图 4—8　量针直径的选择

a）最小量针直径　b）最佳量针直径　c）最大量针直径

表 4—6　　**量针直径选择公式**

螺纹名称	量针直径 d_D		
	最大值	最佳值	最小值
30°梯形螺纹	$0.656P$	$0.518P$	$0.486P$

例 4—3　车削 Tr32 ×6 梯形螺纹，已知中径的上偏差 es = －0.018，下偏差 ei = －0.450。用三针测量螺纹中径，求量针直径和千分尺读数值 M。

解：

$$
\begin{aligned}
d_2 &= d - 0.5P = 32 - 0.5 \times 6 = 29 \text{ mm} \\
d_D &= 0.518P = 0.518 \times 6 = 3.108 \text{ mm} \\
M &= d_2 + 4.864d_D - 1.866P \\
&= 29 + 4.864 \times 3.108 - 1.866 \times 6 \\
&\approx 29 + 15.12 - 11.20 \\
&= 32.92 \text{ mm}
\end{aligned}
$$

考虑中径公差对 M 值的影响，$M = 32.92^{-0.018}_{-0.450}$ 时为合格。

2）单针测量法。单针测量法也是测量螺纹中径的一种方法，特点是只需要一根量针，且操作简单。测量时将一根量针放置在螺旋槽中，用千分尺量出螺纹外径与量针顶点之间的距离 A，如图 4—9 所示。根据 A 值计算出螺纹中径的实际尺寸。

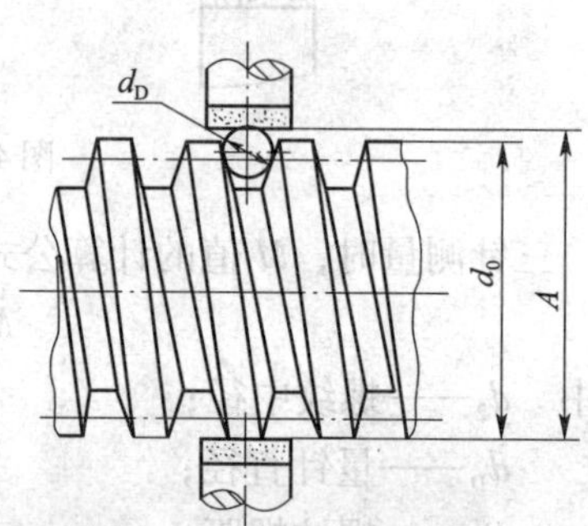

图 4—9　单针测量梯形外螺纹中径

A 值计算公式：

$$A = \frac{M + d_0}{2}$$

式中　M—— 三针测量时的千分尺的读数；

d_0—— 螺纹大径的实际尺寸。

例 4—4　用单针测量 Tr32 × 6 梯形螺纹，已知中径的上偏差 es = −0.018，下偏差 ei = −0.450，螺纹大径实际尺寸 $d_0 = 31.80$ mm，求单针测量值 A。

解：经过计算 $M = 32.92$ mm，则：

$$A = (32.92 + 31.80) / 2 = 32.36 \text{ mm}$$

考虑中径公差的影响，$A = 32.36^{-0.009}_{-0.225}$ 时为合格。

2. 综合检验法

标准螺纹的主要参数可以用螺纹量规（螺纹环规、螺纹塞规）进行综合检测。测量时应考虑螺纹各直径尺寸、牙型角、牙型半角、螺距对检测结果的影响。

五、技能训练

1. 参考图 4—3、图 4—4、图 4—5，刃磨相应刀具

（1）刃磨矩形外螺纹车刀，规格为矩形 46 × 6

1）刃磨步骤

①刃磨主后面，使主切削刃垂直于刀杆中心线，$\alpha_o = 6° \sim 8°$。

②刃磨两副后面，保证刀头长度为 4 ~ 4.5 mm，刀头宽度 3 mm，$\kappa_r' = 0.5° \sim 1°$，$\alpha_o' = 1° \sim 3°$（注意螺纹升角的影响）。

③修磨前刀面，$\gamma_o = 3° \sim 5°$。

④修磨刀尖圆弧，$R \leqslant 0.5$ mm。

2）刃磨要求

①刃磨过程中要经常冷却刀头，防止刀刃退火，降低切削性能。

②严格控制刀头宽度尺寸，否则会影响螺纹槽宽尺寸。

（2）刃磨梯形外螺纹粗车刀，规格为 Tr36×6

1）刃磨步骤

①刃磨主后面，使主切削刃垂直于刀杆中心线，$\alpha_o=6°\sim8°$。

②刃磨两副后面，保证刀头长度 8～10 mm，刀头宽度 1.5 mm，$\alpha'_o=5°\sim8°$（注意螺纹升角的影响），刀尖角为 29°（用角度样板检测，角平分线平行于刀杆中心线）。

③刃磨前面，$\gamma_o=8°\sim10°$。

2）刃磨要求

①刃磨过程中要经常冷却刀头，防止刀刃退火，降低切削性能。

②严格控制刀头宽度尺寸和刀尖角，否则会影响螺纹中径尺寸。

（3）刃磨梯形外螺纹精车刀，规格为 Tr36×6

1）刃磨步骤

①刃磨主后面，使主切削刃垂直于刀杆中心线，$\alpha_o=8°\sim10°$。

②刃磨两副后面，保证刀头长度 8～10 mm，刀头宽度 $1.9_{-0.05}^{\ 0}$，$\alpha'_o=5°\sim8°$（注意螺纹升角的影响），刀尖角为 30°（用角度样板检测，角平分线平行于刀杆中心线）。

③刃磨前面，$\gamma_o=3°\sim5°$。

2）刃磨要求

①经常冷却刀头，防止刀刃退火，影响切削性能。

②刀头宽度、刀尖角度和刀具前角，直接影响梯形螺纹的形状和中径尺寸精度，必须严格保证有关尺寸要求。

（4）刃磨梯形内螺纹车刀，规格为 Tr42×6

1）刃磨步骤

①刃磨主后面，使主切削刃平行于刀杆中心线，$\alpha_o=3°\sim5°$。

②刃磨两副后面，保证刀头长度 5～6 mm，刀头宽度 $1.9_{-0.05}^{\ 0}$，$\alpha'_o=5°\sim8°$（注意螺纹升角的影响），刀尖角为 30°（用角度样板检测，角平分线平行于刀杆中心线）。

③刃磨前面，$\gamma_o=3°\sim5°$。

④刃磨刀杆厚度尺寸，使刀杆在车削时不碰螺纹底孔孔壁。

2）刃磨要求

①经常冷却刀头，防止刀刃退火，影响切削性能。

②刀尖角的角平分线必须垂直于主轴轴线，否则会造成牙型误差。刀杆尺寸直接影响刀具的强度，应根据螺纹底孔的孔径和深度进行选择。

2．根据图 4—10、图 4—11、图 4—12，完成相应螺纹的车削

（1）车削螺纹项目

1）用直进法低速车削矩形 46×6 螺纹。工时为 120 min。

技术要求：

外径尺寸精度要求较高的矩形螺纹轴。

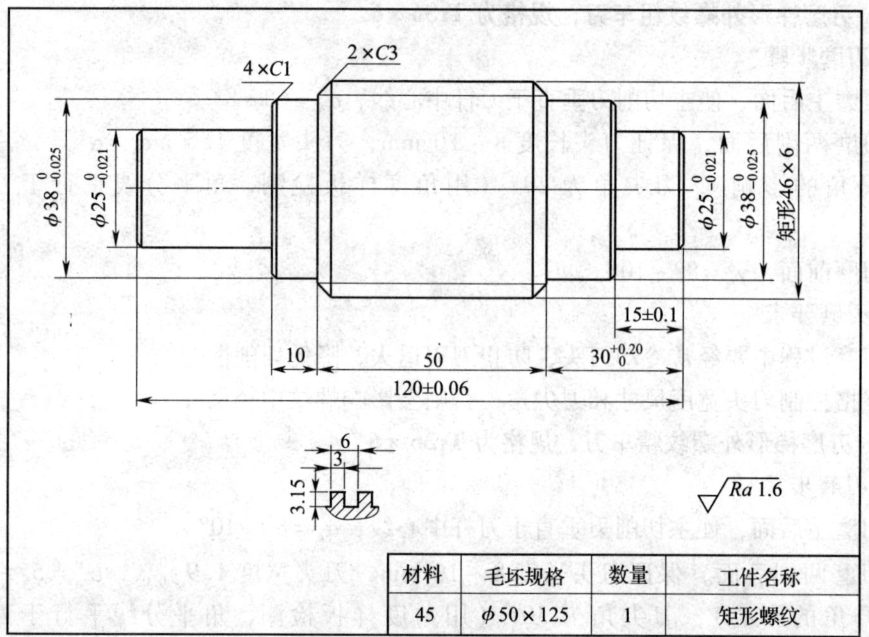

材料	毛坯规格	数量	工件名称
45	$\phi50\times125$	1	矩形螺纹

图 4—10　矩形螺纹

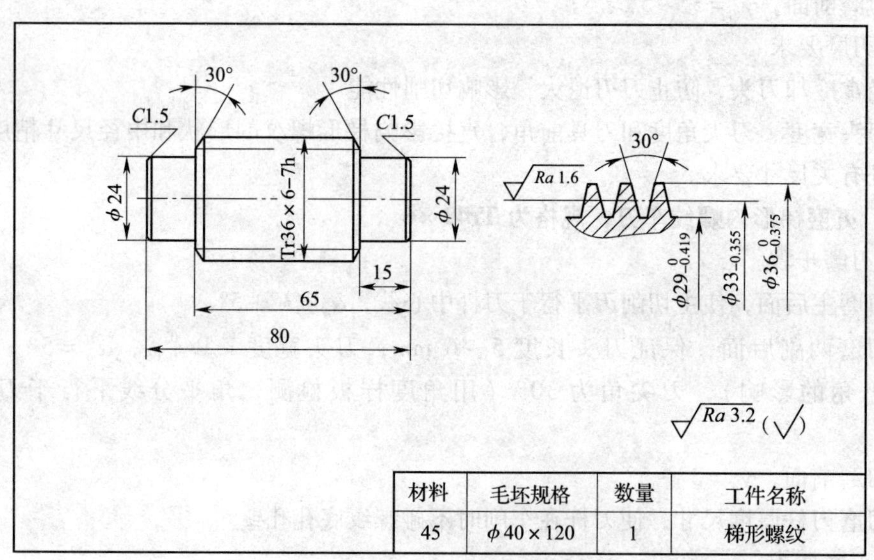

材料	毛坯规格	数量	工件名称
45	$\phi40\times120$	1	梯形螺纹

图 4—11　梯形螺纹

工艺分析：

螺距为 6 mm 的矩形螺纹，采用直进法进行车削，零件用一夹一顶装夹。

加工方法：

备料 ϕ50 mm × 125 mm。

按照阶台轴的加工方法，精车阶台各部分尺寸至图样要求，矩形螺纹外径车至 ϕ47 mm；垫铜皮夹 ϕ25 mm 外圆，用一夹一顶方法装夹零件；精车矩形螺纹外径 ϕ46 mm；采用直进法车矩形螺纹，深度为 3. 15 mm 后停止车削（每次进刀深度≤0. 1 mm）。

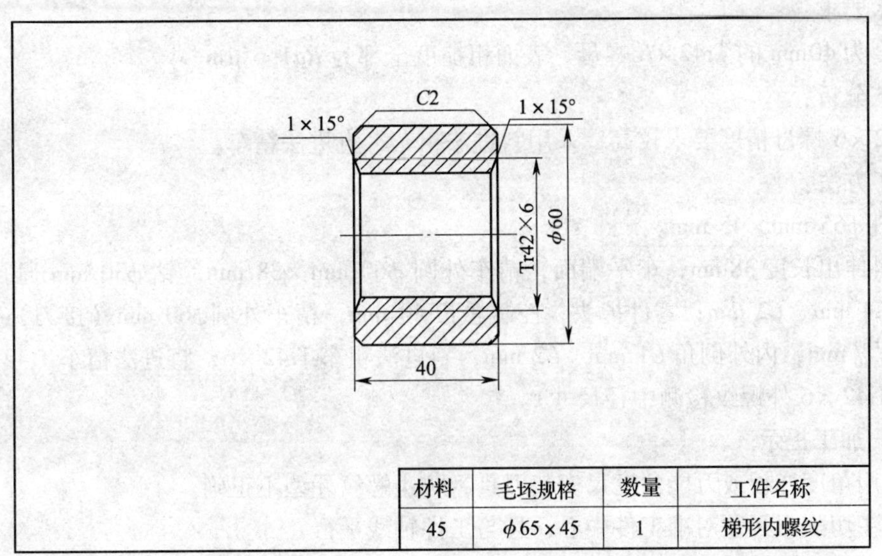

材料	毛坯规格	数量	工件名称
45	φ65×45	1	梯形内螺纹

图 4—12　梯形内螺纹

2）用斜进法低速粗车 Tr36×6 螺纹。工时为 100 min。

技术要求：

梯形螺纹轴，倒角 *C*1.5 mm。

工艺分析：

螺距为 6 mm 的梯形螺纹，零件采取一夹一顶装夹，斜进法粗车。

加工方法：

备料 φ40 mm×120 mm。

按照阶台轴的加工方法，精车阶台各部分尺寸至图样要求，梯形螺纹外径车至 φ38 mm；垫铜皮夹 φ24 mm 外圆，用一夹一顶方法装夹，半精车梯形螺纹外径至 φ36.5 mm；斜进法粗车梯形螺纹，控制牙深 3.7 mm，牙顶宽度 2.1 mm，牙侧表面粗糙度值不大于 *Ra*3.2 μm。

3）用直进法低速精车 Tr42×6 螺纹，并用三针法检验梯形螺纹中径尺寸。工时为 60 min。

工艺分析：

螺距小于或等于 6 mm 的梯形螺纹，一般采取直进法精车，梯形螺纹中径用三针法测量。

加工方法：

一夹一顶法装夹，精车梯形螺纹外径；用斜进法粗车梯形螺纹；用直进法精车梯形螺纹（当螺纹牙型高度符合要求以后，向左或向右微量移动刀具，精车牙侧，保证螺纹中径尺寸），用三支 φ3.106 mm 的量针和 25～50 mm 的公法线千分尺，测量螺纹中径，千分尺的读数在数值范围内，螺纹中径则符合要求（千分尺的读数范围根据有关公式计算）。

4）用斜进法低速车削 Tr42×6 螺母，工时 120 min。

技术要求：

厚度为40mm 的 Tr42 ×6 螺母，表面粗糙度全部为 $Ra1.6$ μm。

工艺分析：

Tr42 ×6 螺母精度要求较高，采用斜进法粗车，直进法精车。

加工方法：

备料 $\phi65$ mm ×45 mm。

材料伸出长度38mm，车平端面，精车外圆 $\phi60$ mm ×38 mm，钻 $\phi30$ mm 通孔，内外圆倒角 $C4$ mm、$C2$ mm；零件掉头，控制总长 40 mm，精车外圆$\phi60$ mm（接刀）；精车内孔 $\phi36^{+0.30}_{+0.10}$ mm，内外倒角 $C1$ mm、$C2$ mm，斜进法粗车 Tr42 ×6，直进法精车 Tr42 ×6（用相应的 Tr42 ×6 外螺纹检测中径尺寸）。

（2）加工提示

1）用角度样板或万能角度尺安装刀具，防止螺纹牙型不正确。

2）主切削刃必须对准工件中心，且与工件轴线平行。

3）调整中、小溜板的松紧，防止车削中车刀移位造成乱扣。

4）采用斜进法车削时，要严格控制斜进值，防止因牙槽宽度超差造成零件报废。

5）粗车时要给精车留有足够的加工余量，并严格控制螺纹两侧表面粗糙度。

6）精车时要保持刀具锋利，充分冷却润滑。

资料卡片

梯形螺纹公差及极限尺寸的确定

梯形螺纹公差由公差带的大小和位置确定，公差带位置由基本偏差确定。根据国家标准规定，外螺纹的上偏差（es）和内螺纹的下偏差（EI）为基本偏差。对内螺纹大径 D、中径 D_2及小径 D_1规定了 1 种公差带位置 H，其基本偏差为 0。对外螺纹中径 d_2规定了 3 种公差带位置 h、e 和 c。对于大径 d 和小径 d_1，只规定了 1 种公差带位置 h，h 的基本偏差为 0。内、外螺纹的基本偏差见表 4—7。

表 4—7　　内、外螺纹的基本偏差

螺距 P（mm）	基本偏差			
	内螺纹	外螺纹		
	D_2（μm）	d_2（μm）		
	H EI	c es	e es	h es
12	0	−335	−160	0
14	0	−355	−180	0
16	0	−375	−190	0
18	0	−400	−200	0
20	0	−425	−212	0

续表

螺距 P（mm）	基本偏差			
	内螺纹	外螺纹		
	D_2（μm）	d_2（μm）		
	H EI	c es	e es	h es
22	0	−450	−224	0
24	0	−475	−236	0
28	0	−500	−250	0
32	0	−530	−265	0
36	0	−560	−280	0
40	0	−600	−300	0
44	0	−630	−315	0

梯形螺纹公差带的大小由公差值决定，并按其大小分为若干等级。梯形内、外螺纹各直径的公差等级见表4—8。

表4—8　　梯形内、外螺纹各直径的公差等级

螺纹直径	公差等级	螺纹直径	公差等级
内螺纹小径 D_1	4	外螺纹中径 d_2	7、8、9
外螺纹大径 d	4	外螺纹小径 d_1	7、8、9
内螺纹中径 D_2	7、8、9	—	—

内螺纹小径公差见表4—9。

表4—9　　内螺纹小径公差

螺距 P（mm）	4级公差（μm）	螺距 P（mm）	4级公差（μm）
10	710	24	1 320
12	800	28	1 500
14	900	32	1 600
16	1 000	36	1 800
18	1 120	40	1 900
20	1 180	44	2 000
22	1 250		

外螺纹大径公差见表4—10。

表4—10　　外螺纹大径公差

螺距 P（mm）	4级公差（μm）	螺距 P（mm）	4级公差（μm）
10	530	24	950
12	600	28	1 060
14	670	32	1 120
16	710	36	1 250
18	800	40	1 320
20	850	44	1 400
22	900		

内螺纹中径公差见表4—11。

表4—11　　内螺纹中径公差　　μm

<table>
<tr><th colspan="2">公称直径 d（mm）</th><th rowspan="2">螺距 P（mm）</th><th colspan="3">公差等级</th></tr>
<tr><th>></th><th>≤</th><th>7</th><th>8</th><th>9</th></tr>
<tr><td rowspan="3">5.6</td><td rowspan="3">11.2</td><td>1.5</td><td>224</td><td>280</td><td>355</td></tr>
<tr><td>2</td><td>250</td><td>315</td><td>400</td></tr>
<tr><td>3</td><td>280</td><td>355</td><td>450</td></tr>
<tr><td rowspan="5">11.2</td><td rowspan="5">22.4</td><td>2</td><td>265</td><td>335</td><td>425</td></tr>
<tr><td>3</td><td>300</td><td>375</td><td>475</td></tr>
<tr><td>4</td><td>355</td><td>450</td><td>560</td></tr>
<tr><td>5</td><td>375</td><td>475</td><td>600</td></tr>
<tr><td>8</td><td>475</td><td>600</td><td>750</td></tr>
<tr><td rowspan="7">22.4</td><td rowspan="7">45</td><td>3</td><td>335</td><td>425</td><td>530</td></tr>
<tr><td>5</td><td>400</td><td>500</td><td>630</td></tr>
<tr><td>6</td><td>450</td><td>560</td><td>710</td></tr>
<tr><td>7</td><td>475</td><td>600</td><td>750</td></tr>
<tr><td>8</td><td>500</td><td>630</td><td>800</td></tr>
<tr><td>10</td><td>530</td><td>670</td><td>850</td></tr>
<tr><td>12</td><td>560</td><td>710</td><td>900</td></tr>
<tr><td rowspan="3">45</td><td rowspan="3">90</td><td>3</td><td>355</td><td>450</td><td>560</td></tr>
<tr><td>4</td><td>400</td><td>500</td><td>630</td></tr>
<tr><td>8</td><td>530</td><td>670</td><td>850</td></tr>
</table>

续表

公称直径 d（mm）		螺距 P（mm）	公差等级		
>	≤		7	8	9
45	90	9	560	710	900
		10	560	710	900
		12	630	800	1 000
		14	670	850	1 060
		16	710	900	1 120
		18	750	950	1 180

外螺纹中径公差见表 4—12。

表 4—12 外螺纹中径公差 μm

公称直径 d（mm）		螺距 P（mm）	公差等级			
>	≤		6	7	8	9
5. 6	11. 2	1. 5	132	170	212	265
		2	150	190	236	300
		3	170	212	265	335
11. 2	22. 4	2	160	200	250	315
		3	180	224	280	355
		4	212	265	335	425
		5	224	280	355	450
		8	280	355	450	560
22. 4	45	3	200	250	315	400
		5	236	300	375	475
		6	265	335	425	530
		7	280	355	450	560
		8	300	375	475	600
		10	315	400	500	630
		12	335	425	530	670
45	90	3	212	265	335	425
		4	236	300	375	475
		8	315	400	500	630
		9	335	425	530	670
		10	335	425	530	670
		12	375	475	600	750
		14	400	500	630	800
		16	425	530	570	850
		18	450	560	710	900

外螺纹小径公差见表4—13。

表4—13　　外螺纹小径公差　　μm

公称直径 d（mm）		螺距 P（mm）	公差等级			
>	≤		6	7	8	9
5.6	11.2	1.5	132	170	212	265
		2	150	190	236	300
		3	170	212	265	335
11.2	22.4	2	160	200	250	315
		3	180	224	280	355
		4	212	265	335	425
		5	224	280	355	450
		8	280	355	450	560
22.4	45	3	200	250	315	400
		5	236	300	375	475
		6	265	335	425	530
		7	280	335	450	560
		8	300	375	475	600
		10	315	400	500	630
		12	335	425	530	670
45	90	3	212	265	335	425
		4	236	300	375	475
		8	315	400	500	630
		9	335	425	530	670
		10	335	425	530	670
		12	375	475	600	750
		14	400	500	630	800
		16	425	530	670	850
		18	450	560	710	900

课题2　多线螺纹加工

学习目标

1. 了解多线螺纹的导程和标记。
2. 掌握多线螺纹的分线方法。
3. 掌握多线螺纹的车削及检测方法。

一、多线螺纹的基本知识

按螺旋线数目，螺纹有单线和多线之分。沿一条螺旋线所形成的螺纹称为单线螺纹；沿两条或两条以上的螺旋线所形成的螺纹，该螺旋线在轴向等距分布，称为多线螺纹，螺旋线的数目为多线螺纹的线数。

双线梯形螺纹就是有两条螺旋线且在轴向等距分布的梯形螺纹。

1. 多线螺纹的导程（*L*）

多线螺纹的导程是指在同一条螺旋线上相邻两牙在中径线上对应两点之间的轴向距离。

$$L = nP \text{（}n\text{ 为线数）}$$

2. 多线螺纹的标记

多线螺纹的标记用螺纹特征代号×导程（螺距）表示。如 M40×6（P3），表示公称直径为 ϕ40 mm，螺距为 3 mm 的普通三角形双线螺纹。如 Tr40×14（P7），表示公称直径为 ϕ40 mm，螺距为 7 mm 的双线梯形螺纹。双线梯形螺纹各部分的计算方法与单线螺纹相同。

二、多线螺纹的分线方法

所谓分线就是解决多线螺纹的螺旋线在轴向等距分布或在圆周上等角度分度的问题，所以，分线方法有轴向分线法和圆周分线法两种。

1. 轴向分线法

轴向分线法就是按螺纹的导程车削完成第一条螺旋槽，然后把车刀沿螺纹轴线方向移动一个螺距，再车削第二条螺旋槽。精确控制车刀沿轴向移动的距离，就可以达到分线的目的。多线螺纹的轴向分线法见表 4—14。

表 4—14　多线螺纹的轴向分线法

内容		图例与说明	
轴向分线法	小滑板刻度分线	[图：P]	小滑板刻度分线就是利用小滑板刻度值，控制车刀轴向移动一个所需要的螺距 *P*，以达到分线的目的 如：车削导程为 12 mm 的双线梯形螺纹，其螺距为 6 mm，分线时小滑板刻度盘转过格数为 $\frac{6}{0.05}$ = 120 格 小滑板刻度分线方法简单，不需要辅助工具，但分线精度不高，一般用于多线螺纹的粗车，适用于单件、小批量生产
	开合螺母分线	当多线螺纹的导程为车床丝杠螺距的整数倍且其倍数又等于线数时，可以在车好第一条螺旋槽后，用倒顺车的方法将车刀返回到开始车削的位置，提起开合螺母，利用床鞍刻度盘控制车刀纵向移动或后退一个车床丝杠螺距，在此位置上闭合开合螺母，车另一条螺旋槽	

续表

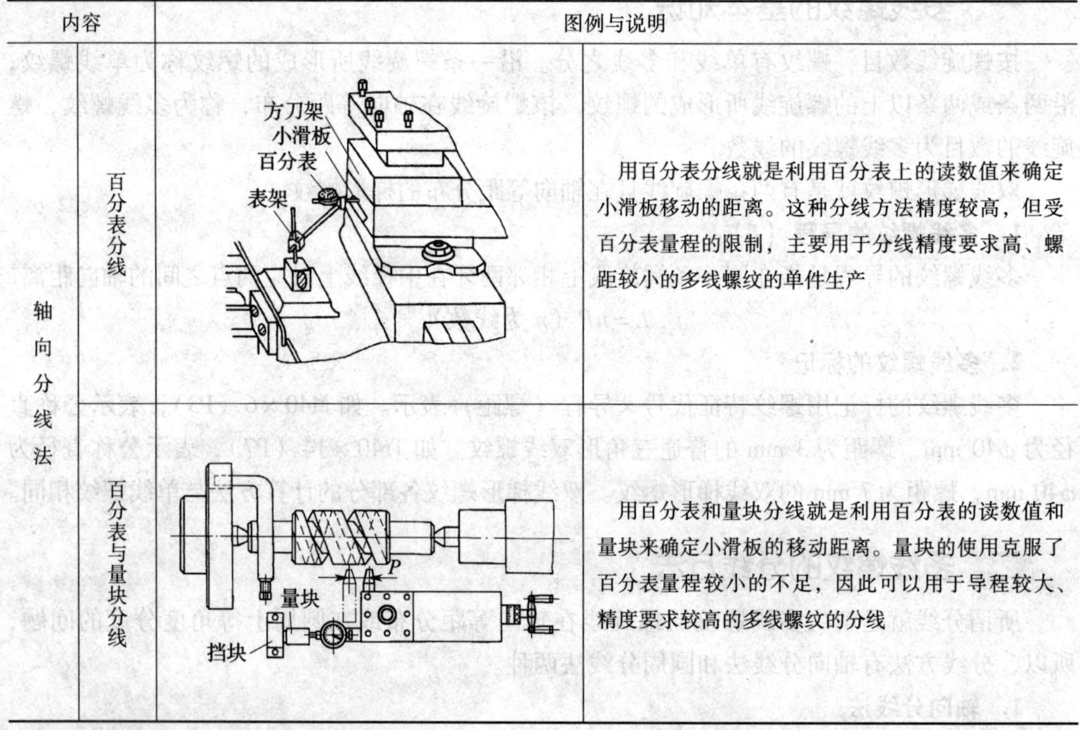

内容		图例与说明	
轴向分线法	百分表分线		用百分表分线就是利用百分表上的读数值来确定小滑板移动的距离。这种分线方法精度较高，但受百分表量程的限制，主要用于分线精度要求高、螺距较小的多线螺纹的单件生产
	百分表与量块分线		用百分表和量块分线就是利用百分表的读数值和量块来确定小滑板的移动距离。量块的使用克服了百分表量程较小的不足，因此可以用于导程较大、精度要求较高的多线螺纹的分线

2. 圆周分线法

圆周分线法就是按螺纹的导程车削完成第一条螺旋槽后，脱开工件与丝杠间的传动，把工件转过一个角度 $\theta=\dfrac{360°}{n}$，再连接工件与丝杠的传动，车削第二条螺旋槽。转动角度 θ 的准确性决定了分线的精度。多线螺纹的圆周分线法见表 4—15。

表 4—15　　多线螺纹的圆周分线法

内容		图例与说明	
圆周分线法	用三爪或四爪卡盘分线		当工件用两顶尖装夹时，用三爪或四爪卡盘的卡爪代替拨盘进行分线。三爪卡盘可以进行三线螺纹的分线，四爪卡盘可以进行双线、四线螺纹的分线 如：车削三线梯形螺纹，当车好一条螺旋槽后，松开顶尖，把工件连同鸡心夹头一起转过 120°，即用卡盘的另一个卡爪拨动工件，然后再用顶尖支撑好工件就可以车削另一条螺旋槽，实现分线 由于卡盘卡爪的自身等分精度不高，所以，用卡盘卡爪分线的方法虽然操作简单、方便，但分线精度低

续表

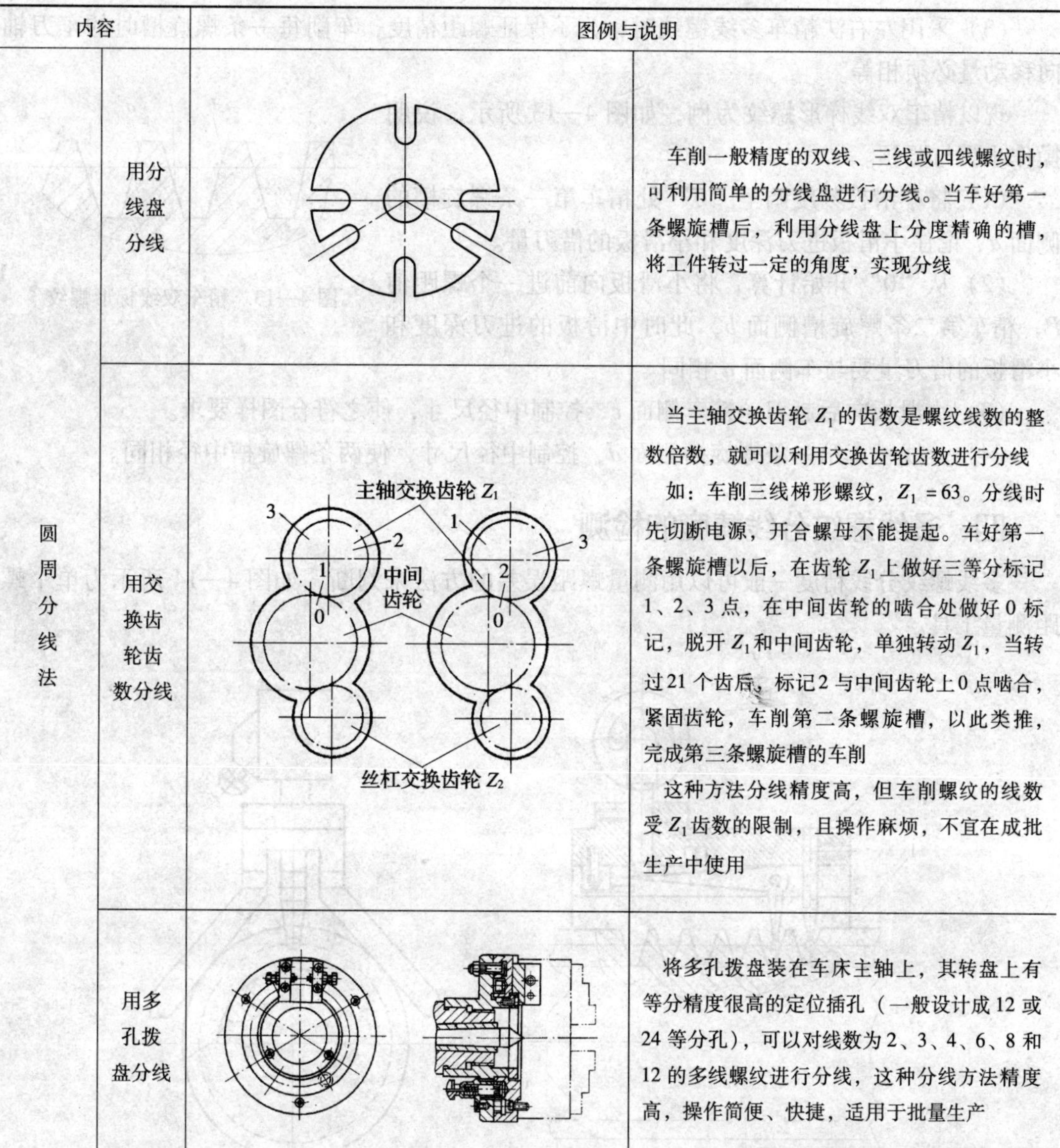

内容		图例与说明	
圆周分线法	用分线盘分线		车削一般精度的双线、三线或四线螺纹时，可利用简单的分线盘进行分线。当车好第一条螺旋槽后，利用分线盘上分度精确的槽，将工件转过一定的角度，实现分线
	用交换齿轮齿数分线		当主轴交换齿轮 Z_1 的齿数是螺纹线数的整数倍数，就可以利用交换齿轮齿数进行分线 如：车削三线梯形螺纹，$Z_1=63$。分线时先切断电源，开合螺母不能提起。车好第一条螺旋槽以后，在齿轮 Z_1 上做好三等分标记 1、2、3 点，在中间齿轮的啮合处做好 0 标记，脱开 Z_1 和中间齿轮，单独转动 Z_1，当转过 21 个齿后，标记 2 与中间齿轮上 0 点啮合，紧固齿轮，车削第二条螺旋槽，以此类推，完成第三条螺旋槽的车削 这种方法分线精度高，但车削螺纹的线数受 Z_1 齿数的限制，且操作麻烦，不宜在成批生产中使用
	用多孔拨盘分线		将多孔拨盘装在车床主轴上，其转盘上有等分精度很高的定位插孔（一般设计成 12 或 24 等分孔），可以对线数为 2、3、4、6、8 和 12 的多线螺纹进行分线，这种分线方法精度高，操作简便、快捷，适用于批量生产

三、多线螺纹的车削方法

多线螺纹的车削方法与单线螺纹的车削方法基本相同，根据导程的大小，采用直进法、斜进法和左右法。车削过程中，要准确分线并保证各螺旋槽尺寸一致，但不能将同一条螺旋槽车削完成后再车削另一条螺旋槽。车削时可按下列步骤进行。

（1）粗车第一条螺旋槽，记住中、小滑板的刻度值。

（2）根据工件的精度要求，选择适当的分线方法分线，粗车第二条、第三条螺旋槽。为了减少分线误差，保证螺旋槽基本参数的一致性，第二条、第三条螺旋槽的中滑板刻度值必须与车第一条螺旋槽时相同（即切削深度一致），小滑板的偏移量必须相同。

（3）采用左右法精车多线螺纹时，为了保证螺距精度，车削每一条螺旋槽时的车刀轴向移动量必须相等。

现以精车双线梯形螺纹为例，如图 4—13 所示，说明操作步骤与要领。

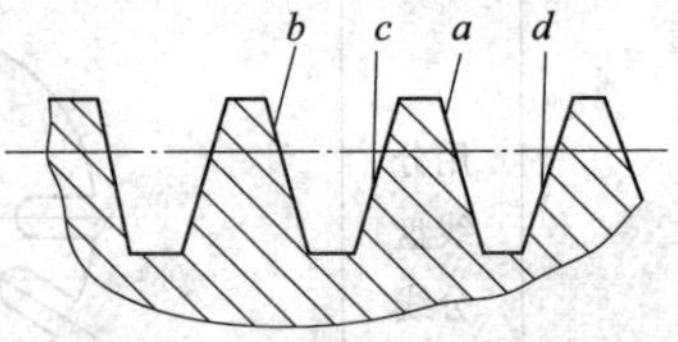

图 4—13　精车双线梯形螺纹

（1）将小滑板刻度调至“0”处精车第一条螺旋槽的侧面 a，记住中滑板进刀深度和小滑板的借刀量。

（2）从“0”开始计算，将小滑板向前进一个螺距值 P，精车第二条螺旋槽侧面 b，此时中滑板的进刀深度和小滑板的借刀量要与车侧面 a 相同。

（3）小滑板向后赶刀，精车侧面 c，控制中径尺寸，使之符合图样要求。

（4）分线精车第一条螺旋槽侧面 d，控制中径尺寸，使两条螺旋槽中径相同。

四、多线螺纹分线精度的检测

多线螺纹分线精度一般可以用测量螺距误差的方法来判断，如图 4—14 所示为单个螺距测量工具。

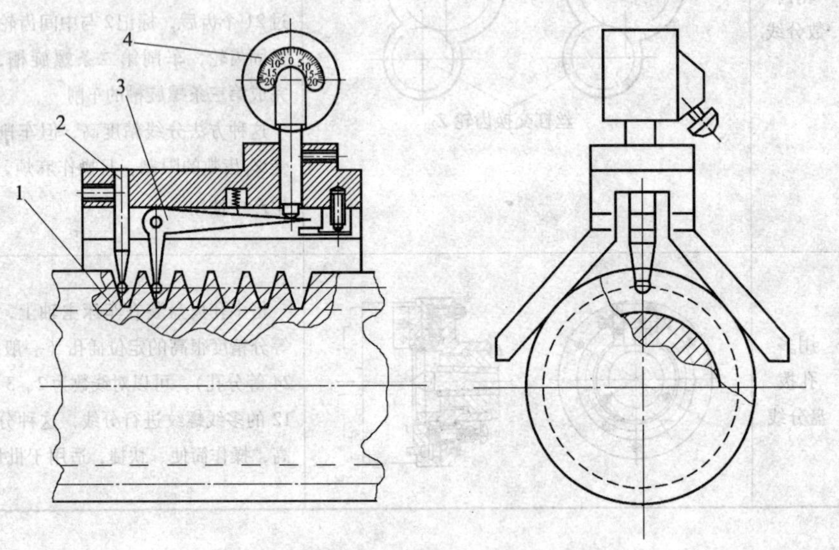

图 4—14　单个螺距测量工具

1—丝杠　2—固定测头　3—活动测头　4—测微仪

用单个螺距测量工具测量螺距误差，测量时 V 形量具体骑跨于丝杠 1 上，量具上的固定测头 2 和活动测头 3 的一端分别与牙形侧面近中径处接触，而活动测头 3 的另一端则与测微仪 4 接触，螺距误差由活动测头传递给测微仪显示出来。测量前先用标准丝杠对量具进行调整，然后与被测丝杠比较。

对于高精度的丝杠，则应用万能工具显微镜进行测量。在车工操作中一般可以用齿厚卡尺跨齿测量法向尺寸，比较其数值差，即为分线精度。

五、技能训练

1. 刃磨车削 M27×4（P2）—6g 的普通三角形螺纹车刀，并按图 4—15 要求加工。工时：80 min。

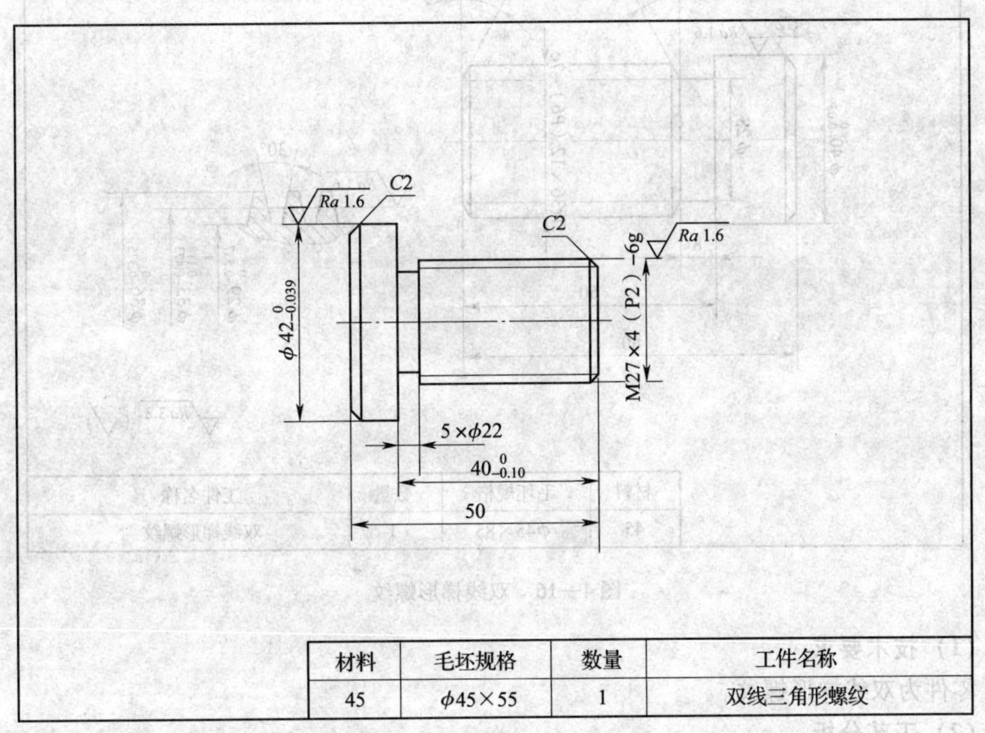

材料	毛坯规格	数量	工件名称
45	φ45×55	1	双线三角形螺纹

图 4—15　双线三角形螺纹

（1）技术要求

螺距为 2 mm 的双线三角形螺纹。

（2）工艺分析

采用小滑板刻度进行分线，用直进法车削。

（3）加工步骤

备料 ϕ45 mm×55 mm。

材料伸出长度 20 mm，车平端面，粗车 ϕ43 mm×15 mm，倒角 C2 mm；掉头，控制长度 51 mm；夹 ϕ43 mm 外圆，粗车 ϕ28 mm×36 mm；夹 ϕ43 mm 外圆，夹持长度 8 mm 左右，目测校正；车平端面，钻中心孔 A2/5；采用一夹一顶装夹，精车 ϕ27 mm×36 mm；切槽 5 mm×ϕ22 mm，控制长度 40 mm 的尺寸精度，倒角 C2 mm；用直进法车削车双线螺纹的第一条螺旋线；车双线螺纹的第二条螺旋线（两次车削时，中滑板的进给深度要一致），并用中径千分尺测量中径尺寸；掉头，用铜皮包住螺纹部分，并夹紧；精车端面，控制总长 50 mm；精车 ϕ42 mm。

2. 刃磨车削 Tr36×12（P6）—7e 的梯形螺纹车刀，并按图 4—16 要求加工。工时：120 min。

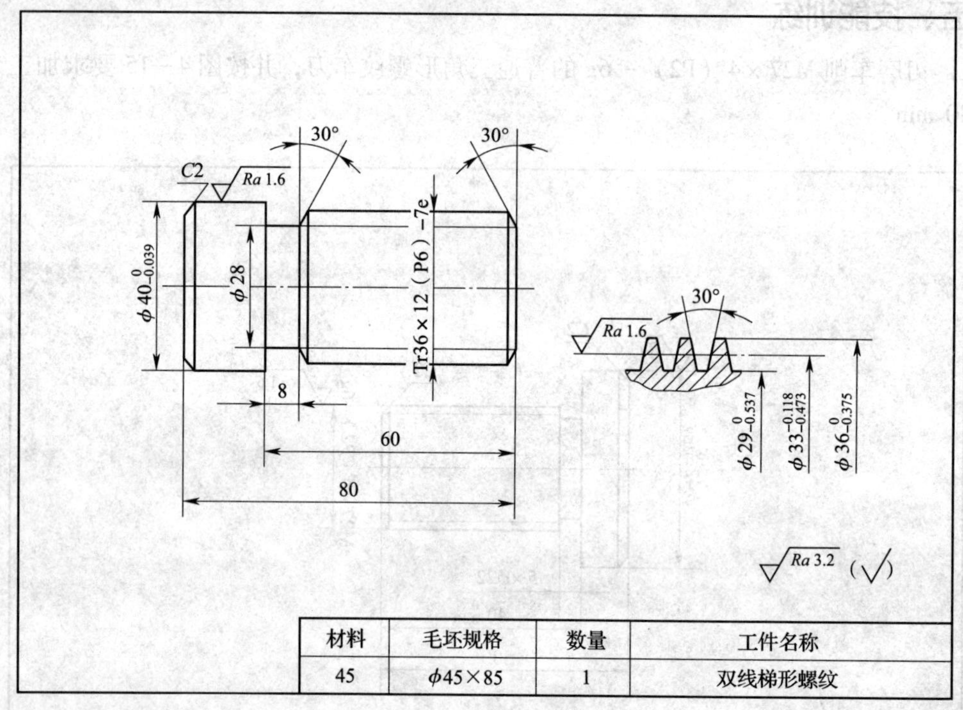

材料	毛坯规格	数量	工件名称
45	φ45×85	1	双线梯形螺纹

图 4—16　双线梯形螺纹

（1）技术要求

零件为双线梯形螺纹。

（2）工艺分析

双线梯形螺纹用转动小滑板法进行分线，螺距 $P \leqslant 6$ mm，一般采用斜进法粗车，直进法精车，同时要保证螺距精度和螺纹底径尺寸的一致。

（3）加工步骤

备料 ϕ45 mm × 85 mm。

材料伸出长度 20 mm，车端面，粗车 ϕ42 mm × 15 mm；掉头控制零件总长 80 mm；夹 ϕ42 mm外圆，精车平面，钻中心孔 A2；用一夹一顶装夹粗车螺纹外径 ϕ37 mm × 60 mm；切槽 8 mm × ϕ28 mm，螺纹两端倒角；半精车螺纹外径 ϕ36. 5 mm × 60 mm；用斜进法粗车第一条螺旋槽；用小滑板移动车刀 6 mm；仍然用斜进法粗车第二条螺旋槽（两螺旋槽深度要一致，均为 3. 7 mm，牙顶宽度 2. 3 mm）；精车螺纹外径 ϕ36 mm，用直进法精车第一条螺旋槽，用单针测量法控制中径尺寸，符合要求后，刀具移动 6 mm，精车第二条螺旋槽（两条螺旋槽的小径尺寸、牙顶宽度、中径尺寸均要一致）。

3. 根据图 4—17 所示，查阅相关表格，计算有关尺寸，并确定中径的上、下偏差，完成零件的加工。工时：100 min。

加工提示：

（1）多线螺纹的导程较大，车削时走刀速度快，采用低速加工，防止撞车。

（2）多线螺纹的螺纹升角大，对车刀两侧的后角影响大，刃磨时注意增减值。

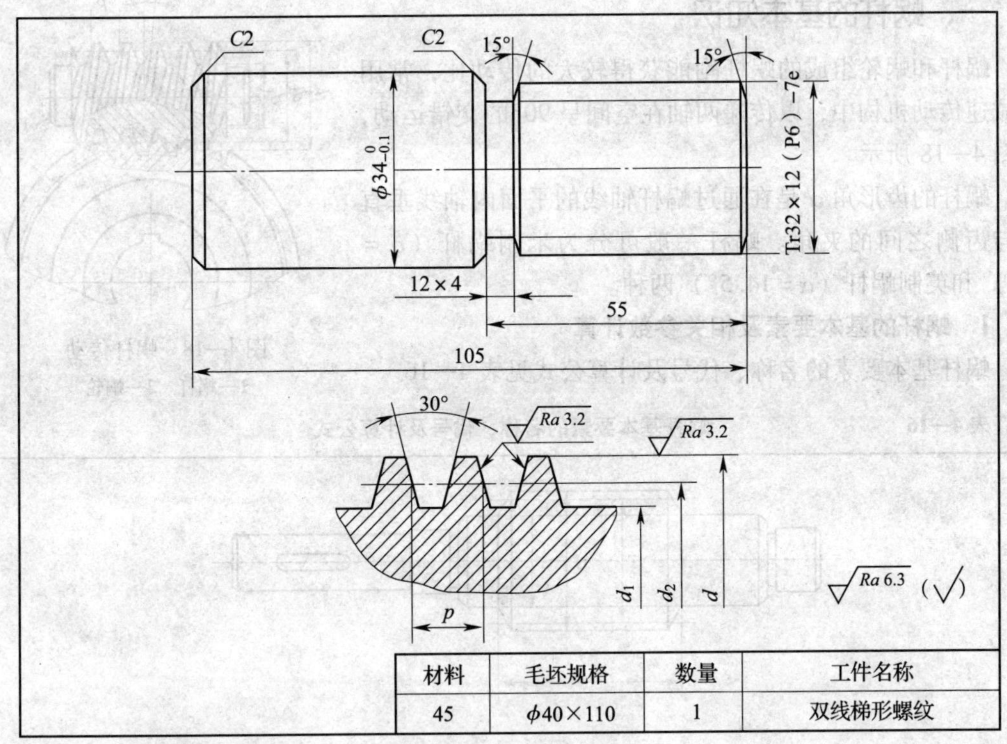

材料	毛坯规格	数量	工件名称
45	ϕ40×110	1	双线梯形螺纹

图 4—17　双线梯形螺纹

（3）用小滑板刻度分线时，应检查小滑板导轨是否与车床主轴平行，车削每条螺旋线的借刀量必须相等。

（4）采用非直进法车削多线螺纹时，必须严格按照粗车、精车的顺序加工每条螺旋槽，减小分线误差。

（5）采用左右法精车多线螺纹时，必须先切削各螺旋槽的同一侧面，再车削各螺旋槽的另一侧面，且借刀量相等。

（6）精车多线螺纹时，最好采用多次循环分线，以校正粗车或借刀时所产生的分线误差。

课题 3　单线蜗杆加工

学习目标

1. 了解蜗杆的基本要素、相关参数计算及蜗杆齿形。
2. 掌握蜗杆车刀的结构、刃磨要求及安装。
3. 掌握蜗杆的车削方法。
4. 掌握蜗杆的检测。

一、蜗杆的基本知识

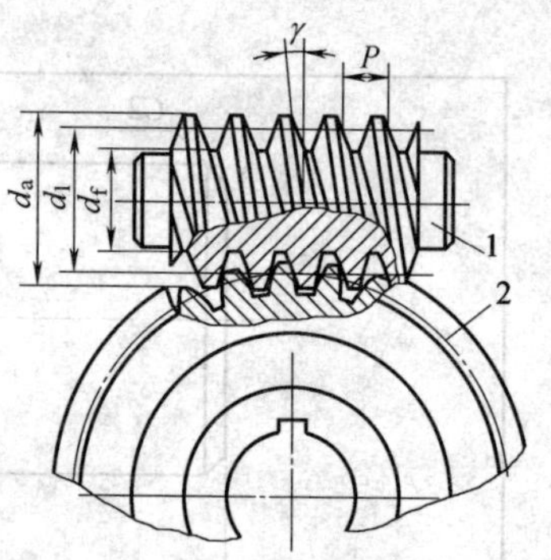

图 4—18 蜗杆传动
1—蜗杆 2—蜗轮

蜗杆和蜗轮组成的蜗杆副能获得较大的传动比，常用于减速传动机构中，以传递两轴在空间呈 90°的交错运动，如图 4—18 所示。

蜗杆的齿形角 α 是在通过蜗杆轴线的平面内轴线垂直面与齿侧之间的夹角。蜗杆一般可分为米制蜗杆（$\alpha=20°$）和英制蜗杆（$\alpha=14.5°$）两种。

1. 蜗杆的基本要素及相关参数计算

蜗杆基本要素的名称、代号及计算公式见表 4—16。

表 4—16　　蜗杆基本要素的名称、代号及计算公式

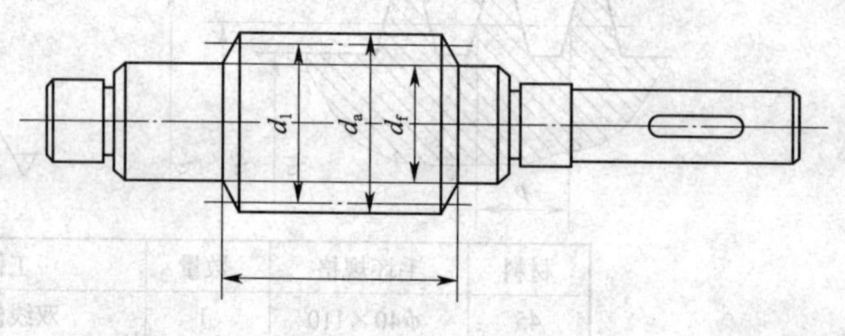

轴向齿形

法向齿形

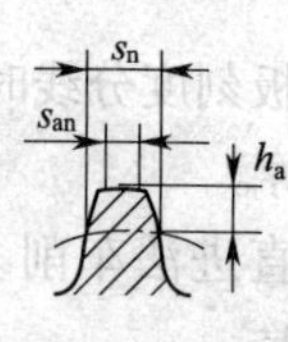

名称	计算公式	名称		计算公式
轴向模数 m_x	（基本参数）	齿根圆直径 d_f		$d_f=d_1-2.4m_x$ $d_f=d_a-4.4m_x$
头数 z_1	（基本参数）	导程角 γ		$\tan\gamma=\frac{P_z}{\pi d_1}$
分度圆直径 d_1	（基本参数）	齿顶宽 s_a	轴向 s_a	$s_a=0.843m_x$
齿形角 α	$\alpha=20°$		法向 s_{an}	$s_{an}=0.843m_x\cos\gamma$
轴向齿距 P_x	$P_x=\pi m_x$	齿根槽宽 e_f	轴向 e_f	$e_f=0.697m_x$
导程 P_z	$P_z=Z_1P_x=Z_1\pi m_x$		法向 e_{fn}	$e_{fn}=0.697m_x\cos\gamma$
齿顶高 h_a	$h_a=m_x$	齿厚 s	轴向 s_x	$s_x=\frac{P_x}{2}=\frac{\pi m_x}{2}$
齿根高 h_f	$h_f=1.2m_x$			
全齿高 h	$h=2.2m_x$		法向 s_n	$s_n=\frac{P_x}{2}\cos\gamma=\frac{\pi m_x}{2}\cos\gamma$
齿顶圆直径 d_a	$d_a=d_1+2m_x$			

例 4—5 车削图 4—19 所示的蜗杆轴。齿形角 $\alpha=20°$，分度圆直径 $d_1=35.5$ mm，轴向模数 $m_x=3$ mm，头数 $Z_1=1$，求蜗杆基本要素的尺寸。

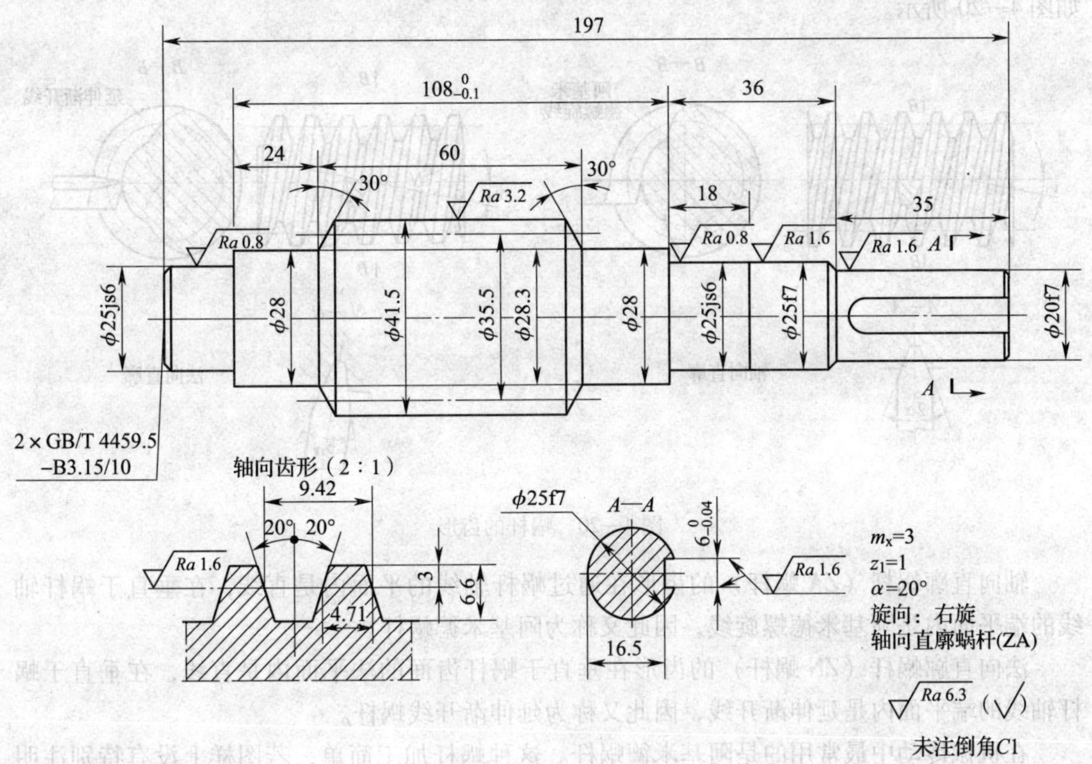

图 4—19　蜗杆轴

解： 轴向齿距 $P_x=\pi m_x=3.1416\times3\approx9.425$ mm

导程 $P_z=Z_1\pi m_x=1\times3.1416\times3\approx9.425$ mm

齿顶高 $h_a=m_x=3$ mm

齿根高 $h_f=1.2m_x=1.2\times3=3.6$ mm

全齿高 $h=2.2m_x=2.2\times3=6.6$ mm

齿顶圆直径 $d_a=d_1+2m_x=35.5+2\times3=41.5$ mm

齿根圆直径 $d_f=d_1-2m_x=35.5-2.4\times3=28.3$ mm

轴向齿顶宽 $s_a=0.843m_x=0.843\times3\approx2.53$ mm

轴向齿根槽宽 $e_f=0.697m_x=0.697\times3\approx2.09$ mm

轴向齿厚 $s_x=\dfrac{P_x}{2}=\dfrac{9.425}{2}\approx4.71$ mm

$$\tan\gamma=\frac{P_z}{\pi d_1}=\frac{9.425}{3.1416\times35.5}\approx0.0845$$

导程角　$\gamma\approx4°48'$

法向齿厚　$s_n=\dfrac{P_x}{2}\cos\gamma=\dfrac{9.425}{2}\cos4°48'\approx4.696$ mm

2. 蜗杆的齿形

蜗杆的齿形是指蜗杆齿廓形状，常见蜗杆的齿形有轴向直廓蜗杆和法向直廓蜗杆两种，如图 4—20 所示。

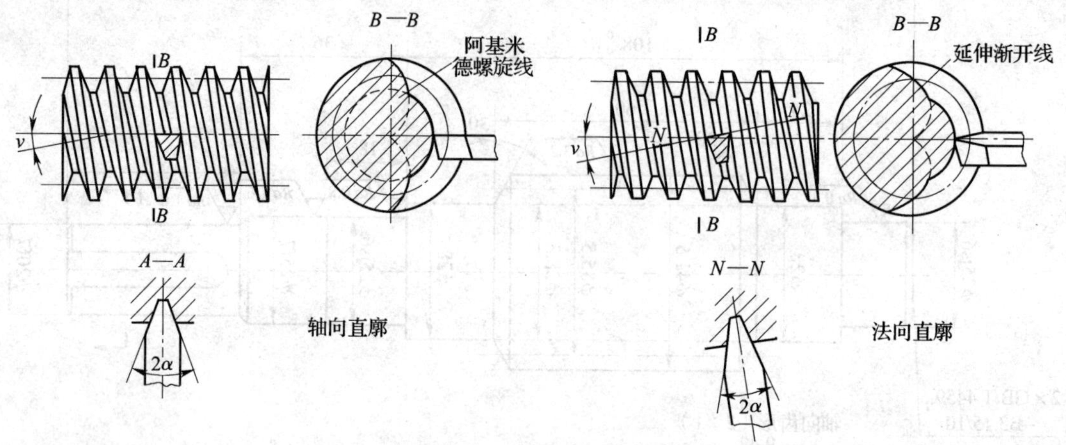

图 4—20　蜗杆的齿形

轴向直廓蜗杆（ZA 蜗杆）的齿形在通过蜗杆轴线的平面内是直线，在垂直于蜗杆轴线的端平面内是阿基米德螺旋线，因此又称为阿基米德蜗杆。

法向直廓蜗杆（ZN 蜗杆）的齿形在垂直于蜗杆齿面的法平面内是直线，在垂直于蜗杆轴线的端平面内是延伸渐开线，因此又称为延伸渐开线蜗杆。

在机械传动中最常用的是阿基米德蜗杆。这种蜗杆加工简单，若图样上没有特别注明蜗杆的齿形，均为轴向直廓蜗杆。

二、蜗杆的技术要求

（1）蜗杆的轴向模数和与之啮合的蜗轮的端面模数必须相等。

（2）蜗杆的轴向齿距应符合要求。

（3）蜗杆的轴向齿厚或法向齿厚应符合要求。

（4）蜗杆两齿侧面的表面粗糙度值要小，齿形应符合图样要求。

（5）蜗杆齿槽的径向跳动应在规定精度的允许范围内。

三、蜗杆的车削方法

蜗杆的形状类似于梯形螺纹，其车削方法也与车削梯形螺纹方法相似，但蜗杆车刀两侧切削刃之间的夹角应磨成两倍齿形角。在装夹蜗杆车刀时，必须根据不同的蜗杆齿形采用不同的装刀方法。

1. 蜗杆车刀的结构及刃磨要求

蜗杆车刀一般用高速钢材料磨制。由于蜗杆的齿形较深，导程较大，加工的难度大于梯形螺纹，所以车削蜗杆时，蜗杆的粗车与精车一般应分开进行。

（1）蜗杆粗车刀的刃磨要求

车刀左、右两切削刃之间的夹角应小于两倍齿形角，车刀刀尖宽度小于蜗杆齿根槽宽。

切削钢件时，应磨有径向前角 10°~15°，径向后角 6°~8°，进给方向后角为（3°~5°）+ ψ，背向进给方向的后角为（3°~5°）-ψ，刀尖适当倒圆角。

（2）蜗杆精车刀的刃磨要求

车刀左、右两切削刃之间的夹角应等于两倍齿形角。车刀的径向前角为 0°。为保证左、右切削刃切削顺利，两刃都磨有较大的前角（15°~20°），但车刀只能精车两侧齿面，不能车削齿根槽底。刃要平直，刀面要平整、光洁。

2. 蜗杆车刀的安装

（1）水平装刀法

使蜗杆车刀两侧切削刃组成平面处于水平位置，且与蜗杆轴线等高，这种装刀方法称为水平装刀法。

精车轴向直廓蜗杆时，为了保证蜗杆齿形的正确，必须采用水平装刀法。

（2）垂直装刀法

使蜗杆车刀两侧切削刃组成的平面垂直于蜗杆齿面，两侧切削刃夹角的平分线在通过蜗杆轴线的水平面上，这种装刀方法称为垂直装刀法，如图 4—21 所示。

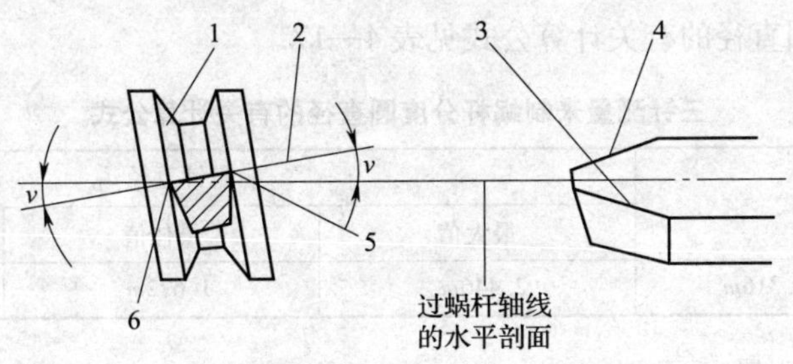

图 4—21 垂直装刀法

1—齿面 2—车刀前面 3、6—左切削刃 4、5—右切削刃

车削法向直廓蜗杆时应采用垂直装刀法。

粗车轴向直廓蜗杆时，为了减小导程角对车刀两侧工作前角和工作后角的影响，避免出现振动和扎刀现象，保证切削顺利，可以采用垂直装刀或使用可回转刀柄装刀，如图 4—22 所示。此刀柄头部可相对于刀柄回转一个所需要的导程角，用两个紧固螺钉在两侧紧固，刀柄开有弹性槽，车削时不易产生扎刀现象。

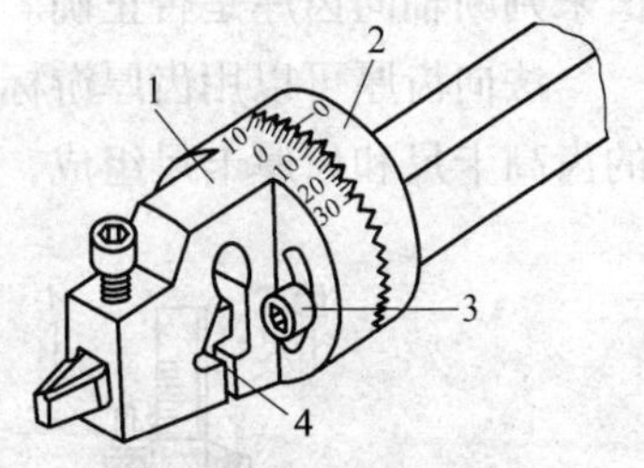

图 4—22 可回转刀柄

1—头部 2—刀柄

3—紧固螺钉 4—弹性槽

3. 蜗杆的车削方法

蜗杆的轴向模数 $m_x \leqslant 3$ mm 时，可采用左、右切削法进行车削；蜗杆的轴向模数 $m_x > 3$ mm 时，用车槽法粗车，再用左、右切削法半精车；蜗杆的轴向模数 $m_x > 5$ mm 时，采用分层切削法粗车，再用左、右切削法半精车，如图 4—23 所示。

精车蜗杆时，用两侧带有卷屑槽的蜗杆精车刀，分左、右单边切削成形，最后用刀尖角略小于两倍齿形角的精车刀精车蜗杆齿根圆直径，把齿形修整清晰，如图 4—24 所示。

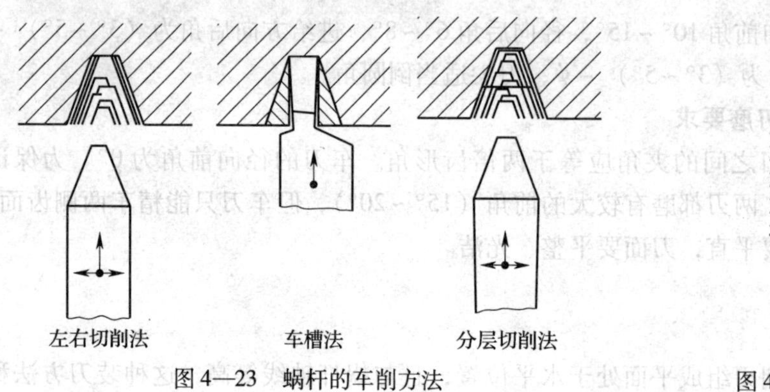

图 4—23　蜗杆的车削方法

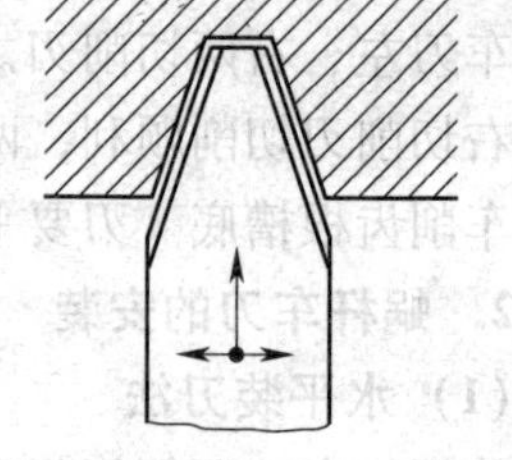
图 4—24　精车蜗杆的方法

四、蜗杆的检测

蜗杆的主要测量参数有齿距、齿顶圆直径、分度圆直径、法向齿厚等，其中齿顶圆直径可用千分尺测量，齿距由车床传动精度保证。

1. 分度圆直径的测量

分度圆直径 d_1 可以用三针或单针测量，其原理及测量方法与测量梯形螺纹相同。三针测量米制蜗杆分度圆直径的有关计算公式见表 4—17。

表 4—17　三针测量米制蜗杆分度圆直径的有关计算公式　mm

M 值的计算公式	量针直径 d_D		
	最大值	最佳值	最小值
$M=d_1+3.924d_D-4.316m_x$	$2.446m_x$	$1.672m_x$	$1.610m_x$

2. 法向齿厚的测量

蜗杆的图样上一般只标注轴向齿厚 s_x，在齿形角正确的情况下，分度圆直径处的轴向齿厚和齿槽宽度应相等。但因轴向齿厚无法直接测量，通常经过计算用法向齿厚的测量数值来判断轴向齿厚是否正确。

法向齿厚可以用齿厚游标卡尺进行测量，如图 4—25 所示。齿厚游标卡尺由相互垂直的齿高卡尺和齿厚卡尺组成，测量时应把齿高卡尺读数调整到齿顶高 h_a 的尺寸（注意齿顶

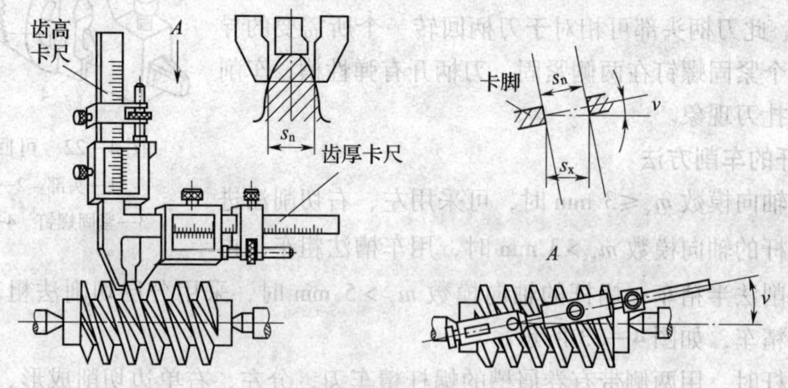

图 4—25　用齿厚游标卡尺测量齿厚

圆直径尺寸的误差对齿顶高的影响），齿厚卡尺的测量脚必须与齿侧平行，即齿厚卡尺和蜗杆轴线夹角等于螺纹升角。此时，齿厚卡尺所测得的读数就是蜗杆的法向齿厚实际尺寸。

例 4—6　车削轴向模数 $m_x=4$ mm 的三头蜗杆，其导程角 $\gamma=15°15'$，求齿顶高度 h_a 和法向齿厚 s_a。

解：$h_a=m_x=4$ mm

$$s_a=\frac{\pi m_x}{2}\cos\gamma=\frac{3.14\times4}{2}\times\cos15°15'$$

$$=6.28\times0.965\approx6.06\ \text{mm}$$

五、技能训练

1. 根据图 4—26 要求，完成单线蜗杆的加工。工时：150 min。

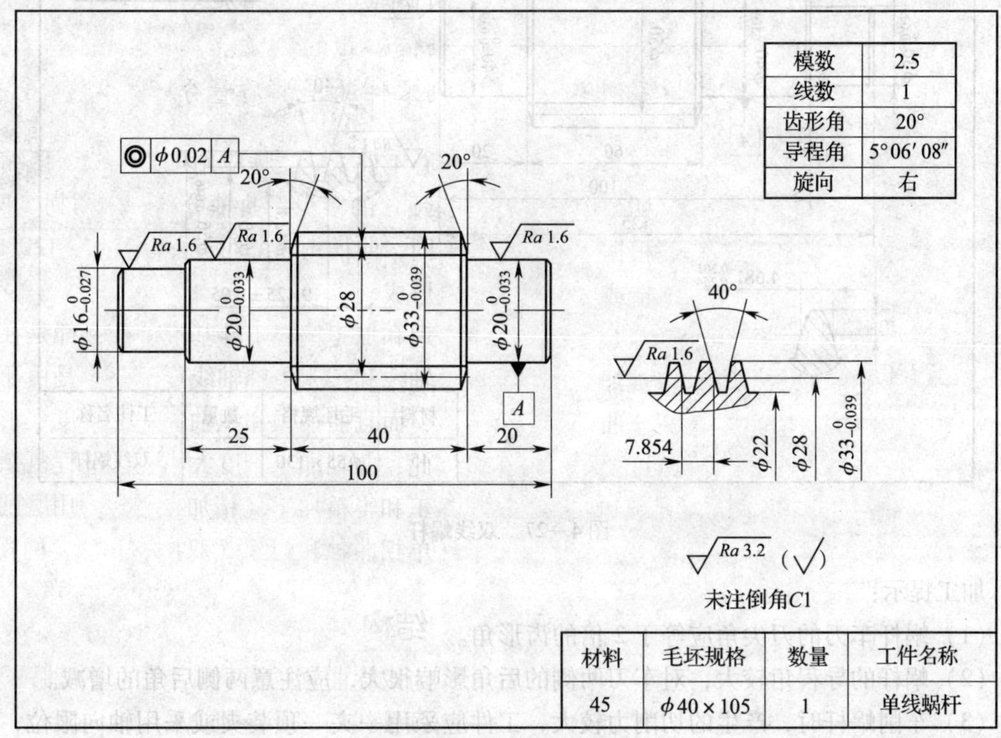

模数	2.5
线数	1
齿形角	20°
导程角	5°06′08″
旋向	右

材料	毛坯规格	数量	工件名称
45	φ40×105	1	单线蜗杆

图 4—26　单线蜗杆

(1) 技术要求

单线蜗杆，模数 2.5 mm，蜗杆分度圆与 φ20 mm 轴线的同轴度要求为 φ0.02 mm。

(2) 工艺分析

蜗杆导程角大，采用一夹一顶装夹进行车削加工。

(3) 加工步骤

备料 φ40 mm×105 mm。

材料伸出长度 45 mm，车平端面；粗车 φ21 mm×39 mm、φ16 mm×15 mm；掉头、控制零件总长 100 mm，夹 φ21 mm 外圆，车平面，钻中心孔 A2/5；用一夹一顶法装夹、粗

车 $\phi34$ mm × 60.5 mm、$\phi21$ mm × 19.5 mm；掉头，夹 $\phi34$ mm 外圆，精车 $\phi20$ mm × 40 mm、$\phi16$ mm × 15 mm，倒角 C1 mm。掉头，夹 $\phi16$ mm 外圆（垫铜片），用活络顶尖顶中心孔，精车 $\phi33$ mm、$\phi20$ mm，控制长度尺寸 40 mm、20 mm；蜗杆部分倒角；用斜进法粗车蜗杆，用左右法精车蜗杆，用齿厚卡尺测量法向齿厚尺寸（需计算）。

2. 根据图 4—27 要求，编写双线蜗杆的加工工艺，并完成双线蜗杆的加工。工时：240 min。

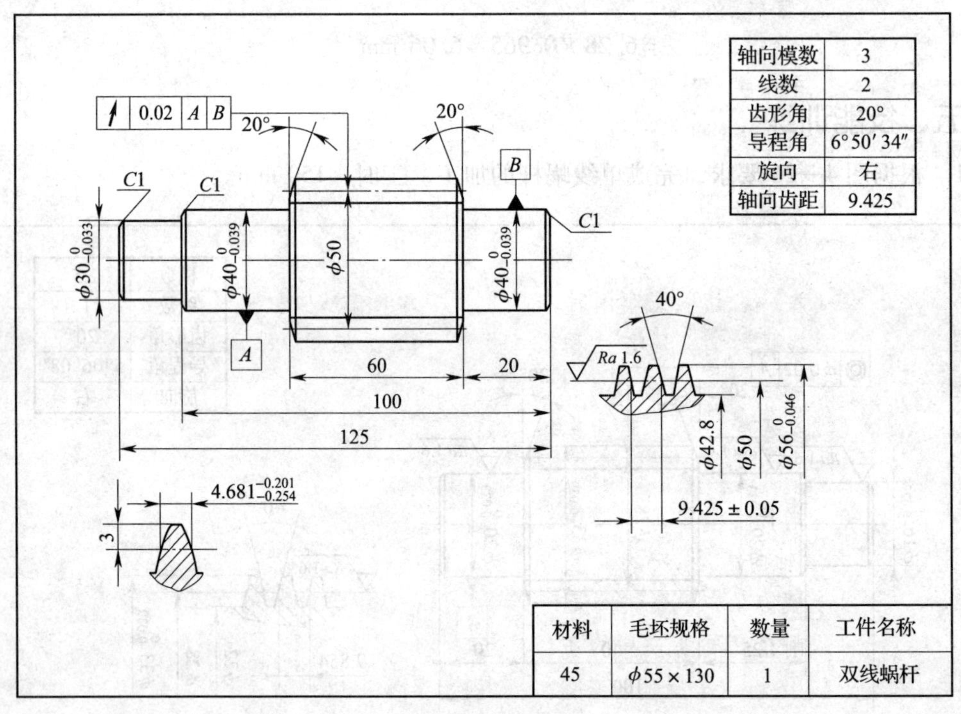

轴向模数	3
线数	2
齿形角	20°
导程角	6°50′34″
旋向	右
轴向齿距	9.425

材料	毛坯规格	数量	工件名称
45	$\phi55 \times 130$	1	双线蜗杆

图 4—27　双线蜗杆

加工提示：

（1）蜗杆车刀的刀尖角应等于 2 倍的齿形角。

（2）蜗杆的导程角较大，对车刀两侧的后角影响很大，应注意两侧后角的增减。

（3）车削蜗杆时，产生的切削力较大，工件应采用一夹一顶装夹或采用轴向限位，防止工件产生轴向窜动。

（4）粗车蜗杆时采用垂直装刀法车削，精车蜗杆时必须采用水平装刀法车削，保证齿形正确。

（5）车削双线蜗杆时，要保证法向齿厚尺寸一致，分度圆直径相等。

课后练习

一、判断题（正确的打“√”，错误的打“×”）

（　）1. 矩形螺纹是国家标准螺纹。

( ) 2. 矩形螺纹车刀可以用切槽刀代替。

( ) 3. 梯形螺纹的牙型角为30°。

( ) 4. 车削矩形螺纹和梯形螺纹时必须正确调整车床各处间隙。

( ) 5. 三针测量法比单针测量法测量精度高。

( ) 6. 车削梯形螺纹一般采用直进法，车削矩形螺纹则采用左右法。

( ) 7. 刃磨梯形螺纹车刀的两侧后角时，必须考虑螺纹升角的影响。

( ) 8. 多线螺纹只能采用轴向分线法。

( ) 9. 轴向分线法精度高于圆周分线法。

( ) 10. 当车床主轴交换齿轮数是螺纹线数的整数倍时，可用交换齿轮法进行分线。

( ) 11. 蜗杆一般采用开倒顺车的方法车削。

( ) 12. 精车蜗杆时，应注意零件的同轴度，要以双中心孔定位装夹，保证加工精度。

( ) 13. 用左、右切削法车削时，螺纹车刀的左右移动量应该相等。

( ) 14. 多线螺纹的分线方法和多线蜗杆的分线方法在原理上是一致的，多线螺纹的分线方法等同于多线蜗杆的分线方法。

( ) 15. 当多线螺纹的导程为车床丝杠螺距的整数倍，且倍数又等于线数，可利用交换齿轮分线。

( ) 16. 在蜗杆齿形角正确的情况下，分度圆直径处的轴向齿厚与齿槽宽度应相等，因此可直接测量轴向齿厚。

( ) 17. 机械传动中最常用的是法向直廓蜗杆，这种蜗杆的加工比较简单。

( ) 18. 车削精度要求较高的多线梯形螺纹时，因分线困难，应把第一条螺旋槽粗精车完毕后，再逐个粗精车其他各条螺旋槽。

( ) 19. 多线蜗杆一般用齿厚卡尺测量法向齿厚，用单针测量分度圆上的齿槽宽度。

( ) 20. 用水平装刀法车蜗杆时，由于其中一侧切削刃的前角变小，使切削不顺利。

二、选择题

1. 梯形螺纹是应用很广泛的（ ）螺纹。

A. 连接　　B. 非标准　　C. 传动　　D. 高速

2. 矩形螺纹的牙型角为（ ）。

A. 0°　　B. 30°　　C. 90°　　D. 29°

3. 为了减小螺纹牙侧的表面粗糙度值，在（ ）精车刀的两侧面切削刃上应磨有 $b'=0.3\sim0.5$ mm 的修光刃。

A. 三角形　　B. 矩形　　C. 梯形　　D. 锯齿形

4. 高速钢梯形螺纹粗车刀的刀头宽度应（ ）牙槽底宽。

A. 大于　　B. 略大于　　C. 等于　　D. 小于

5. 梯形螺纹精车时一般采用（ ）完成螺纹加工。

A. 左右切削法　B. 直进法　C. 任意方法　D. 斜进法

6. 矩形螺纹、梯形螺纹是广泛应用的传动螺纹，其工作长度较长，精度要求高，而且导程和螺纹升角（　），所以比车削普通螺纹困难。

A. 较小　B. 较大　C. 相等　D. 不变

7. 可利用三爪自定心卡盘的卡爪对（　）螺纹进行分线。

A. 三线　B. 三线或六线　C. 双线或四线　D. 六线

8. 蜗杆车刀两侧切削刃之间的夹角为（　）。

A. 20°　B. 30°　C. 40°　D. 60°

9.（　）蜗杆时，应采用水平装刀法。

A. 粗车轴向直廓　B. 精车轴向直廓

C. 精车法向直廓　D. 粗车法向直廓

10. 车削一般精度的多线螺纹，适用于单件或小批量生产的分线方法是（　）。

A. 交换齿轮分线法　B. 卡盘卡爪分线法

C. 百分表和量块分线法　D. 小滑板刻度分线法

11. 在车削多线螺纹时，应按（　）来计算挂轮。

A. 螺距　B. 导程　C. 线数　D. 螺旋升角

12. 同一条螺旋线相邻两牙在中径线上对应点之间的轴向距离称为（　）。

A. 螺距　B. 线数　C. 周节　D. 导程

13. Tr36×12（P6）梯形螺纹的线数是（　）。

A. 12　B. 6　C. 2　D. 4

14. 法向直廓蜗杆在垂直于轴线的截面内齿形是（　）。

A. 渐开线　B. 延伸渐开线　C. 螺旋线　D. 阿基米德螺旋线

三、简答及计算题

1. 车削梯形螺纹有哪几种方法？当螺距较大时应采用哪种方法？

2. 车削矩形50×8螺纹的丝杠，求矩形螺纹各基本参数。

3. 螺纹车刀的刃磨有什么要求？

4. 用三针测量Tr44×8螺纹的中径，已知 $d_2=40_{-0.5}^{\ 0}$ mm，求最佳量针直径 d_D 和千分尺读数 M 的变动范围。

5. 车削Tr48×8的丝杠，计算其各基本要素的尺寸和螺纹升角。

6. 用单针测量Tr44×8螺纹，量得梯形螺纹外径的实际尺寸 $d_o=59.93$ mm，求单针测量值 A。

7. 蜗杆的法向齿厚如何测量？

8. 车床小滑板刻度盘每格移动0.05 mm，在车削Tr48×12（P6）的梯形螺纹时，若采用小滑板刻度分线法分线，计算分线时小滑板刻度盘应转多少格？

9. 已知轴向模数 $m_x=5$ mm，头数 $Z_1=2$，分度圆直径 $d_1=50$ mm，导程角 $\gamma=11°18'36''$，求：(1) 齿厚卡尺应调整到什么位置？(2) 齿厚卡尺在蜗杆分度圆直径处测得的法向齿厚是多少？

10. 交换齿轮分线法有哪些优缺点？

11. 多线螺纹的导程和螺距有什么关系？

12. 常用的蜗杆齿形有那两种？如何根据蜗杆的齿形选用适当的装刀方法？

13. 多线螺纹分线方法有哪两类？各有哪些具体方法？

14. 成批车削多线螺纹时，用哪种分线方法最理想？

15. 用左右切削法精车双线梯形螺纹时，如何保证其螺距精度和中径尺寸？

模块五 偏心件及曲轴加工

课题1　偏心件加工

学习目标

1. 掌握偏心件的车削方法。
2. 掌握偏心距的检测。

在机械传动中，回转运动变为往复直线运动或直线运动变为回转运动，一般都是利用偏心轴或曲轴来完成，如车床主轴箱中的偏心轴、汽车发动机中的曲轴等。外圆与外圆、内孔与外圆的轴线平行但不重合的工件，称为偏心工件，如图5—1所示。其中，外圆与外圆偏心的工件称为偏心轴，如图5—1a所示；内孔与外圆偏心的工件称为偏心套，如图5—1b所示，两轴线之间的距离称为偏心距 e。曲轴实质上是形状比较复杂的偏心轴。

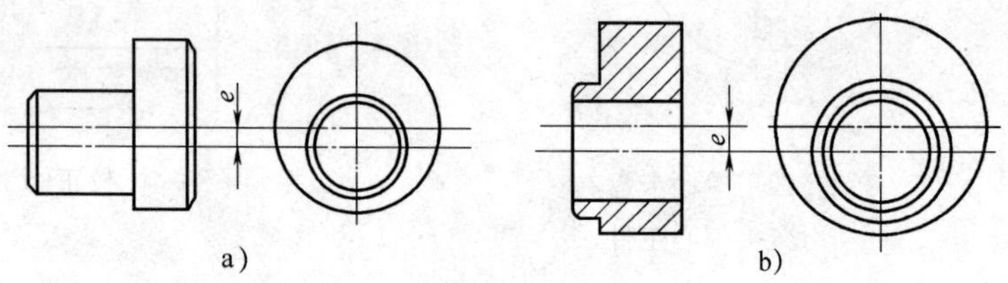

图5—1　偏心工件

a）偏心轴　b）偏心套

车削偏心工件的基本原理是：把所要加工偏心部分的轴线找正到与车床主轴线重合。偏心件的加工应根据工件的数量、形状、偏心距的大小和精度要求相应地采用不同的装夹方法。

一、偏心件的车削方法

1. 在四爪单动卡盘上车偏心工件

对长度较短、外形复杂、加工数量较少且不便于在两顶尖间装夹的偏心工件，可装夹在四爪单动卡盘上车削。

在四爪单动卡盘上车削偏心工件时，必须将已划好的偏心轴线和侧素线找正。先使偏心轴线与车床主轴轴线重合，如图 5—2 所示，再找正侧素线，工件装夹后即可车削。

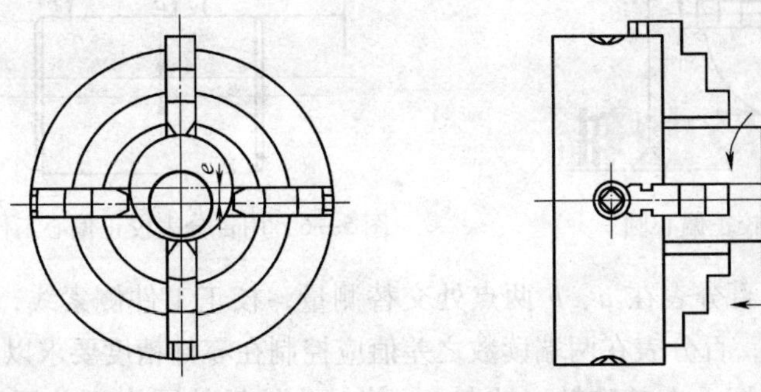

图 5—2 在四爪单动卡盘上车偏心工件

操作方法：

（1）调整卡盘卡爪的位置，使其中两爪呈对称位置，另两爪呈不对称位置，其偏离主轴中心距离大致等于工件的偏心距。各对卡爪之间张开的距离稍大于工件装夹部位的直径，使工件偏心圆柱的轴线基本处于卡盘中央，然后装夹工件，如图 5—3 所示。

（2）将划线盘置于中滑板（或床鞍）上适当位置，使划针尖端对准工件外圆上的侧素线，如图 5—4 所示，移动床鞍，检查侧素线是否水平，若不呈水平，可用木锤轻轻敲击进行校正，然后将卡盘（工件）转动 90°，用同样的方法检查和校正侧素线。

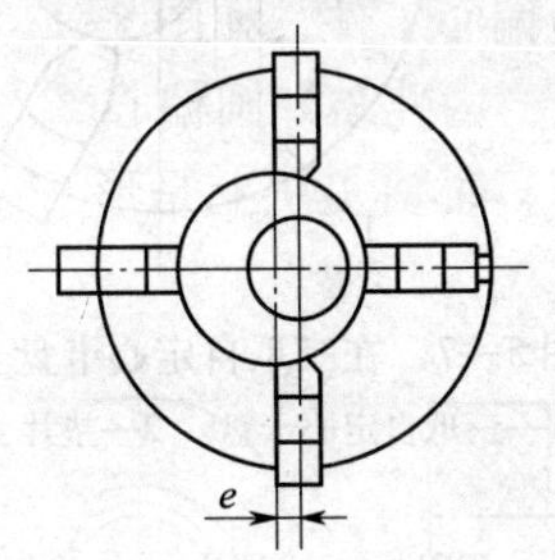

图 5—3 在四爪单动卡盘上装夹偏心工件

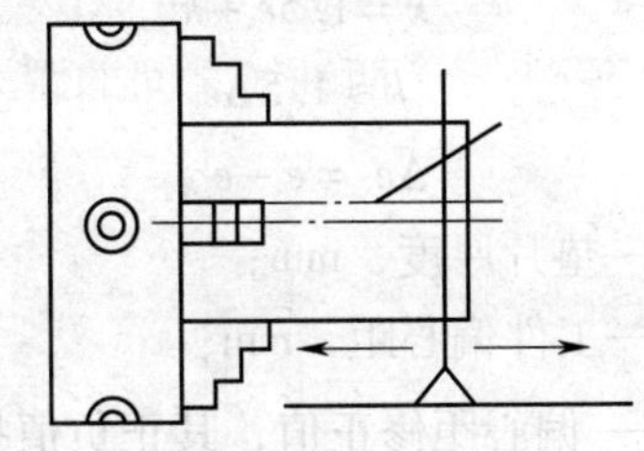

图 5—4 校正侧素线

（3）将划针尖端对准工件端面上的偏心圆线，扳转卡盘，校正偏心圆，如图 5—5 所示。

（4）重复（2）、（3）校正，直至使两条侧素线均呈水平（基准圆轴线与偏心圆轴线平行），使偏心圆轴线与车床主轴轴线重合。

（5）将四个卡爪成对均匀地拧紧一遍，并检查确认侧素线和偏心圆轴线在紧固卡爪时没有移位。

由于存在划线误差和校正误差，按划线校正偏心工件位置的方法仅适用于加工精度要求不高的偏心工件。

在四爪单动卡盘上精确找正偏心圆轴线，可以用百分表进行。具体方法为：

（1）按照上述操作的第（1）步初步调整位置，然后用百分表校正，使偏心圆轴线与车床主轴轴线重合，如图 5—6 所示。校正 a 点处用卡爪调整，校正 b 点处用木锤轻敲。

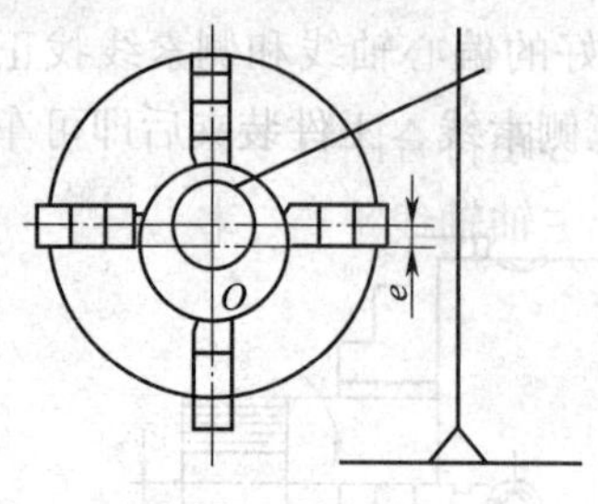

图 5—5　校正偏心圆

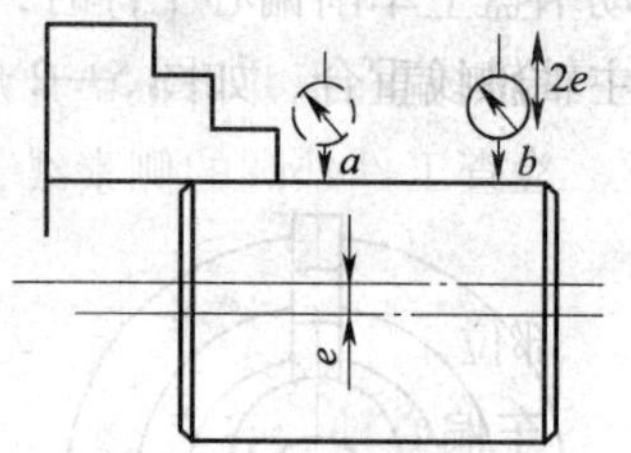

图 5—6　用百分表校正偏心工件

（2）移动床鞍，用百分表在 a、b 两点处交替测量，校正工件侧素线，使工件的基准圆轴线平行于主轴轴线，百分表在两端读数之差值应控制在零件精度要求以内。

（3）将百分表测量杆垂直基准轴（光轴），使触头接触外圆表面并压缩 0.5 ~ 1 mm，用手缓慢转动卡盘一周，校正偏心距。百分表在工件转过一周中读数最大值与最小值之差的一半即为偏心距。a、b 两点处偏心距应基本一致，并在图样允许误差范围内。反复调整，直到校正为止。

2. 在三爪自定心卡盘上车偏心工件

长度较短，且偏心距较小（$e \leqslant 6$ mm）的偏心工件，可以在三爪自定心卡盘上车削。车削时，在三爪自定心卡盘的一个卡爪上增加一块垫片，使工件产生偏心，如图 5—7 所示。垫片厚度可用以下近似公式计算：

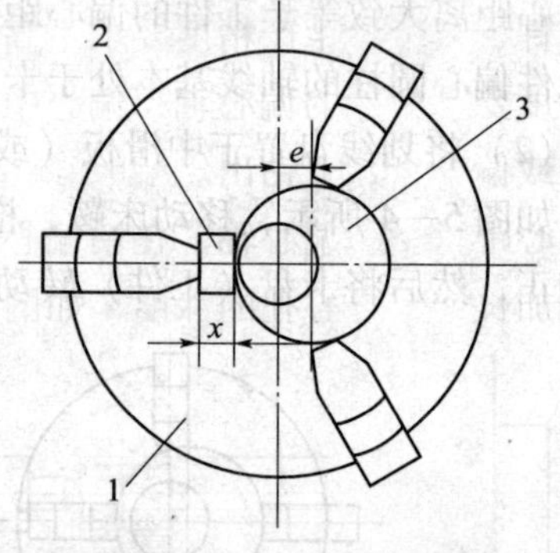

图 5—7　在三爪自定心卡盘上车偏心工件
1—三爪自定心卡盘　2—垫片　3—偏心工件

$$x = 1.5e + k$$

$$k \approx 1.5\Delta e$$

$$\Delta e = e - e_{测}$$

式中　x——垫片厚度，mm；

e——工件偏心距，mm；

k——偏心距修正值，其正负值按实测结果确定，mm；

Δe——试切后的实测偏心距误差，mm；

$e_{测}$——试切后的实测偏心距，mm。

例 5—1　车削偏心距 $e = 2$ mm 的工件，试用近似公式计算垫片厚度 x。

解：

$$1.5e = 1.5 \times 2 = 3 \text{ mm}$$

先将 3 mm 厚的垫片垫入三爪自定心卡盘的任一个卡爪下，对工件进行试切，试切后检查其实际偏心距，如实测偏心距为 2.04 mm，则偏心距误差为：

$$\Delta e = e - e_{测} = 2 - 2.04 = -0.04 \text{ mm}$$

$$k \approx 1.5\Delta e = 1.5 \times (-0.04) = -0.06 \text{ mm}$$

则垫片厚度的正确值为：

$$x = 1.5e + k = 1.5 \times 2 - 0.06 = 2.94 \text{ mm}$$

操作方法：

（1）选择经初步计算的垫片垫在三爪自定心卡盘的任意一个卡爪上，将已车削好基准圆柱的工件初步夹住。

（2）用百分表检测偏心距并修正垫片的厚度，至偏心距符合图样要求。

（3）用百分表检查工件外圆的侧素线，使其与车床主轴轴线平行，校正完毕后夹紧工件。

（4）车削偏心部位。

3. 在两顶尖间车偏心轴

一般的偏心轴，只要两端面能钻中心孔，有鸡心夹头的装夹位置，都可以用在两顶尖间车削的方法，如图 5—8 所示。因为在两顶尖间车偏心轴与车一般外圆没有很大区别，仅仅是两顶尖顶在偏心中心孔中加工而已。这种方法的优点是偏心中心孔已钻好，不需要花费时间去找正偏心，定位精度较高。

操作方法：

首先在工件的两端面上根据偏心距的要求，钻出相应的中心孔（共钻 $2n+2$ 个中心孔，两个在工件的基准轴线上，n 为偏心轴线的个数），然后顶住工件基准轴线上的中心孔车基准外面，再顶住偏心部分的中心孔车削偏心部位。

单件、小批量生产精度要求不高的偏心轴，偏心中心孔可经划线后在钻床上钻出；偏心距精度要求较高的偏心轴，偏心中心孔可在坐标镗床上钻出；成批生产可在专门的中心孔钻床或偏心夹具上钻出。

偏心距较小的偏心轴，在钻偏心中心孔时，可能会与基准中心孔相互干涉，可将工件的长度加长两个中心孔的深度，如图 5—9 所示。

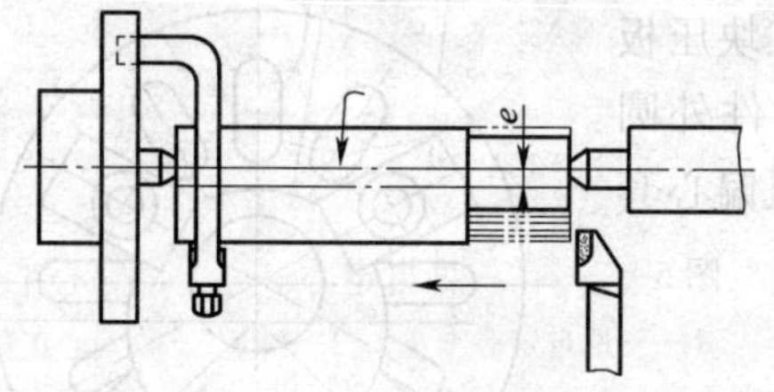

图 5—8　在两顶尖间车偏心工件

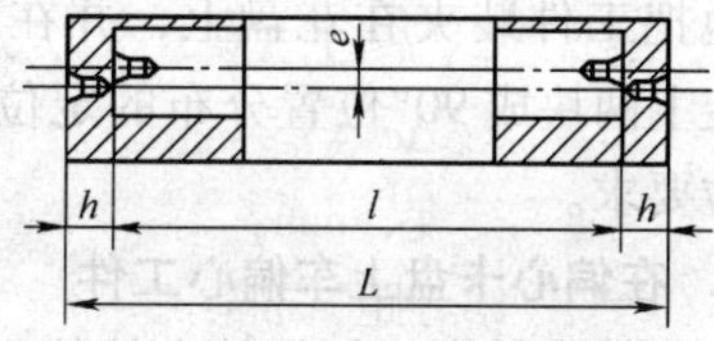

图 5—9　毛坯加长的偏心轴

图中

$$L=l+2h$$

式中　L——偏心轴毛坯的长度，mm；

l——偏心轴图样要求长度，mm；

h——中心孔深度，mm。

车削时，先以基准中心孔定位车基准外圆部位，然后车去两端基准中心孔，保证工件的长度，划线钻偏心中心孔，车削偏心部位。

4. 在双重卡盘上车偏心工件

将三爪自定心卡盘装夹在四爪单动卡盘上，并根据偏心件的要求移动一个偏心距 e。加工偏心工件时，只需把工件装夹在三爪自定心卡盘上就可以车削，如图 5—10 所示。这种方法第一个工件在四爪单动卡盘上找正比较困难，但是，在加工一批工件的其余工件时，则不需找正偏心距，因此适用于加工成批工件。由于两个卡盘重叠在一起，刚度不足且离心力较大，切削用量只能选得较低。此外，车削时尽量用后顶尖支撑，工件找正后需加平衡铁，以防发生意外事故。

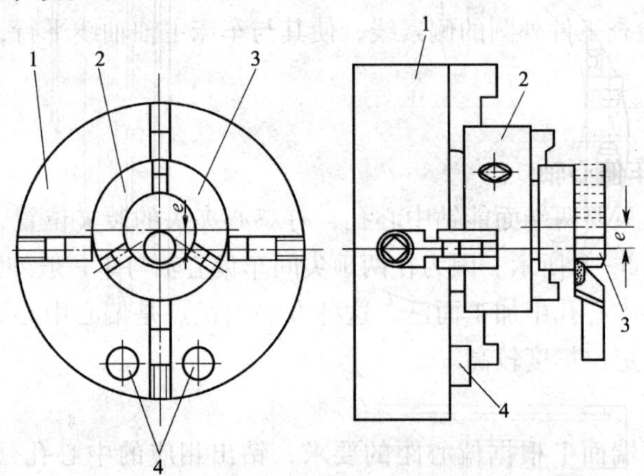

图5—10　在双重卡盘上车偏心工件

1—四爪单动卡盘　2—三爪自定心卡盘　3—偏心工件　4—平衡铁

双重卡盘适合车削偏心距不大（$e<5$ mm）且精度要求不高、批量较小的偏心工件。

5. 在花盘上车偏心工件

加工长度较短、偏心距较大（$e\geqslant5$ mm）的偏心套时，可以装夹在花盘上车削，如图5—11所示。

在加工偏心孔前，先将工件外圆和两端面加工至要求后，在一端面上划好偏心孔的位置，然后用三块压板均匀地把工件装夹在花盘上，并在花盘靠近工件外圆处，装上两块成90°位置分布的定位块，以保证偏心套的定位要求。

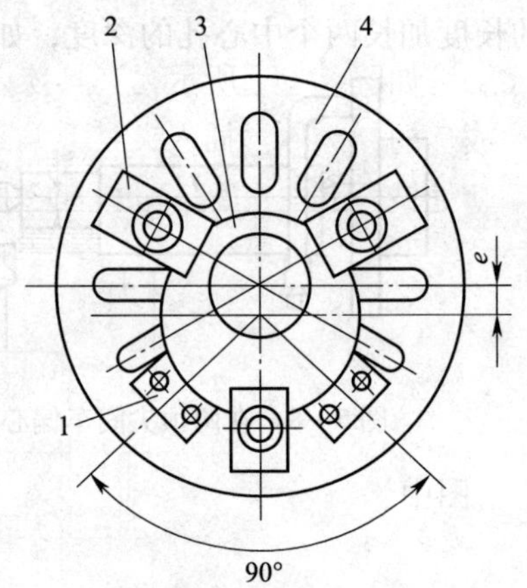

图5—11　在花盘上车偏心套

1—定位块　2—压板

3—偏心套　4—花盘

6. 在偏心卡盘上车偏心工件

车削精度较高、批量较大的偏心工件时，可以用偏心卡盘，如图5—12所示。偏心卡盘分两层，底盘用螺钉固定在车床主轴的连接盘上，偏心体与底盘燕尾槽相互配合。偏心体上装有三爪自定心卡盘，利用丝杠来调整卡盘的中心距，偏心距 e 的大小可在两个测量头之间测得。当偏心距为零时，两测量头正好相碰。转动丝杠时，测量头逐渐离开，离开的尺寸即为偏心距。两测量头之间的距离可用百分表或量块测量。当偏心距调整好后，用4个方头螺栓紧固，把工件装夹在三爪自定心卡盘上，即可进行车削。

由于偏心卡盘的偏心距可用量块或百分表测得，所以可以获得很高的精度。另外，偏心卡盘调整方便，通用性强，是一种较理想的车偏心夹具。

7. 在专用偏心夹具上车偏心工件

加工数量较多、偏心距精度要求较高的工件时，可以设计专用偏心夹具来安装、车削工件。

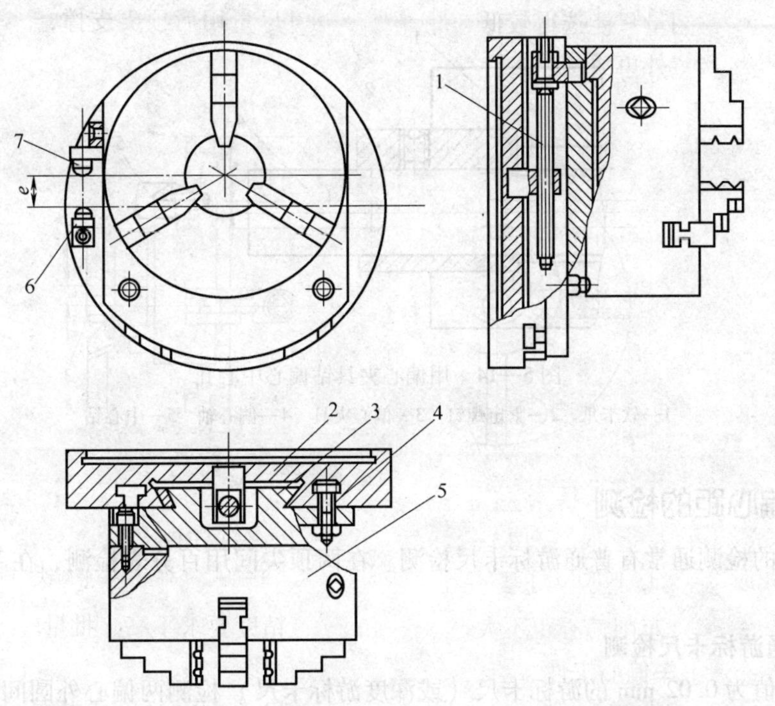

图 5—12　偏心卡盘

1—丝杠　2—底盘　3—偏心体　4—方头螺栓　5—三爪自定心卡盘　6、7—测量头

如图 5—13 所示，夹具体以外圆和端面定位，用三爪自定心卡盘 1 或 5 夹持，工件 4 或 7 的基准外圆插入夹具上偏心距相同的偏心孔中，用铜头螺钉 3 紧固，或在偏心夹具较薄处铣开一条 1. 5 ~2 mm 的狭槽 8，依靠夹具变形来夹紧工件。

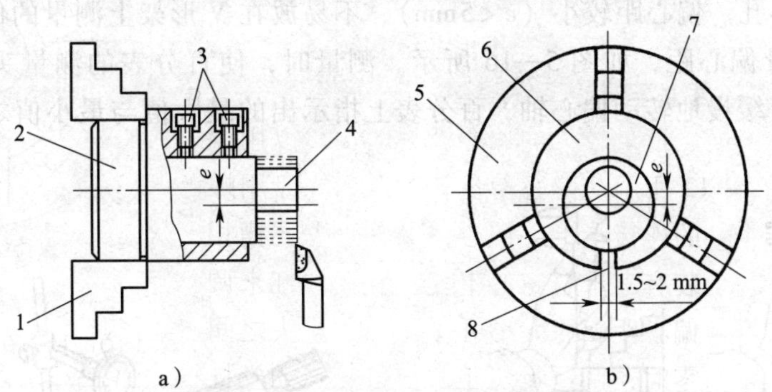

图 5—13　用专用偏心夹具车偏心工件

a）用螺钉紧固工件　b）用夹具变形紧固工件

1、5—三爪自定心卡盘　2、6—偏心夹具　3—铜头螺钉　4、7—偏心工件　8—狭槽

图 5—14 所示为用偏心夹具钻偏心中心孔。

当加工数量较多的偏心轴时，用划线的方法找正中心来钻中心孔，生产率低，偏心距精度不易保证。这时可将偏心轴用紧定螺钉装夹在偏心夹具中钻削中心孔。工件掉头钻偏心中心孔时，只把夹具掉头，工件不能卸下，再装夹在软卡爪上。偏心中心孔钻好后，再在两顶尖间车偏心轴。

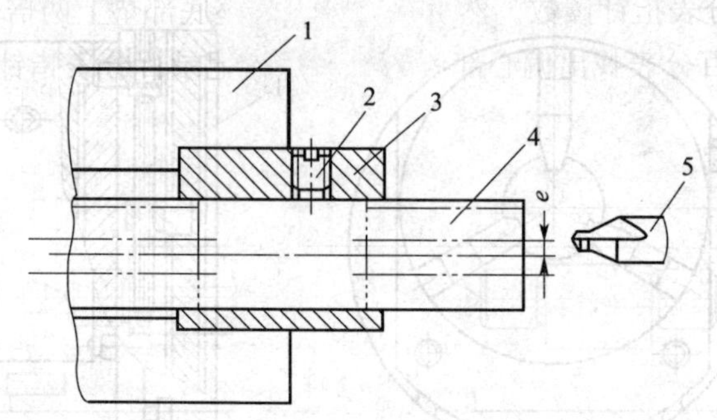

图 5—14　用偏心夹具钻偏心中心孔

1—软卡爪　2—紧定螺钉　3—偏心夹具　4—偏心轴　5—中心钻

二、偏心距的检测

偏心距的检测通常有普通游标卡尺检测、在两顶尖间用百分表检测、在 V 形架上检测三种方法。

1. 普通游标卡尺检测

用精度值为 0.02 mm 的游标卡尺（或深度游标卡尺）检测两偏心外圆间的最大距离 a 和最小距离 b，其差值的一半即为偏心距，即 $e=\frac{1}{2}(a-b)$，如图 5—15 所示。

对于偏心套，用游标卡尺测量基准外圆与偏心孔之间的最厚孔壁与最薄孔壁的尺寸，两者之间差值的一半即为偏心距。

2. 在两顶尖间用百分表检测

两端有中心孔、偏心距较小（$e<5$mm）、不易放在 V 形架上测量的偏心工件，可放在两顶尖间测量偏心距，如图 5—16 所示。测量时，使百分表的测量头接触在偏心部位，用手均匀、缓慢地转动偏心轴，百分表上指示出的最大值与最小值之差的一半即为偏心距。

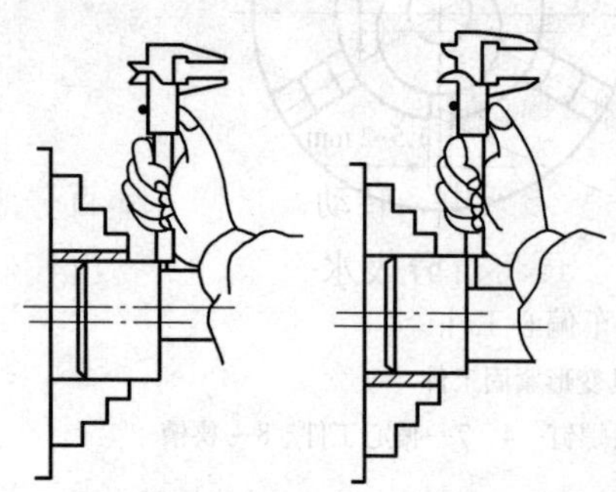

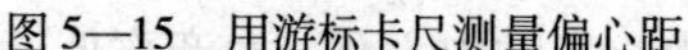

图 5—15　用游标卡尺测量偏心距

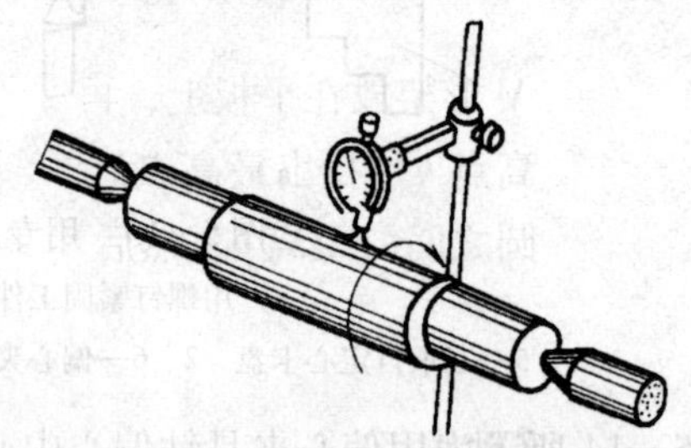

图 5—16　在两顶尖间检测偏心轴的偏心距

偏心套的偏心距也可以用上述方法来测量，但必须先将偏心套套在心轴上，再在两顶尖间测量。

如果百分表的量程小于工件偏心距，可按图 5—17 方法测量。先用百分表找出偏心部位的最低点，记录百分表指针读数，然后在百分表表座底部垫上两倍于被测偏心距的量块，转动偏心轴 180°，用百分表找出偏心部位的最高点，记录百分表指针读数，两者读数值之差的一半即为偏心距。

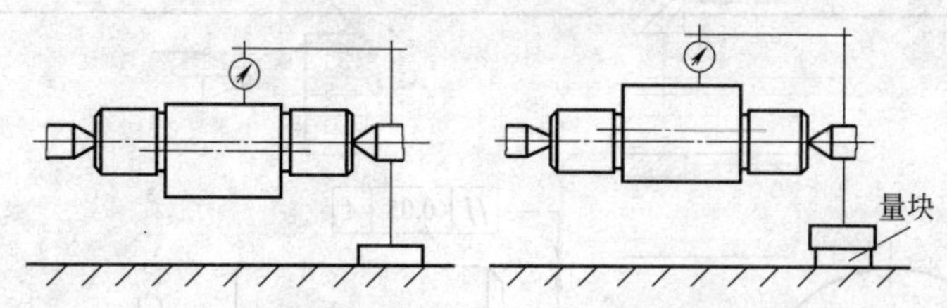

图 5—17　百分表量程小于工件偏心距的检测方法

3. 在 V 形架上检测

无中心孔或长度较短、偏心距较小（$e<5$ mm）的偏心工件，可在 V 形架上检测偏心距。检测时，将工件基准圆柱放置在 V 形架上，百分表测量杆触头垂直基准轴线接触在工件的偏心部位，均匀、缓慢地转动工件一周，百分表指示最大值与最小值之差的一半即为偏心距。

对于偏心距较大（$e\geqslant5$ mm）的偏心工件，可在 V 形架上用百分表间接测量偏心距，如图 5—18 所示。

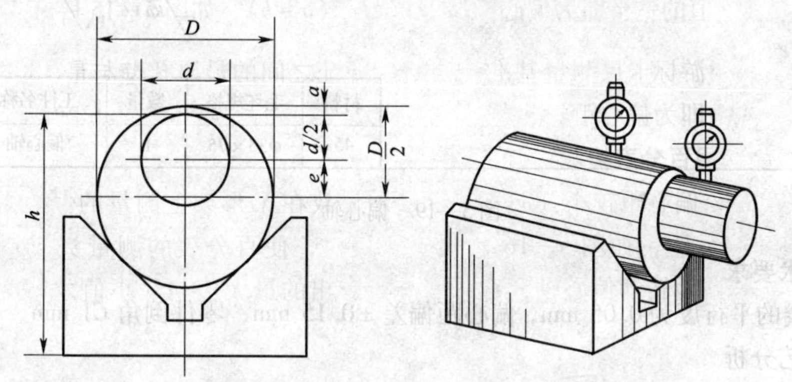

图 5—18　在 V 形架上间接测量偏心距

测量时，把 V 形架放在平板上，再把工件安放在 V 形架中，转动偏心轴，用百分表测量出偏心轴的最高点 h，找出最高点后，把工件固定。再将百分表水平移动，测出偏心轴外圆到基准轴外圆之间的距离 a，然后用下式计算出偏心距 e：

$$e=\frac{D}{2}-\frac{d}{2}-a$$

式中　D——基准轴直径，mm；

d——偏心轴直径，mm；

a——基准轴外圆到偏心轴外圆之间的最小距离，mm。

用上述方法测量，必须用千分尺准确测量出基准轴直径 D 和偏心轴直径 d 的实际值，否则计算时会产生误差。

三、技能训练

1. 根据图 5—19 的要求，车削偏心轴。

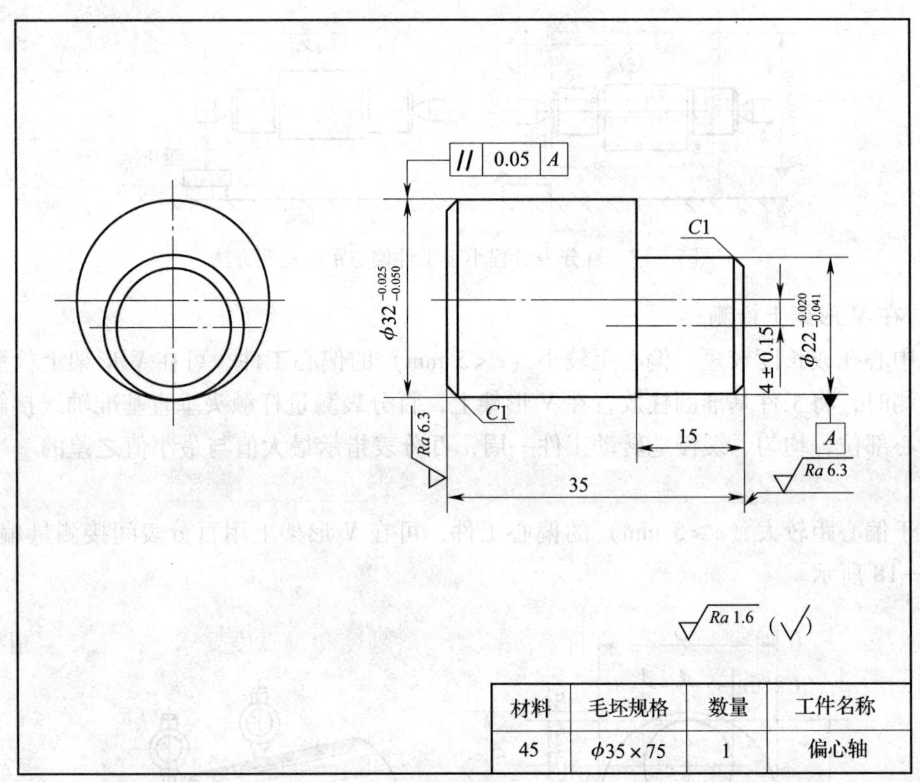

材料	毛坯规格	数量	工件名称
45	$\phi 35 \times 75$	1	偏心轴

图 5—19　偏心轴

(1) 技术要求

偏心轴线的平行度为 0.05 mm，偏心距偏差 ±0.15 mm，零件倒角 $C1$ mm。

(2) 工艺分析

首先完成 $\phi 32$ mm × 35 mm 部分的加工，然后以 $\phi 32$ mm 为基准，校正偏心距，并检测零件的侧素线，均符合要求后车削 $\phi 22$ mm × 15 mm，倒角 $C1$ mm。

(3) 加工步骤

1）在三爪自定心卡盘上夹持毛坯外圆，伸出长度 50 mm 左右，校正并夹紧。

2）车平端面，粗、精车外圆至尺寸 $\phi 32^{-0.025}_{-0.050}$ mm，长 40 mm；倒角 $C1$ mm。

3）切断，长 36 mm。

4）车另一端面，保证总长 35 mm。

5）在三爪自定心卡盘上垫上垫片装夹工件，垫片厚度为 5.85 mm，校正并夹紧。

6）粗、精车外圆尺寸至 $\phi 22^{-0.020}_{-0.041}$ mm，长度保证 15 mm。

7）外圆倒角 $C1$ mm。

8）检查。

2. 根据图 5—20 的要求，车削偏心套。

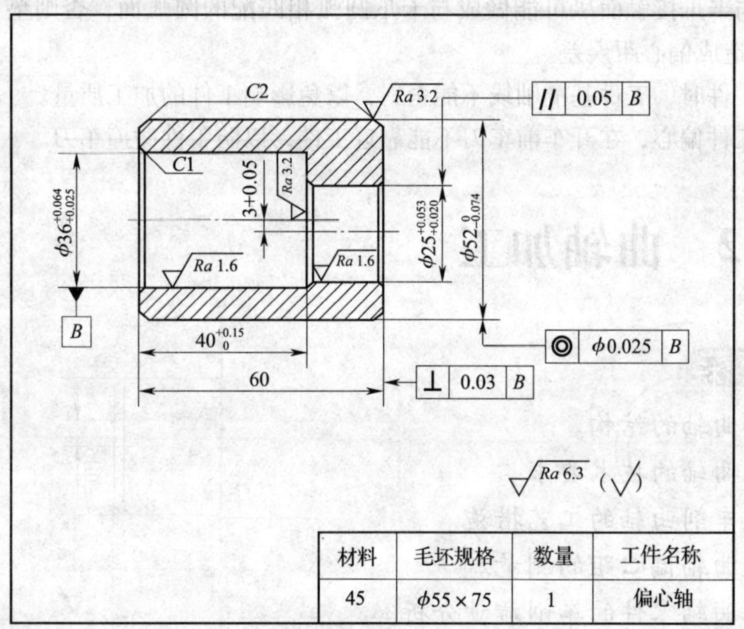

材料	毛坯规格	数量	工件名称
45	ϕ55×75	1	偏心轴

图 5—20　偏心套

(1) 技术要求

以 ϕ36 mm 内孔轴线为基准，零件有平行度、同轴度和垂直度要求，孔径尺寸精度较高，倒角 C1 mm、C2 mm。

(2) 工艺分析

首先完成外圆 ϕ52 mm×60 mm、内孔 ϕ36 mm×40 mm 部分的加工，然后以 ϕ52 mm 为基准，校正偏心距，并检测零件的侧素线，均符合要求后车削 ϕ25 mm 通孔，倒角 C1 mm。

(3) 加工步骤

1）用三爪自定心卡盘夹持毛坯外圆，校正并夹紧；车平端面，车工艺凸台 ϕ45 mm，长 10 mm，表面粗糙度 *Ra* 值为 6.3 μm。

2）掉头夹持 ϕ45 mm 外圆，校正并夹紧。

3）车平端面，粗、精车外圆至尺寸 $\phi52^{\ 0}_{-0.074}$ mm，长 61 mm，表面粗糙度 *Ra* 值为 3.2 μm，倒角 C2 mm。

4）钻孔 ϕ34 mm，深 39 mm。

5）粗、精车内圆至尺寸 $\phi36^{+0.064}_{+0.025}$ mm，深 $40^{+0.15}_{\ 0}$ mm，表面粗糙度 *Ra* 值为 1.6 μm，孔口倒角 C1 mm。

6）工件掉头夹持（垫铜片），校正并夹紧，切去工艺凸台，车端面，保证总长60 mm，倒角 C2 mm。

7）检测偏心距，钻 ϕ24 mm 通孔。

8）车偏心孔 $\phi25^{+0.053}_{+0.020}$ mm，倒角 C1 mm。

(4) 加工提示

1）应选择具有足够硬度的材料作垫片，防止装夹时挤压变形造成偏心距误差。

2）垫片与卡爪接触面尽可能做成与卡爪圆弧相匹配的圆弧面，否则垫片与卡爪之间产生间隙，会造成偏心距误差。

3）装夹工件时，工件基准轴线不能歪斜，以免影响工件的加工质量。

4）由于工件偏心，在开车前车刀不能靠近工件，以防工件碰撞车刀。

课题 2　曲轴加工

学习目标

1. 了解曲轴的结构。
2. 熟悉曲轴的技术要求。
3. 掌握车削曲轴的工艺措施。
4. 掌握曲轴偏心距的测量。
5. 熟悉曲轴零件的车削质量分析。

曲轴是一种偏心工件，广泛地应用于压力机、压缩机和内燃机等机械中。根据曲轴曲柄颈（也称连杆轴颈）的多少，曲轴分单拐、两拐、四拐、六拐和八拐等几种结构形式。根据曲柄颈拐数不同，曲柄颈之间可互相成 90°、120° 和 180° 等角度。曲轴毛坯一般由锻造或球墨铸铁浇铸形成。

曲轴的加工原理和加工偏心工件基本相同，都是在工件的安装上采取适当的措施，使被加工的曲柄颈的轴线和车床主轴轴线重合。但是由于曲轴结构复杂，不仅细长，又有多个曲拐，刚度较差，而且曲柄颈和主轴颈尺寸精度、形状精度要求较高，彼此间的位置精度要求也较高，因此，曲轴加工难度大、工艺过程复杂。在车床上车削曲轴主要进行曲柄颈和主轴颈的粗加工和半精加工（精加工通常采用磨削方法进行）。

简单曲轴包括单拐曲轴和两拐（双拐）曲轴，两拐以上的曲轴称为多拐曲轴。

一、曲轴的结构

图 5—21 所示为双拐曲轴的结构，主要由主轴颈、曲柄颈、曲柄臂以及轴肩等组成。主轴颈轴线与曲柄颈轴线间的距离即为偏心距。

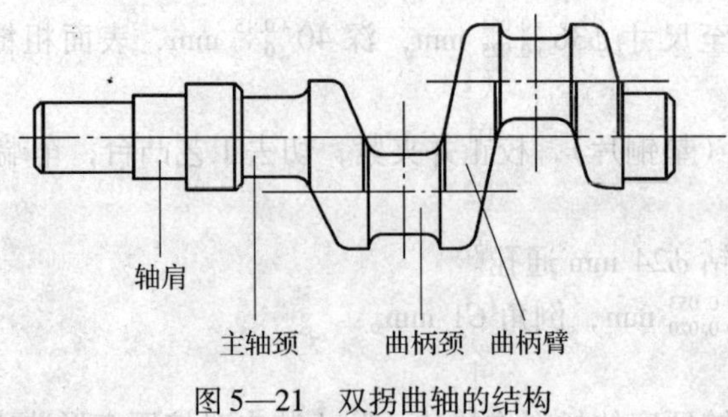

图 5—21　双拐曲轴的结构

二、曲轴的技术要求

由于曲轴长时间高速回转，受周期性的弯曲力矩作用，工作条件较恶劣，要求曲轴具有高的强度、刚度、耐磨性、耐疲劳性及冲击韧性等性能。所以，对曲轴除需要有较高的尺寸精度、形状和位置精度和较好的表面质量外，还有以下技术要求：

（1）加工钢质曲轴毛坯需经锻制，以使金属组织致密，强度提高。

（2）锻造毛坯应进行热处理（正火或调质），球墨铸铁铸造毛坯也应进行正火处理。

（3）不允许有裂纹、气孔、砂眼、分层和夹渣等铸造、锻造缺陷。

（4）曲轴的轴颈及其与轴肩的连接圆角需光洁圆滑，不允许有压痕、凹坑和磕碰、拉毛、划伤等现象，以防应力集中而留下隐患。

（5）曲轴精加工以后，应进行超声波或磁性探伤以及动平衡试验。

三、车削曲轴的工艺措施

由于曲拐结构比一般偏心件复杂，车削时采取一些相应的工艺措施，解决曲轴的装夹和刚度较差等问题。

1. 曲柄颈中心孔的制备

（1）不留工艺轴颈，如图 5—22 所示。

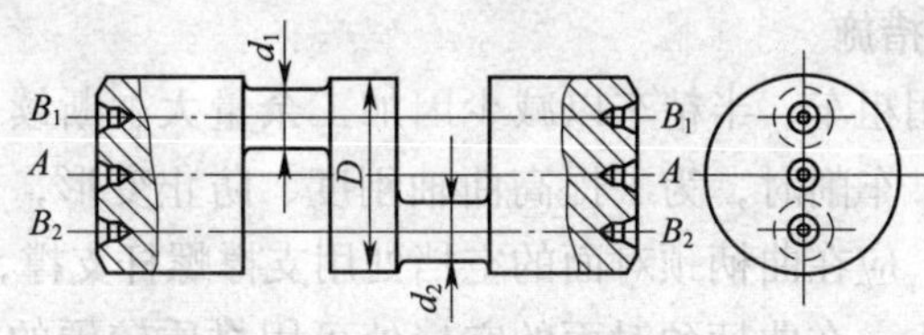

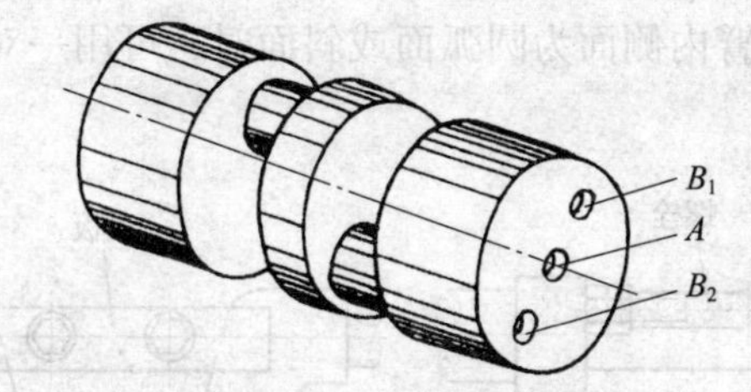

图 5—22　不留工艺轴颈钻削中心孔

说明：首先划线，然后在两端面上钻出基准中心孔 A 和偏心中心孔 B_1、B_2。

（2）预留工艺轴颈，如图 5—23 所示。

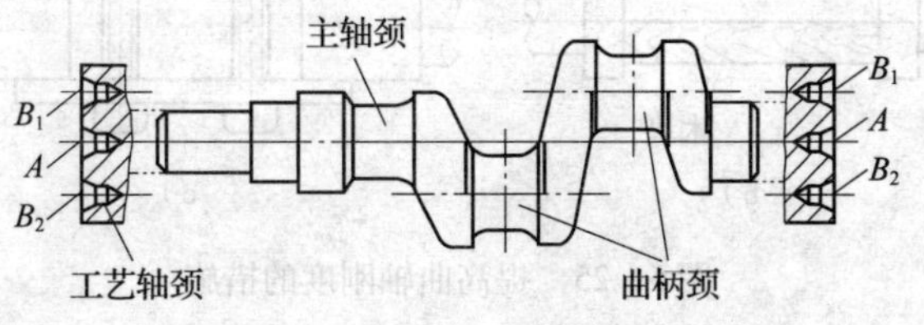

图 5—23　预留工艺轴颈钻削中心孔

说明：在工件主轴颈处预留工艺轴颈，使两端工艺轴颈端面足够大，能钻出基准中心孔 A 和曲柄颈中心孔 B_1、B_2。曲轴车削完毕后，再车去工艺轴颈。

(3) 使用偏心夹板，如图 5—24 所示。

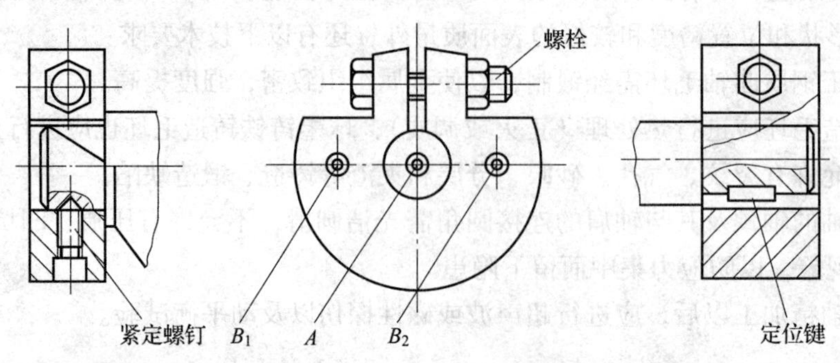

图 5—24　用偏心夹板装夹

说明：根据工件偏心距的要求，先在偏心夹板上钻好中心孔，使用时将偏心夹板用螺栓固定在主轴颈上（夹板内孔与主轴颈采取过渡配合)，并用紧定螺钉或定位键防止夹板转动，工件用两顶尖支撑在相应的偏心中心孔上，便可车削曲柄颈。若主轴颈外圆上不允许留螺钉沉孔，可留长度余量 3 ~ 5 mm，精车时再切除。

2．提高曲轴刚度的措施

曲轴刚度低，除采用粗车、半精车以减少因加工余量大、断续切削等引起的冲击、振动时曲轴变形的影响外，车削时，为了提高曲轴刚度、防止变形，可采取以下措施：如果两曲柄臂间的距离较小，应在曲柄颈对面的空档处用支撑螺杆支撑，如图 5—25a 所示；如果两曲柄臂间的距离较大，在曲柄颈对面的空档处可用材质较硬的木块或木棒来支撑，如图 5—25b 所示；当两曲柄臂内侧面为圆弧面或斜面时，可用一对夹板来夹紧曲柄臂，如图 5—25c 所示。

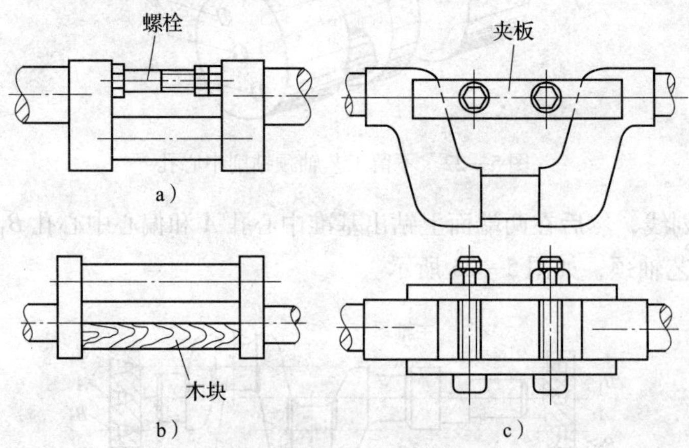

图 5—25　提高曲轴刚度的措施

四、曲轴偏心距的测量

把曲轴装夹在两顶尖之间，用百分表和游标高度尺测出主轴颈表面最高点至平板表面间的距离 h、曲柄颈表面至平板表面间的距离 H，同时用千分尺测量出主轴颈的半径 r 以及曲柄颈的半径 r_1，然后用下式：

$$e = H - r_1 - h + r$$

即可计算出曲柄颈的偏心距 e，如图 5—26 所示。

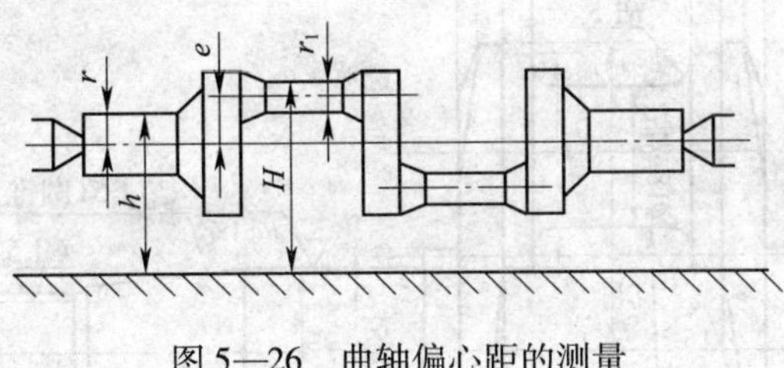

图 5—26　曲轴偏心距的测量

五、曲轴加工的质量分析

曲轴零件的加工难度大，容易出现废品，因此应对曲轴加工进行质量分析，以避免废品的产生。

（1）偏心距的尺寸精度、主轴颈和曲柄颈之间的位置精度达不到要求，主要应对工件装夹精度和装夹方法进行分析，从中找出超差的原因和预防措施。

（2）提高曲轴加工质量的关键是控制车削加工变形。曲轴车削变形的主要原因、造成的不良影响和纠正方法见表 5—1。

表 5—1　　曲轴车削变形的主要原因、造成的不良影响和纠正方法

主要原因	造成的不良影响	纠正方法
工件静平衡差	产生离心力，造成工件旋转轴线弯曲，工件圆周上各处切削深度不均，产生圆度误差	（1）仔细校正工件的静平衡 （2）加工前和粗车后，都应检查工件在车床上的静平衡状态
顶尖及支撑螺杆过紧	使工件旋转时轴线弯曲，增大曲柄颈和主轴颈平行度误差并使工件产生圆度误差	（1）顶尖和支撑螺杆松紧适当，不宜过紧 （2）若条件许可，可改变中心孔定位为外圆定位
中心孔钻得不正确	使工件旋转时产生摆动，引起圆度误差和平行度误差，损坏中心孔和顶尖，甚至发生事故	（1）认真钻削中心孔 （2）随时检查中心孔的使用情况 （3）必要时钻磨中心孔
切削力的影响	使工件弯曲变形，增大平行度误差	（1）分粗车、半精车 （2）切削用量不宜过大 （3）选择合适的刀具角度
车床精度不良	工件发生振动、圆度或圆柱度超差	注意调整车床间隙，特别是主轴间隙

六、技能训练

车削单拐曲轴，如图 5—27 所示。

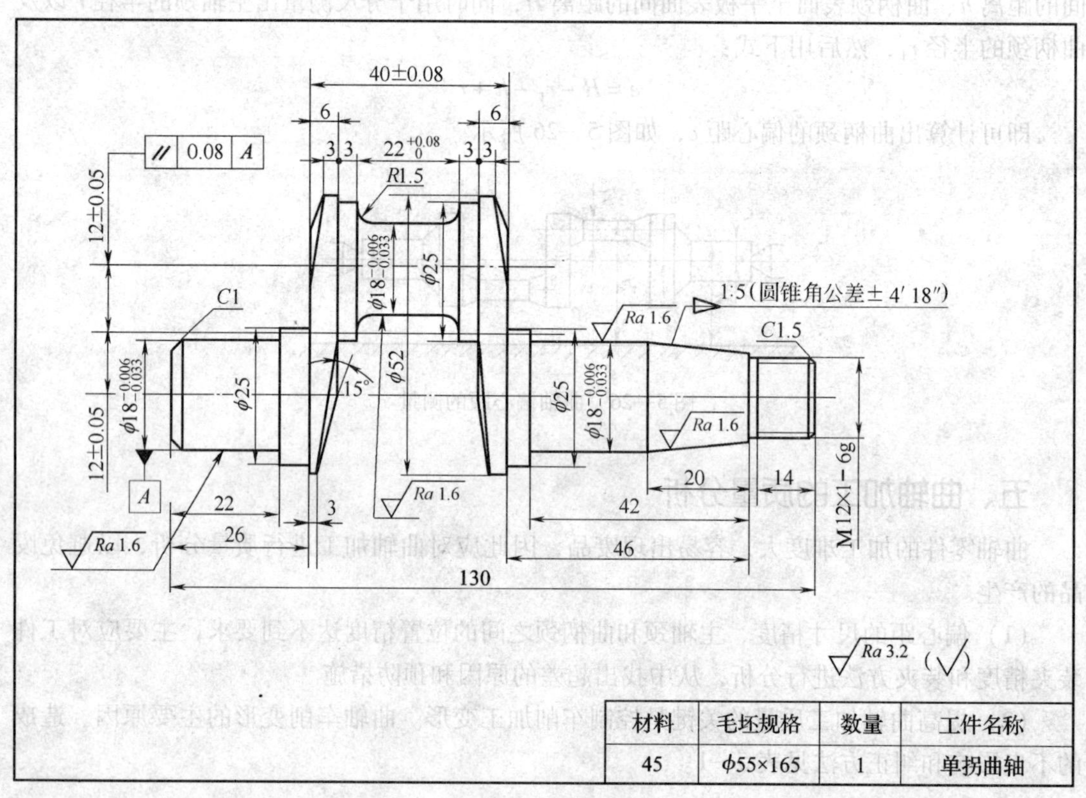

材料	毛坯规格	数量	工件名称
45	φ55×165	1	单拐曲轴

图 5—27　单拐曲轴

（1）技术要求

单拐曲轴的偏心距为（12 ±0. 05）mm；曲柄颈轴线与主轴颈轴线要求平行，平行度为 0. 08 mm。

（2）工艺分析

单拐曲轴采用两顶尖装夹，两端工艺轴颈上的中心孔经划线后在坐标镗床上钻削，曲轴加工采取先粗车后精车，避免由于工件刚度不足产生振动、变形。

（3）加工步骤

1）用三爪自定心卡盘夹持工件一端，校正并夹紧，车平端面，钻中心孔（B3. 15/10. 00）。顶中心孔，粗车外圆至 φ52 mm，长度接近卡盘。

2）掉头用三爪自定心卡盘夹持工件，校正并夹紧，车端面，保证总长 160 mm，钻中心孔（B3. 15/10. 00）。一夹一顶接刀车外圆至 φ52 mm，整段外圆接头应平整。

3）划两端面的主轴颈中心线和曲柄颈中心线及四周圈线，打样冲眼。

4）在坐标镗床上钻出两端面上的主轴颈中心孔和曲柄颈中心孔。

5）用两顶尖支撑主轴颈中心孔，粗车主轴颈及各级外圆至图 5—28 所示尺寸。

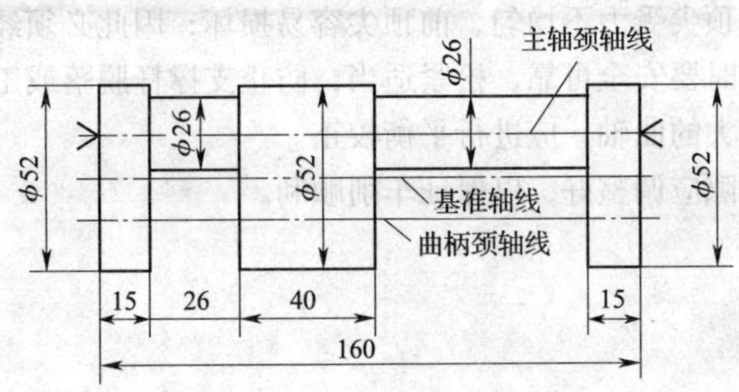

图 5—28　粗车主轴颈

6）用两顶尖支撑曲柄颈中心孔，中间凹槽处用支撑螺钉、螺母支撑，支撑力量要适当。粗车曲柄颈及各级外圆至图 5—29 所示尺寸。

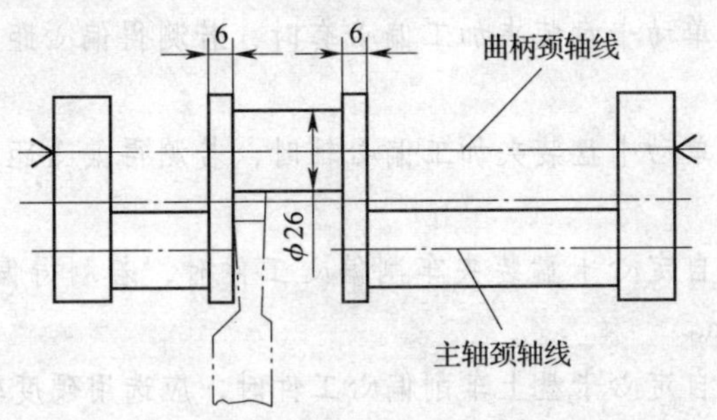

图 5—29　粗车曲轴颈

7）车曲柄颈两端肩圆至 ϕ25 mm，半精车、精车曲柄颈至 $\phi 18_{-0.033}^{-0.006}$ mm，宽 $22_{0}^{+0.08}$ mm，$2\times R1.5$ mm，表面粗糙度 Ra 值为 1.6 μm。车 15°锥面保证 3 mm 尺寸。

8）用两顶尖支撑主轴颈中心孔，在曲柄颈空档处用支撑螺钉、螺母支撑，粗车右端 ϕ52 mm 外圆至 ϕ11.8 mm（长 15 mm），车轴肩至 ϕ25 mm，车 15°锥面保证尺寸 3 mm；半精车、精车主轴颈至 $\phi 18_{-0.033}^{-0.006}$ mm，表面粗糙度 Ra 值为 1.6 μm；车 1∶5 圆锥至图样要求；粗、精车螺纹 M12×1—6g。

9）掉头，仍用两顶尖支撑主轴颈中心孔，粗车左端 ϕ52 mm 外圆至 ϕ14 mm（长 15 mm），车轴肩至 ϕ25 mm，车 15°锥面保证 3 mm 尺寸，半精车、精车主轴颈至 $\phi 18_{-0.033}^{-0.006}$ mm，表面粗糙度 Ra 值为 1.6 μm。

10）用软爪夹持左端主轴颈外圆，并以中心架支撑在右端主轴颈处，用百分表校正后，切除工艺轴颈，车右端面、倒角 C1.5 mm，保证螺纹长 14 mm，螺纹收尾长 4 mm（总长 18 mm）。

11）掉头，用软爪夹持右端主轴颈外圆，并以中心架支撑在左端主轴颈处，校正后，切除工艺轴颈，车左端面、倒角 C1 mm，保证主轴颈长 22 mm 和曲轴总长 130 mm。

（4）加工提示

1）严格控制划线精度。划线、打样冲要认真、仔细、准确，否则易造成两轴轴线歪斜和偏心距误差。

2）保证中心孔的形状精度，确保偏心距尺寸精度和工件的形状、位置精度。

3）加工曲轴时，顶尖受力不均匀，前顶尖容易损坏，因此必须经常检查。

4）采用辅助支撑时要安全可靠，松紧适当，防止支撑杆脱落或工件变形。

5）车削偏心距较大的曲轴，应进行平衡校正。

6）车床各部位间隙应调整好，以保证车削顺利。

课后练习

一、判断题

（　　）1. 工件的内孔和外圆的轴线不在同一轴线上，平行而不重合的工件，叫作偏心工件，又称偏心套。

（　　）2. 偏心工件两条母线之间的垂直距离称为偏心距。

（　　）3. 用四爪单动卡盘装夹加工偏心套时，若测得偏心距偏小时，可将靠近卡盘轴线的卡爪再紧一些。

（　　）4. 用四爪单动卡盘装夹加工偏心轴时，若测得偏心距偏大时，可将靠近工件轴线的卡爪再紧一些。

（　　）5. 用三爪自定心卡盘装夹车削偏心工件时，若测得偏心距小了0.1 mm，则应将垫片再加厚0.1 mm。

（　　）6. 在三爪自定心卡盘上车削偏心工件时，应选用硬度较低的材料作为垫片。

（　　）7. 在两顶尖间车削偏心工件，不需要用很多的时间来找正偏心。

（　　）8. 偏心距较小的偏心轴，在钻偏心圆中心孔时若与基准圆中心孔相互干涉，就不能采用两顶尖装夹法加工此偏心轴了。

（　　）9. 使用双重卡盘车削偏心工件时，在找正偏心距的同时，还须找正三爪自定心卡盘的端面。

（　　）10. 用偏心卡盘装夹车削偏心工件时，偏心卡盘的偏心距可用量块或百分表测得。

（　　）11. 用偏心套作为夹具能加工偏心轴。

（　　）12. 用偏心轴作为夹具不能加工偏心套。

（　　）13. 用游标卡尺测量偏心套的最厚孔壁与最薄孔壁，游标卡尺的读数差即等于偏心距。

（　　）14. 用百分表测量装夹在两顶尖间的偏心轴时，偏心轴转动一周后，百分表上指示出的最大值和最小值之差的一半即为偏心距。

（　　）15. 对于偏心距较大、长度较长的偏心工件，可以在车床上用百分表与中滑板刻度配合测量偏心距。

（　　）16. 车削偏心距较大的两拐曲轴时，为了防止变形，应在曲柄颈空档处加支撑螺杆。

（　　）17. 曲轴就是多拐偏心轴，由于工件刚度不足，故用一夹一顶装夹车削。

（　　）18. 曲轴偏心中心孔的钻削精度直接影响曲轴的偏心距。

（　　）19. 曲轴偏心距的检测，可用百分表测量曲柄颈相对于主轴颈的圆跳动，其差值的一半即为偏心距。

(　　) 20. 预留工艺轴颈的目的是增加曲轴的刚度。

二、选择题

1. 在四爪单动卡盘上，用百分表（测杆量程 10 mm）找正偏心时，只能加工偏心距在（　　）mm 以内的偏心工件。

A. 5　　B. 10　　C. 15

2. 用四爪单动卡盘车削偏心轴时，若测得偏心距偏大时，可将（　　）卡盘轴线的卡爪再紧一些。

A. 远离　　B. 靠近　　C. 对称于

3. 用四爪单动卡盘车削偏心套时，若测得偏心距偏大时，可将（　　）偏心孔轴线的卡爪再紧些。

A. 远离　　B. 靠近　　C. 对称于

4. 找正工件侧面素线时，若工件本身有锥度，找正时应扣除（　　）的锥度值。

A. 一倍　　B. 一半　　C. 两倍

5. 在三爪自定心卡盘上车削偏心工件时，用近似公式计算垫片厚度，先不考虑修正值，计算垫片厚度为（　　）偏心距。

A. 1 倍　　B. 1.5 倍　　C. 2 倍

6. 在三爪自定心卡盘上车削偏心套，试切削后，测得偏心距大了 0.06 mm，则应(　　)。

A. 将垫片厚度减小 0.09 mm　　B. 将垫片厚度加大 0.09 mm

C. 将垫有垫片的卡爪紧一些

7. 用三爪自定心卡盘装夹车削偏心工件时，应选用硬度较高的材料作垫片，目的是防止（　　）。

A. 装夹时发生变形　　B. 夹不紧工件　　C. 夹伤工件表面

8. 当车削长度较短、偏心距较小且要求不高的偏心工件，而加工批量较大时，为减少找正偏心的时间，宜采用在（　　）装夹加工。

A. 四爪单动卡盘上　　B. 双重卡盘上　　C. 两顶尖间

9. 当车削一批长度较短而偏心距较大（$e = 30$ mm）的偏心套时，一般可装夹在(　　)上车削偏心孔。

A. 四爪单动卡盘　　B. 花盘　　C. 三爪自定心卡盘

10. 用丝杠把偏心卡盘上的两测量头调到相接触后，偏心卡盘的偏心距为（　　）。

A. 最大值　　B. 中间值　　C. 零

11. 量块根据其制造精度可分为（　　）级。

A. 三级　　B. 五级　　C. 八级

12. 用游标卡尺测量偏心轴的偏心距时，偏心距等于两外圆最近、最远距离处游标卡尺读数（　　）。

A. 差值　　B. 差值的一半　　C. 差值的一倍

13. 在两顶尖间测量偏心距时，百分表上指示出的最大值与最小值（　　）就等于偏心距。

A. 之差　　　　B. 之和　　　　C. 之差的一半

14. 在车床上用百分表和中滑板刻度配合测量一偏心距为 8 mm 的曲轴的偏心距误差，最高点测好后，把曲柄颈转 180°后，将中滑板依照刻度应朝里摇进（　）mm。

A. 4　　　　B. 8　　　　C. 16

三、简答及计算题

1. 车削偏心距 $e=2$ mm 的偏心工件时，在三爪自定心卡盘的一个卡爪上应垫入多少厚度的垫片进行试切削？若试车后测得偏心距为 2.05 mm，试计算正确的垫片厚度？

2. 在三爪自定心卡盘上用厚度为 4.5 mm 的垫片车削偏心距为 3 mm 的偏心工件，试切后，实测偏心距为 2.92 mm，应如何调整垫片的厚度才能达到要求的偏心距离？

3. 什么是偏心工件？何谓偏心轴？何谓偏心套？

4. 车削偏心工件时，有哪几种装夹方法？各适用于什么情况？

5. 在两顶尖间如何测量偏心距？

6. 在 V 形架上如何测量偏心距较大的偏心轴？

7. 叙述在四爪单动卡盘上车削偏心件的装夹方法。

8. 经过公式计算的垫片安装在三爪自定心卡盘上，为什么会出现偏心距误差？

9. 检测偏心距的常用方法有哪几种？

10. 叙述车削偏心件的加工原理。

11. 叙述简单曲轴的主要结构。

12. 提高曲轴刚度、防止曲轴变形的措施有哪些？

13. 在一 V 形架上测量某一偏心轴的偏心距 e。已知基准轴直径 $D=80.2$ mm，偏心轴 $d=60.1$ mm，测量出偏心外圆到基准轴外圆之间的距离 $a=3$ mm。计算该偏心轴的偏心距 e。

14. 叙述车削曲轴时产生变形的主要原因及预防措施。

15. 叙述在两顶尖间车削偏心轴时的划线和车削步骤。

模块六 矩形、非整圆孔和大型回转零件加工

课题1 矩形零件和十字孔零件加工

学习目标

1. 掌握矩形零件车削的装夹与找正。
2. 掌握十字孔零件的找正。

一、矩形零件车削的装夹与找正

车削滑块、十字孔等非圆柱体零件时，在数量较少的情况下，一般选用四爪单动卡盘进行装夹。

四爪单动卡盘车削复杂工件的关键是找正并装夹工件。找正工件的目的是使工件被加工表面的回转轴线与车床主轴的回转轴线重合。

对于外形不规则的工件，虽然形状各异，但用四爪单动卡盘装夹、加工，其共同点是都有待加工的圆柱面以及与其垂直的平面。找正时，则以待加工圆柱面事先划好的找正圆和相应已加工平面或侧素线作为参考标准。先找正平面或侧素线，然后找正待加工圆柱面的轴线。

二、十字孔零件车削的找正

如图6—1所示为十字孔轴。该零件在四爪单动卡盘上完成 P 面及 $\phi20^{+0.021}_{0}$ 孔的车削。在四爪单动卡盘上校正十字孔轴的方法见表6—1。

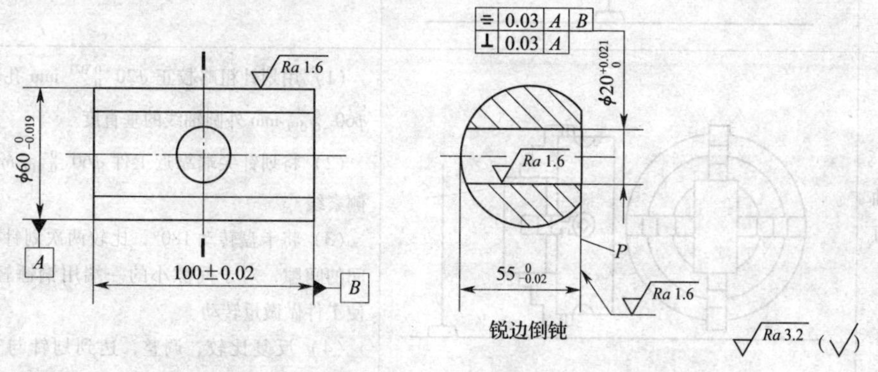

图6—1 十字孔轴

表 6—1　　在四爪单动卡盘上校正十字孔轴的方法

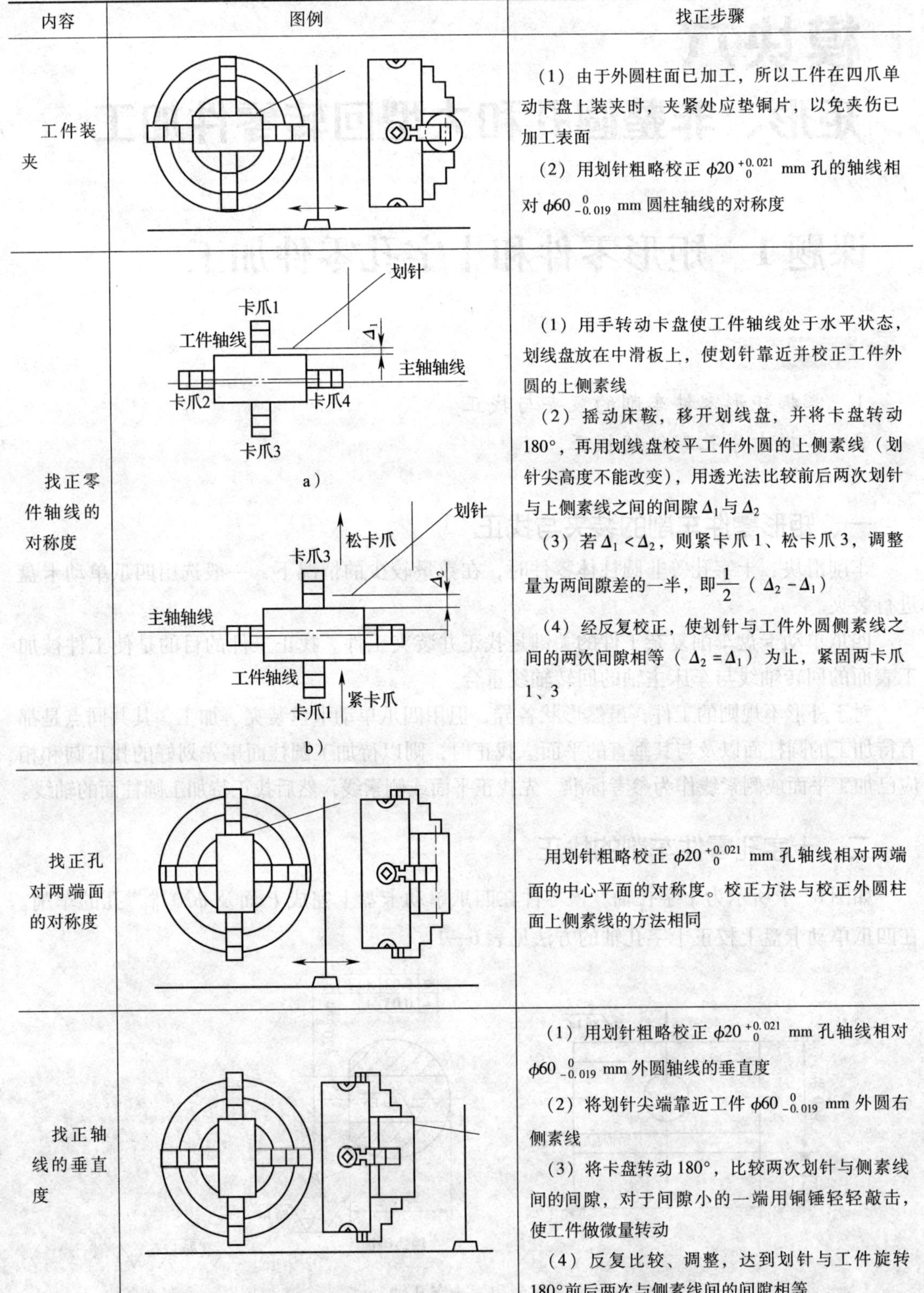

内容	图例	找正步骤
工件装夹		（1）由于外圆柱面已加工，所以工件在四爪单动卡盘上装夹时，夹紧处应垫铜片，以免夹伤已加工表面 （2）用划针粗略校正 $\phi20^{+0.021}_{0}$ mm 孔的轴线相对 $\phi60^{0}_{-0.019}$ mm 圆柱轴线的对称度
找正零件轴线的对称度	a） b）	（1）用手转动卡盘使工件轴线处于水平状态，划线盘放在中滑板上，使划针靠近并校正工件外圆的上侧素线 （2）摇动床鞍，移开划线盘，并将卡盘转动 180°，再用划线盘校平工件外圆的上侧素线（划针尖高度不能改变），用透光法比较前后两次划针与上侧素线之间的间隙 Δ_1 与 Δ_2 （3）若 $\Delta_1 < \Delta_2$，则紧卡爪 1、松卡爪 3，调整量为两间隙差的一半，即 $\frac{1}{2}$（$\Delta_2 - \Delta_1$） （4）经反复校正，使划针与工件外圆侧素线之间的两次间隙相等（$\Delta_2 = \Delta_1$）为止，紧固两卡爪 1、3
找正孔对两端面的对称度		用划针粗略校正 $\phi20^{+0.021}_{0}$ mm 孔轴线相对两端面的中心平面的对称度。校正方法与校正外圆柱面上侧素线的方法相同
找正轴线的垂直度		（1）用划针粗略校正 $\phi20^{+0.021}_{0}$ mm 孔轴线相对 $\phi60^{0}_{-0.019}$ mm 外圆轴线的垂直度 （2）将划针尖端靠近工件 $\phi60^{0}_{-0.019}$ mm 外圆右侧素线 （3）将卡盘转动 180°，比较两次划针与侧素线间的间隙，对于间隙小的一端用铜锤轻轻敲击，使工件做微量转动 （4）反复比较、调整，达到划针与工件旋转 180°前后两次与侧素线间的间隙相等

续表

内容	图例	找正步骤
精找正工件		用杠杆百分表按上述相同的方法对工件位置进行精校，使对称度、垂直度达到图样规定的要求。精校完成、工件夹紧后还应用杠杆百分表复检一次，合格后才可进行车削

三、技能训练

根据图 6—2 的要求，车削十字孔轴。

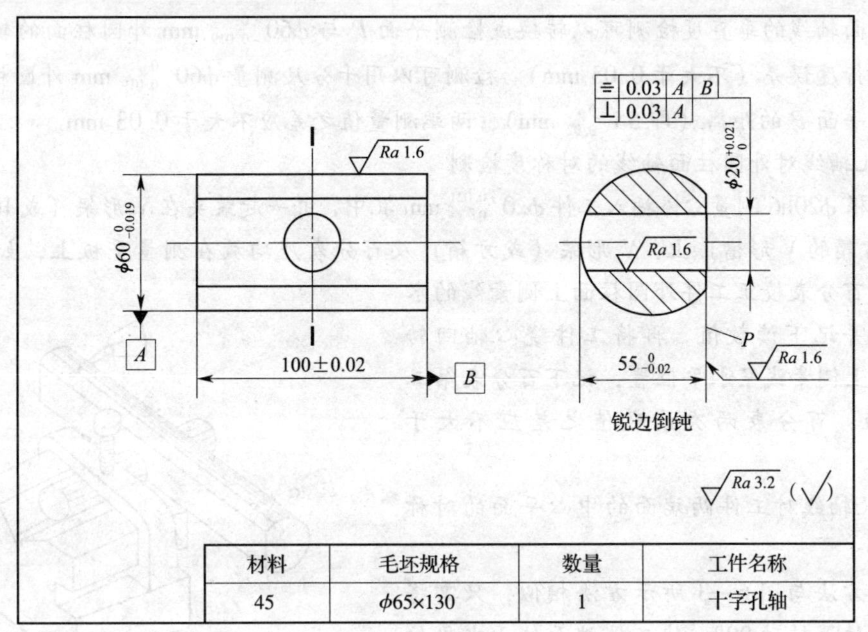

材料	毛坯规格	数量	工件名称
45	$\phi65\times130$	1	十字孔轴

图 6—2　十字孔轴

车削步骤提示：

在三爪自定心卡盘上粗、精车光轴→在四爪单动卡盘上找正十字孔的位置→粗、精平面 P→加工 $\phi20^{+0.021}_{0}$ mm 孔。

1. 十字孔轴的技术要求

被加工孔 $\phi20$ mm 的轴线与基准轴线的垂直度误差小于 0.03 mm，其相对于基准 A、B 的对称度误差小于 0.03 mm。

2. 十字孔轴的工艺分析

十字孔轴工件的形状并不复杂，只有位置精度较高的 $\phi20^{+0.021}_{0}$ mm 孔，因此用四爪单动卡盘来装夹加工。

3. 加工步骤

（1）车端面，车 $\phi60^{0}_{-0.019}$ mm，长度 101 mm。

(2) 控制零件长度 (100 ±0.02) mm。

(3) 在四爪单动卡盘上夹持、校正、夹紧。

(4) 车平面 P，控制零件厚度 $55\ ^{0}_{-0.02}$ mm。

(5) 钻孔 $\phi19$ mm。

(6) 车孔 $\phi20\ ^{+0.021}_{0}$ mm。

资料卡片

十字孔轴位置精度的检测

1. 孔轴线对外圆柱面轴线垂直度的检测

由于 $\phi20\ ^{+0.021}_{0}$ mm 孔与平面 P 在一次装夹中车出。孔轴线与平面 P 是垂直的。孔轴线对外圆柱面轴线的垂直度检测可以转换成检测平面 P 与 $\phi60\ ^{0}_{-0.019}$ mm 外圆柱面的轴线或侧素线的平行度误差 (不大于 0.03 mm)。检测可以用千分尺测量 $\phi60\ ^{0}_{-0.019}$ mm 外圆柱面两端侧素线至平面 P 的距离 (即 $55\ ^{0}_{-0.02}$ mm)，两端测量值之差应不大于 0.03 mm。

2. 孔轴线对外圆柱面轴线的对称度检测

用一根 ϕ20h6 测量心棒插入工件 $\phi20\ ^{+0.021}_{0}$ mm 孔中，并一起装夹在 V 形架 (或 160 mm × 160 mm 方箱的 V 形槽) 上，V 形架 (或方箱) 及百分表座均放在测量平板上，如图 6—3 所示。用百分表校正工件外圆柱面上侧素线的水平位置，并记下读数值。再将工件绕心轴回转 180°，使上侧素线呈水平位置，记下百分表第二次读数值，百分表两次读数值之差应不大于 0.03 mm。

3. 孔轴线对工件两端面的中心平面的对称度检测

检测方法与图 6—3 所示方法相似，只需将轴从图示位置转动 90°，使工件端面处于水平位置，用百分表测量，记下读数值，再将工件转 180°，使另一端面处于水平位置进行测量，两次百分表读数之差应不大于 0.03 mm。

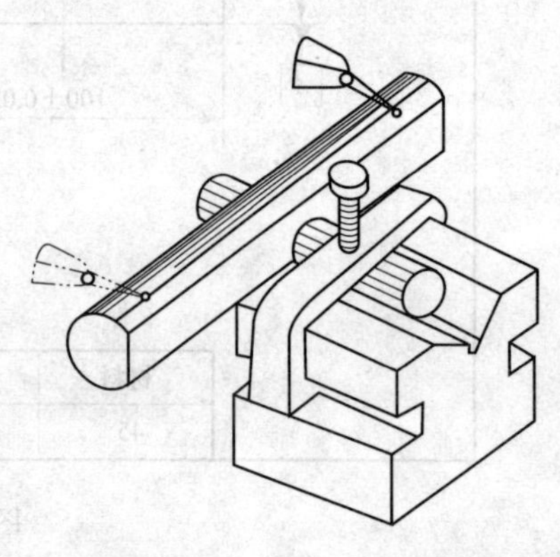

图 6—3　对称度的检测

课题 2　双孔连杆加工

学习目标

1. 了解常用车床附件的作用。
2. 掌握花盘的检查与修整。
3. 掌握双孔连杆的车削及检测。

4. 了解弯板的种类及用弯板装夹工件的方法。

在车削中，有时会遇到一些外形较复杂和形状不规则的工件，或精度要求高、加工难度大的零件，如图 6—4 所示。

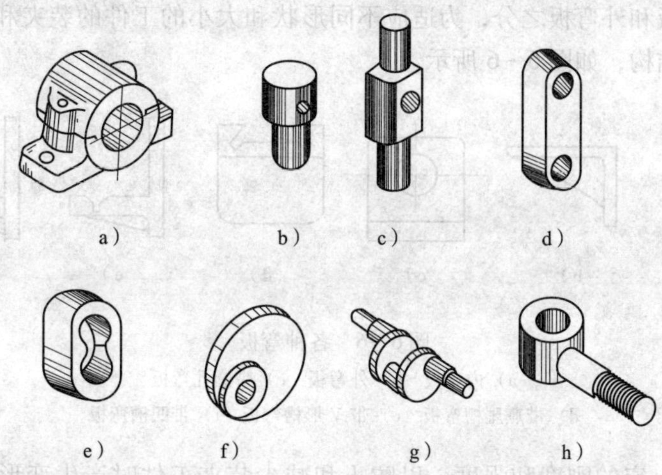

图 6—4 常见的复杂工件

a）对称轴承座 b）、c）十字孔工件 d）双孔连杆

e）齿轮泵泵体 f）偏心凸轮 g）曲轴 h）环首螺钉

这些工件不能用三爪自定心卡盘或四爪单动卡盘直接装夹，必须借助于车床附件或专用夹具装夹加工。当工件数量较少时，一般使用花盘或弯板等车床附件来装夹工件，既能保证工件质量，又降低生产成本。

一、常用车床附件

常用的车床附件有花盘、弯板、V 形架、方头螺栓、压板、平垫铁、平衡铁等，如图 6—5 所示。

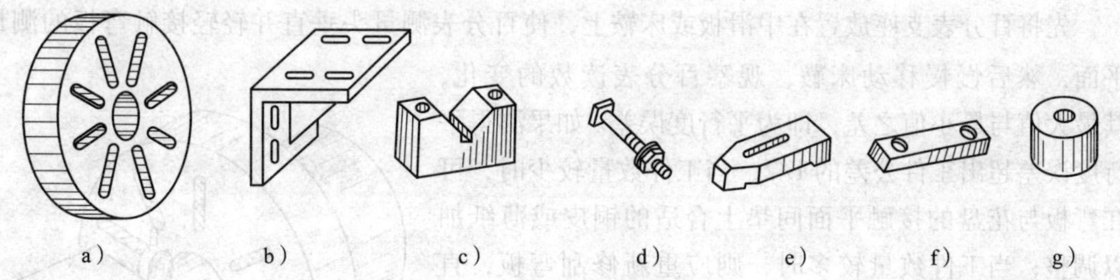

图 6—5 常用的车床附件

a）花盘 b）弯板 c）V 形块 d）方头螺栓 e）压板 f）平垫铁 g）平衡铁

1. 花盘

花盘是一个铸铁圆盘，盘面上有很多长短不等呈辐射状分布的 T 形槽，用于安装方头螺栓，把工件紧固在花盘盘面上。花盘可以直接安装在车床主轴上，其盘面必须与车床主轴轴线垂直，且盘面平整，表面粗糙度值 $Ra \leqslant 1.6\ \mu m$。

2. 弯板

弯板又称为角铁，是用铸铁制成的车床附件，通常有两个相互垂直的表面。弯板上有长短不同的通槽，用以安装连接螺栓。通常弯板与花盘一起配合使用。

(1) 弯板的种类及要求

弯板有内弯板和外弯板之分，为适应不同形状和大小的工件的装夹和加工，弯板有各种不同的形状和结构，如图 6—6 所示。

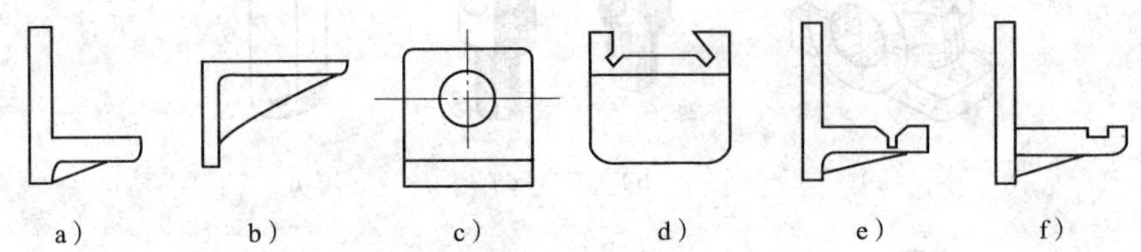

图 6—6 各种弯板

a) 内弯板 b) 外弯板 c) 带圆孔弯板

d) 带燕尾槽弯板 e) 带 V 形槽弯板 f) 带凹槽弯板

弯板应具有一定的刚度和强度，以防止和减少装夹工件时产生变形，因此弯板的结构上常增加肋、肋板。为消除弯板因铸造引起的内应力产生的变形，铸铁后应进行时效处理。

弯板的基准平面和工作平面必须经过磨削或精刮研，以确保角度准确且接触性良好。

(2) 弯板在花盘上的装夹

1) 根据工件的形状、大小，选择合适的弯板，并考虑其在花盘上的装夹位置，通过目测或用钢直尺测量，使所需要加工的孔或外圆的轴线基本在花盘的中心，这样可减少校正的工作量。

2) 弯板安装在花盘上后，首先用百分表检查弯板的工作平面与主轴轴线的平行度。检查方法如图 6—7 所示。

先将百分表支座放置在中滑板或床鞍上，使百分表测量头垂直并轻轻接触弯板的测量平面，然后慢慢移动床鞍，观察百分表读数的变化，其最大值与最小值之差，即为平行度误差。如果测得平行度误差超出工件公差的 1/2，当工件数量较少时，可在弯板与花盘的接触平面间垫上合适的铜皮或薄纸加以调整；当工件数量较多时，则应重新修刮弯板，直至测得结果符合要求。

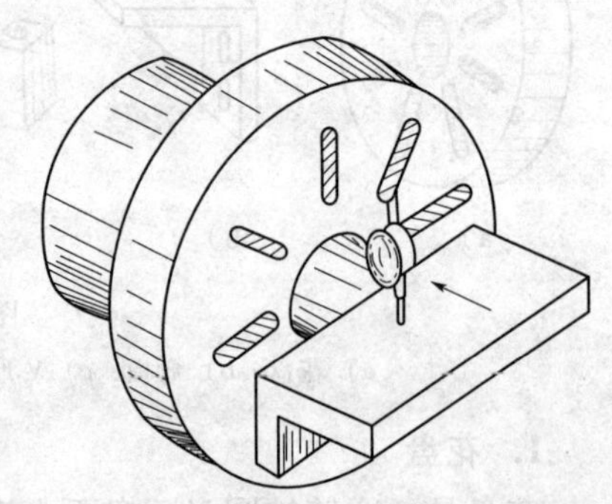

图 6—7 用百分表检查弯板的工作平面与主轴轴线的平行度

3) 弯板在花盘上装夹必须牢固、可靠。弯板与花盘之间的连接，至少要有一根螺栓通过腰形槽孔直接紧固。为保证弯板装夹稳固，可在弯板旁安装一个定位块，如图 6—8 所示。

4) 安装弯板时，应注意操作安全。为防止安装时弯板滑落碰伤床面或伤人，可先在弯板装夹位置下方装夹一块矩形压板，如图6—9所示。这样装夹和校正弯板时既省力又安全。

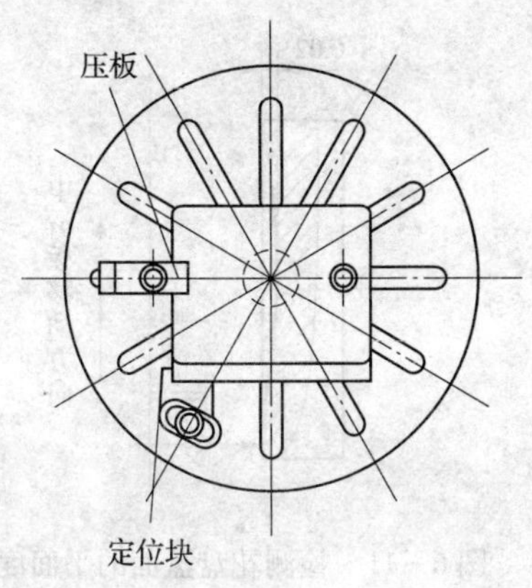

图6—8 弯板的装夹要求

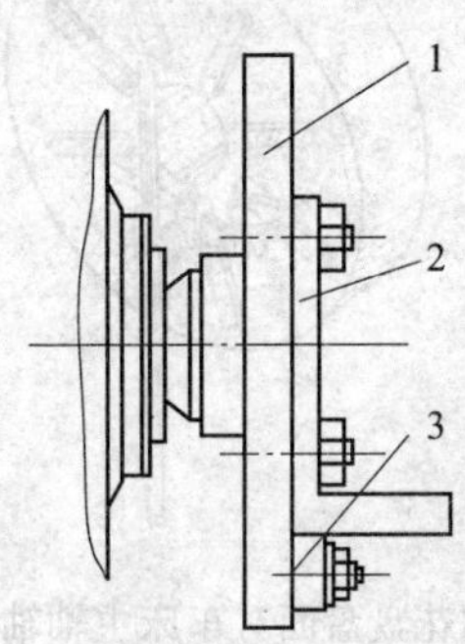

图6—9 在弯板位置下方装夹压板

1—花盘 2—弯板 3—压板

3. V形块

V形块的工作面是一条V形槽。可根据需要在V形块上加工出几个螺纹孔或圆柱孔，以便用螺栓把V形块固定在花盘上或把工件固定在V形块上。

4. 方头螺栓

方头螺栓的头部做成方形，以防止安装到花盘背面T形槽中的螺栓转动，其长度可以根据装夹要求做成不同尺寸。

5. 压板

压板可根据需要做成单头、双头和长度不同的各种规格。它的上面铣有腰形长槽，用来安插螺栓，并使螺栓在长槽中移动，以调整夹紧力的位置。

6. 平垫铁

平垫铁安装在花盘或弯板上，可作为工件的定位基准平面或导向平面。

7. 平衡铁

在花盘或弯板上装夹的工件大部分是重量偏于一侧的，这样不但影响工件的加工精度，还会引起振动而损坏车床的主轴和轴承。因此，必须在花盘偏重的对面装上适当的平衡铁。平衡铁可以用铸铁和碳钢做成，但为了减少体积，也可用密度较大的铅做成。

二、花盘的检查与修整

花盘安装好以后，必须对花盘的工作面进行检查，防止造成零件的定位误差。

1. 花盘盘面对车床主轴轴线的端面圆跳动

如图6—10所示，将百分表的测量头接触花盘盘面靠近外缘处，用手轻轻转动花盘，观察百分表指针的摆动量，然后将百分表测量头移至花盘盘面靠近中央处（让开盘面上的通槽），转动花盘，观察百分表指针的摆动量，摆动量一般要求在0.02 mm以内。

2. 花盘盘面的平面度误差

平面度误差应小于0.02 mm且只允许中间凹。检查时，将百分表固定在刀架上，其测量头接触在盘面外缘附近，花盘不动，移动中滑板，使测量头从盘面一端通过花盘中心移动到另一端，观察百分表指针的摆动量Δ，其值应小于0.02 mm（只允许内凹），如图6—11所示。

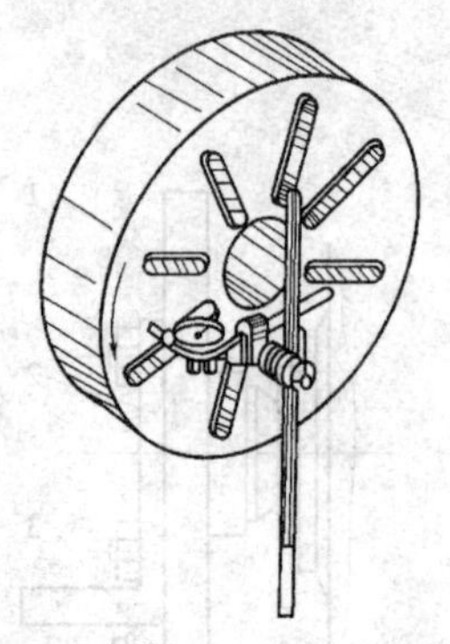

图6—10　检测花盘盘面对车床主轴轴线的端面圆跳动

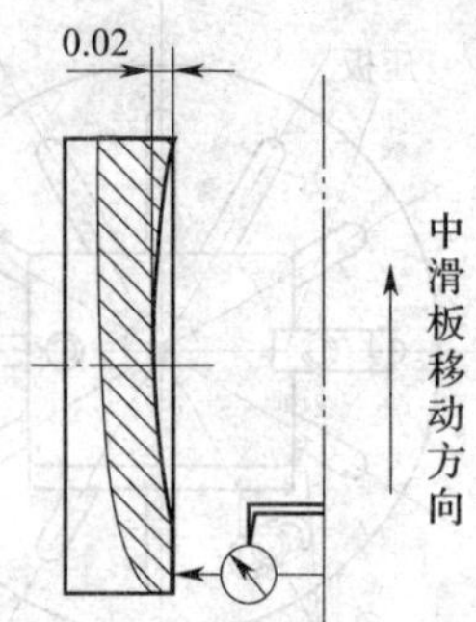

图6—11　检测花盘盘面的平面度误差

如果花盘的上述两项检查不合格，应选用耐磨性较好的YG6硬质合金车刀将花盘盘面精车一刀，车削时必须紧固床鞍。若精车后仍不符合要求，则应调整车床主轴间隙或修刮中滑板。

三、双孔连杆的车削及检测

被加工表面回转轴线与基准面互相垂直的外形复杂工件，可以装夹在花盘上车削，如支撑座、双孔连杆等工件可以在花盘上车削。现以车削双孔连杆为例，分析在花盘上车削工件的过程。

1. 双孔连杆的车削

在花盘上车削双孔连杆的操作过程见表6—2。

表6—2　　在花盘上车削双孔连杆的操作过程

内容	图例	说明
双孔连杆的工艺分析	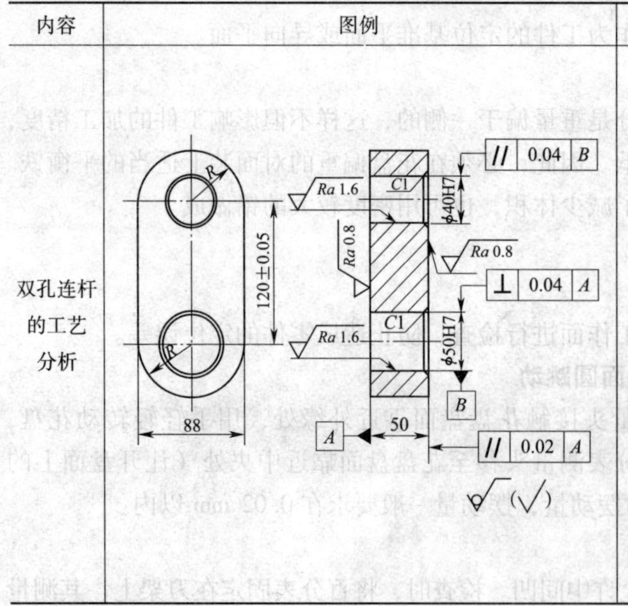	以左图为例分析： (1) 双孔连杆为铸铁或锻造毛坯，周边曲面不加工 (2) 左右两平面可先经铣削后，再用平面磨床将两平面精加工至图样要求，即保证尺寸精度和右平面的平行度公差 (3) 加工上下两个内孔，要保证：两孔尺寸精度IT7，两孔中心距公差±0.05 mm；下孔轴线对基准平面A的垂直度公差以及两孔轴线的平行度公差 (4) 用花盘装夹加工两孔 (5) 关键要把握两点：花盘本身的形状公差是工件相关公差值1/3～1/2；要有一定的测量手段来保证两孔的中心距公差

续表

内容	图例	说明
粗、精车第一个孔	1—双孔连杆 2—压紧螺钉 3—压板 4—V 形架 5—花盘	(1) 将工件上有标记的基准面 *A* 放置在花盘盘面上，使第一个孔的轴线接近花盘轴线 (2) 将 V 形架靠在工件下端的圆弧形表面上，并用方头螺栓和压板初步压紧 (3) 根据基准孔的划线，用划线盘找正 ϕ50H7 孔的位置，使其中心和主轴轴线重合，然后用压板将工件压紧 (4) 调整 V 形架，使其 V 形面抵住工件圆弧形表面并压紧 V 形架 (5) 用方头螺栓穿过工件上的第 2 个毛坯孔并压紧工件的另一端 (6) 对花盘进行平衡，并检查有无碰撞现象 (7) 粗车、半精车 ϕ50H7 孔至 $\phi 49.6^{+0.05}_{0}$ mm (8) 精车内孔至图样要求 (9) 孔口倒角 *C*1 mm
调整两孔的中心距	1—定位心轴 2—定位圆柱 3—螺母	(1) 在主轴锥孔中装入一根 ϕ40 mm 的定位心轴，并找正其径向圆跳动 (2) 在花盘上装一个定位圆柱，其外径与已车好的第一个 ϕ50H7 的孔呈较小的间隙配合 (3) 用千分尺测量出定位心轴与定位圆柱间的尺寸 *M* (4) 按下式计算中心距：$L=M-\frac{D+d}{2}$ 式中 *L*——两孔中心距，mm *M*——千分尺测得尺寸，mm *D*——定位心轴直径，mm *d*——定位圆柱直径，mm (5) 当计算中心距 *L* 与图样要求中心距不符时，先微松定位圆柱压紧螺母，用铜锤轻轻敲击定位圆柱，调整两孔的实际中心距，反复调整，直到符合图样要求再紧固压紧螺母 (6) 取下定位心轴，将工件已加工好的第一个孔套在定位圆柱上，找正第二个孔中心的位置并将工件夹紧
粗、精车第二个孔		(1) 按需要对花盘进行平衡，并检查有无碰撞现象 (2) 粗车、半精车 ϕ40H7 孔至 $\phi 39.6^{+0.05}_{0}$ mm (3) 精车 ϕ40H7 内孔至图样要求 (4) 孔口倒角 *C*1 mm

2. 双孔连杆精度检测

双孔连杆的检测见表6—3。

表6—3　　双孔连杆的检测

内容	图例	说明
垂直度的检测	1—心轴　2—V形架	(1) 将测量用心轴1插入双孔连杆的被测孔中 (2) 将心轴连同工件一起装夹在V形架2（或带有V形槽的方箱）上，并将V形架（或方箱）置于平板上 (3) 用百分表在工件平面上检测，百分表读数的最大差值即为垂直度误差
中心距的检测	1—V形架　2、3—心轴　4—工件	(1) 将测量用心轴2和3分别插入双孔连杆的两个孔中 (2) 将其中的心轴2用两等高的V形架1支撑 (3) 用千分尺量出尺寸M，按公式计算中心距a $$a=M-\frac{D+d}{2}$$ 式中　a——两孔中心距，mm M——千分尺测得尺寸，mm D——心轴2的直径，mm d——心轴3的直径，mm (4) 判断计算出的中心距a与图样要求的中心距是否相符
平行度的检测	a) b) a）两等高V形架支撑（图中V形架省略） b）工件连同心轴转90° 1—V形架　2、3—心轴　4—工件	(1) 将测量用心轴2和3分别插入双孔连杆的两个孔中 (2) 将其中的心轴2用两等高的V形架1支撑，如图a所示 (3) 用百分表在心轴3上相距为L_2的A和B两位置上进行测量，得到读数为M_1和M_2，按下式计算平行度误差f: $$f=\frac{L_1}{L_2}\mid M_1-M_2\mid$$ 式中　f——平行度误差，mm L_1——被测轴线长度（双孔连杆厚度），mm (4) 将工件连同测量心轴一起转过90°，如图b所示。按上述方法再测量与计算一次 (5) 取两次f值中的最大值，即为平行度误差

四、技能训练

1. 车削图 6—12 所示的双孔连杆。

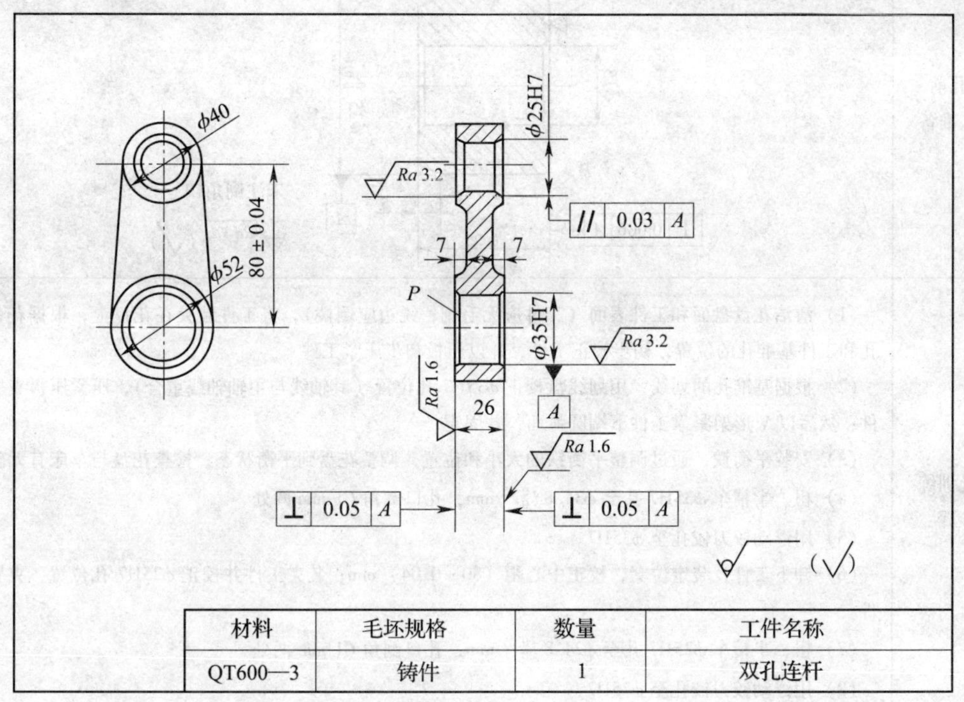

材料	毛坯规格	数量	工件名称
QT600—3	铸件	1	双孔连杆

图 6—12　双孔连杆

车削双孔连杆的操作过程见表 6—4。

表 6—4　车削双孔连杆的操作过程

内容	图示与说明
工艺分析	（1）双孔连杆零件的毛坯为铸件，材料为球墨铸铁 （2）双孔连杆两孔精度为 IT7 级，表面粗糙度 *Ra* 值为 3.2 μm，两孔中心距为（80±0.04）mm （3）φ25H7 孔轴线对基准孔 φ35H7 轴线的平行度公差为 0.03 mm （4）双孔连杆两端面对基准孔轴线的垂直度公差均为 0.05 mm，任选其中一面 *P* 为定位基准面 （5）双孔连杆的加工工艺路线为：先加工两平面（铣和磨），划线后在花盘上先车削 φ35H7 基准孔，再车另一孔 φ25H7
车孔前工艺准备	（1）铣、精铣或铣、磨两平面，保证工件厚度为 26 mm，表面粗糙度 *Ra* 值为 1.6 μm （2）确定其中一面为定位基准面 *P*，打印标记 （3）在另一平面上划线，以便车孔时校正 （4）按下图要求，制作校正中心距用的定位套

续表

内容	图示与说明
车孔前工艺准备	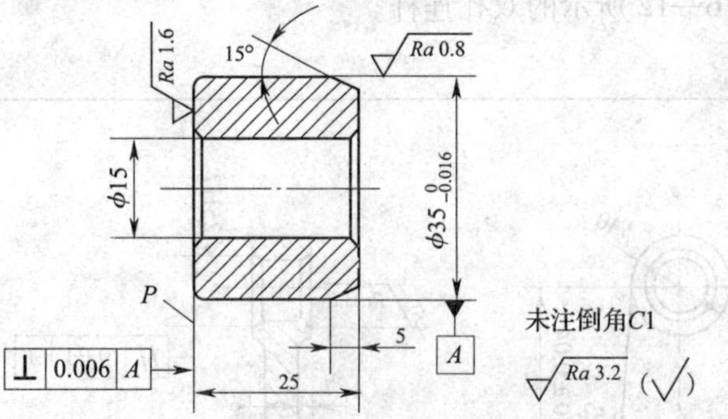 15°　Ra 1.6　Ra 0.8　$\phi15$　$\phi35_{-0.016}^{0}$　P　5　A　⊥ 0.006 A　25　未注倒角C1　Ra 3.2 (√)
车孔训练步骤	（1）清洁花盘盘面和工件表面（工件应无毛刺，锐边应倒棱），将工件装夹在花盘上，根据花盘内孔和工件基准孔的位置，初步校正工件，并以压板初步压紧工件 （2）根据基准孔的划线，用划线盘校正 ϕ35H7 孔位置（其轴线与主轴轴线重合），压紧压板夹紧工件；然后以 V 形架紧靠工件下端圆弧面，并固定 （3）安装平衡铁，通过调整平衡铁的大小和位置，调整花盘到平衡状态；检查花盘与车床有无碰撞 （4）粗、半精车 ϕ35H7 孔至 $\phi34.8_{0}^{+0.05}$ mm，孔口倒角 C1 mm 两处 （5）用浮动铰刀铰孔至 ϕ35H7 （6）卸下工件，装定位套，校正中心距（80±0.04）mm；装夹工件并校正 ϕ25H7 孔位置，夹紧工件 （7）粗、半精车 ϕ25H7 孔至 $\phi24.8_{0}^{+0.05}$ mm，孔口倒角 C1 mm 两处 （8）用浮动铰刀铰孔至 ϕ25H7

2. 车削图 6—13 所示的三孔垫铁。

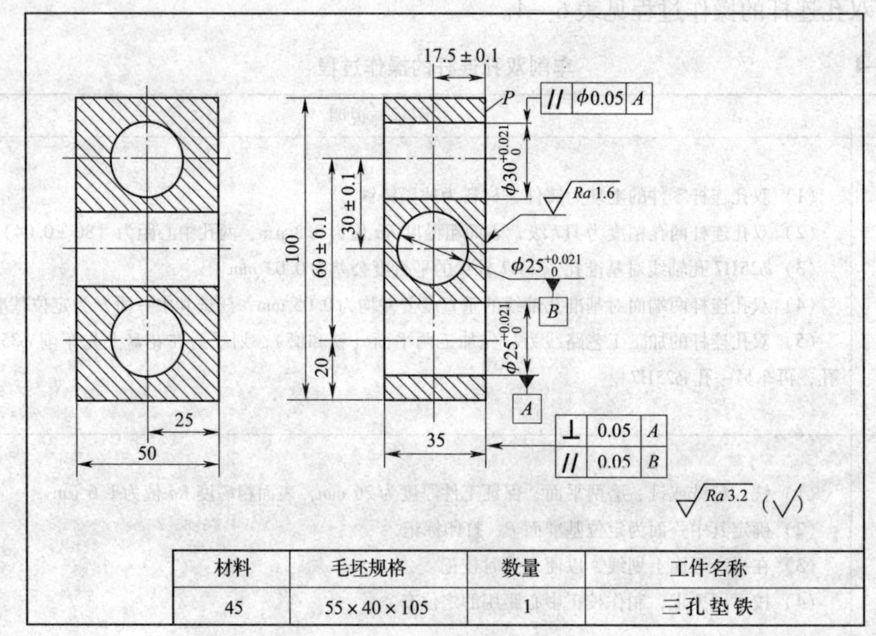

材料	毛坯规格	数量	工件名称
45	55×40×105	1	三孔垫铁

图 6—13　三孔垫铁

车削三孔垫铁的操作过程见表6—5。

表6—5　　车削三孔垫铁的操作过程

内容	图示与说明
工艺分析	(1) 工件上待加工的三孔精度等级为IT7级，轴线平行的两孔有孔距要求，公差为±0.1 mm，两孔轴线平行度要求为ϕ0.05 mm；基准平面对基准孔A轴线的垂直度要求为0.05 mm (2) 第三个孔（基准孔B）与孔$\phi30^{+0.021}_{0}$ mm的轴线交错垂直，距离为（30±0.1）mm且其轴线与基准平面的平行度要求为0.05 mm，到基准平面的距离公差为±0.1 mm 在车床上车孔前的工艺准备内容包括： 铣——精铣或铣——磨长方体外形至100 mm×50 mm×35 mm，基准平面P的表面粗糙度Ra值达1.6 μm，并做标记、划线 准备及制作一带锥柄（与主轴锥孔配）的专用心轴，直径为$\phi35^{\ 0}_{-0.05}$ mm；一外径为$\phi30^{\ 0}_{-0.013}$ mm的定位销 轴线垂直于基准平面P的两平行孔，在花盘上装夹车削；轴线平行于基准平面P的$\phi25^{+0.021}_{0}$ mm孔在花盘、角铁上装夹车削
加工步骤	(1) 在花盘上装夹、车两轴线平行的孔 1) 装花盘，检查并按需修正花盘平面 2) 工件基准平面P贴在花盘平面上，按划线校正位置，使基准孔A轴线与主轴轴线重合，夹紧工件 3) 装夹平衡铁，校正花盘平衡 4) 钻孔、试车内孔 5) 检测试车孔轴线至工件侧面的距离（25±0.1）mm，准确后，贴住工件在花盘上装夹导向定位挡铁，如图a所示 6) 精车定位孔A至尺寸$\phi25^{+0.021}_{0}$ mm 7) 松开螺钉、压板，沿导向定位挡铁移动工件，按划线校正$\phi30^{+0.021}_{0}$ mm孔中心线与主轴中心线重合，夹紧后钻孔、试车，校正两孔中心距 为保证两孔中心距精度可使用专用心轴和定位套校正 8) 精车$\phi30^{+0.021}_{0}$ mm至尺寸要求 (2) 在花盘、角铁上装夹，车第三个孔 1) 在花盘上装夹角铁，并校正角铁工作平面与主轴轴线平行 2) 在角铁上安装定位销，在主轴锥孔中装入专用心轴，如图b所示 3) 调整角铁工作平面，使其轻贴专用心轴$\phi35^{\ 0}_{-0.05}$ mm的外圆，并用千分尺测量定位销与测量心轴的中心距是否达图样要求的（30±0.1）mm，如图b所示 4) 紧固角铁，卸下专用心轴 5) 工件装夹在角铁上（基准面P与角铁工作平面贴合），以定位销定位，并用百分表校正工件端平面，如图c所示，然后紧固工件，装夹平衡铁，平衡花盘 6) 钻孔、车孔至$\phi25^{+0.021}_{0}$ mm

装夹导向定位挡铁
a)

校正角铁位置
b)

校正并夹紧工件
c)

课题 3　大型回转类零件加工

学习目标

1. 了解立式车床的分类及可车削工件类型。
2. 掌握在立式车床上车削工件时定位与装夹工件的方法。
3. 熟悉立式车床上工件的找正
4. 掌握在立式车床上车削套类零件的方法。
5. 掌握在立式车床上车削圆锥面的方法。

一、立式车床的类别及可车削工件类型

立式车床属于大型机床设备，适合车削直径大、工件长度短、形状复杂的大型和重型工件，如各种盘、轮和套类工件的外圆柱面、端面、圆锥面、圆柱孔或圆锥孔等，如图 6—14 所示。

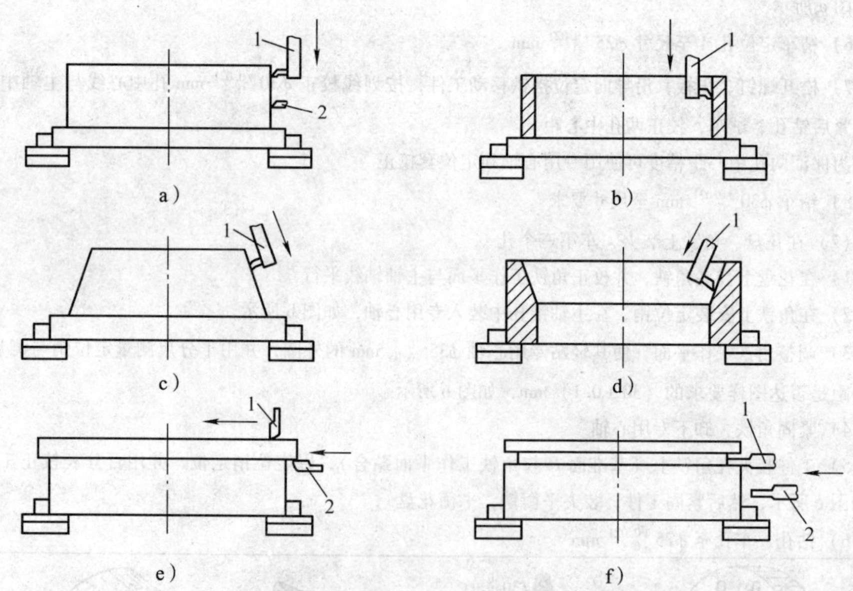

图 6—14　立式车床的基本工作内容

a）车外圆　b）车内孔　c）车外圆锥　d）车内圆锥　e）车端面　f）车槽

1—垂直刀架　2—侧刀架

立式车床也可以借助附加装置进行车螺纹、车球面、仿形、铣削和磨削加工等。其一般加工精度可达 IT7，表面粗糙度值 $Ra1.6 \sim 0.8$ μm。立式车床的主轴垂直放置，工作台台面处于水平面内，因此，立式车床装夹和找正工件较方便，有利于薄壁件和易变形件的加工。

1. 立式车床的类别

立式车床有单柱式和双柱式两种。单柱立式车床加工直径一般小于 1 600 mm，双柱立式车床加工直径通常大于 2 000 mm。

（1）单柱立式车床

图 6—15 所示为单柱立式车床，它具有一个箱形立柱，与底座固定连接成一体，构成机床的支撑骨架。工作台装在底座的环形导轨上，工件安装在它的台面上，由它带动绕垂直轴线旋转，完成主运动。

在立柱的垂直导轨上装有横梁 5 和侧刀架 7，侧刀架 7 可在立柱 3 的导轨上做垂直进给，还可沿刀架滑座的导轨做横向进给。在横梁的水平导轨上装有一个垂直刀架 4。垂直刀架 4 可沿横梁导轨移动做横向进给，以及沿刀架滑座的导轨移动做垂直进给。刀架滑座可左右回转一定的角度，以使刀架做斜向进给。

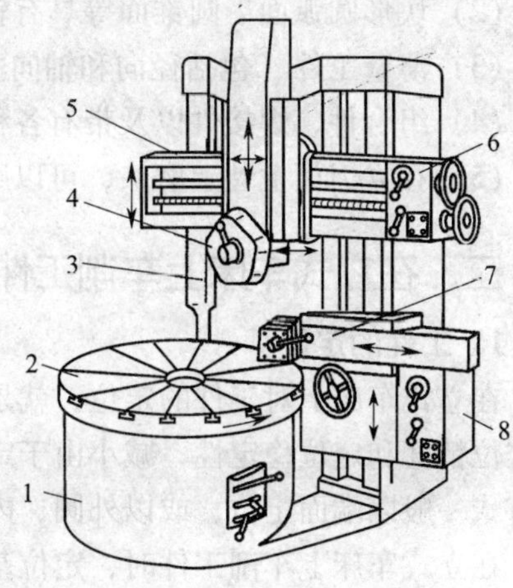

图 6—15 单柱立式车床

1—底座 2—工作台 3—立柱
4—垂直刀架 5—横梁 6—垂直刀架进给箱
7—侧刀架 8—侧刀架进给箱

（2）双柱立式车床

图 6—16 所示为双柱立式车床，它有左右两根立柱 4，并与顶梁 5 组成封闭形框架，因此具有较高的刚度。横梁 6 上有两个立刀架 3，一个主要用来加工孔，另一个主要用来加工端面。立刀架同样具有水平进给和沿滑板的刀架垂直进给运动，并可做水平和垂直方向的快速移动。工作台 2 支撑在底座 1 上，工作台的回转运动是机床的主运动。

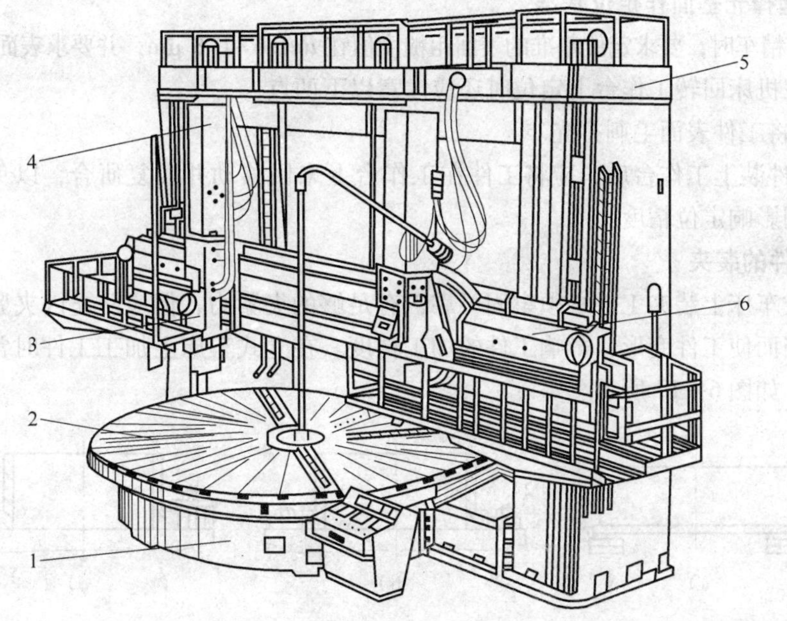

图 6—16 双柱立式车床

1—底座 2—工作台 3—立刀架 4—立柱 5—顶梁 6—横梁

2. 立式车床上可车削工件类型

(1) 大直径的盘类、套类和环形工件。

(2) 块形圆弧面、圆锥面等具有较大的圆弧或圆锥尺寸的工件。

(3) 薄壁工件（包括径向和轴向薄壁工件）。

(4) 组合件、焊接件以及带有各种复杂型面的工件。

(5) 在立刀架上装上磨头，可以磨削大型、淬硬的工件。

二、在立式车床上车削工件时的定位与装夹方法

1. 工件的定位

在立式车床上对工件的定位，就是确定工件的定位基准面。所选定位基准面必须能保证定位精度和定位稳定性，减小由于定位引起的误差，减小工件变形和保证操作安全。定位方式一般以端面定位，或以外圆、内孔中心轴线定位。

在立式车床上车削工件时，定位基准的选取原则为：

(1) 基准统一

工件的定位基准应尽量与设计基准、测量基准统一，以免由于基准不重合而产生误差。如果无法使基准统一，则应采取必要的工艺措施。

(2) 定位基准具有稳定性

工件的定位基准面积要足够大，以减小装夹变形，保证操作安全，并提供保证制造精度的良好条件。但是，定位面积的增大，将给定位表面的加工带来困难。因此，应尽可能选择具有空刀槽的表面作定位基准，既增大了定位面积，又减小了不必要的全面积接触，提高了定位精度。

(3) 选择光基面作定位基准

一般在精车时，要求定位基准的表面粗糙度值在 $Ra1.6\sim0.8\ \mu m$，并要求表面形状误差小。

工件在机床回转工作台上定位时还应注意以下两点：

1) 应将工件表面毛刺打光。

2) 工件装上工作台后，应将工件在工作台上来回移动并反复研合，以免灰尘、切屑等夹入其间影响定位精度。

2. 工件的装夹

在立式车床上装夹工件必须牢固可靠，有足够的夹紧力，但应防止因夹紧力过大或装夹方法不当而使工件变形，影响工件的加工精度。在立式车床上加工工件时常用以下几种夹紧方法，如图 6—17 所示。

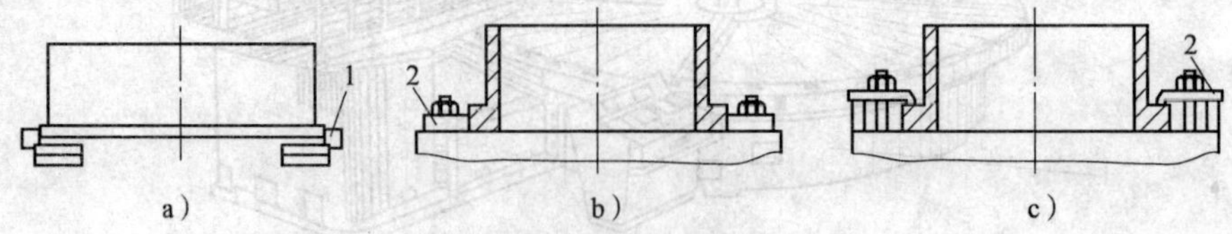

图 6—17 立式车床上常用的装夹方法

1—卡盘卡爪 2—压板

(1) 使用车床工作台的卡盘卡爪装夹工件

工作台的卡盘卡爪是机床固定附件，每台机床有四个。卡盘卡爪的夹紧力大，适用于装夹粗车工件的毛坯；有时也用于装夹部位刚度好的精车工件，如图 6—17a 所示。

(2) 用普通压板顶紧工件外圆

这种装夹方法一般用于车削环类工件端面、多边形工件平面、盘形工件的内外圆和端面。装夹时压板的分布要均匀、对称，装夹高度合适，夹紧力要求在同一平面内，如图 6—17b 所示。

(3) 用普通压板压紧工件端面

这种方法适用于车削环类工件的内外圆、台阶工件和组合件的内外圆和端面，装夹前应具备精加工的定位基准面。装夹时压板的支撑面要高出工件被压紧面 0.5 ~ 1 mm，并要求压板分布均匀对称、夹紧力大小一致，如图 6—17c 所示。

(4) 用“夹、顶、压”同时装夹工件

这种方法是采用两个或三个卡盘卡爪，又用若干普通压板同时夹紧工件，适用于加工大型的无定位基准面的直角躯座或斜角躯座，如图 6—18 所示。

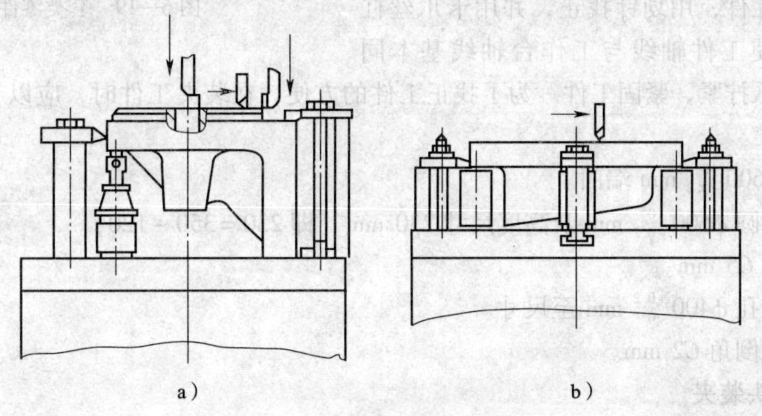

图 6—18 用“夹、顶、压”同时装夹工件
a）直角躯座的装夹 b）斜角躯座的装夹

三、工件的找正

工件的找正是使工件中心与工作台旋转中心相重合。在立式车床上找正时，将百分表及表架装在垂直刀架或侧刀架上，用工作台带动工件低速回转，用百分表触头在内、外圆上测量，即可找正工件中心轴线与工作台旋转中心线重合。若工件内、外圆存在椭圆，则应按最大、最小直径取 4 点，决定工件的圆心。在找正中心轴线以前，应先将端面找正，如果端面不符合定位基准要求，须经修整合格后才能进行找正。找正应在工件尚未完全夹紧及定位状态下进行，找正时应同时调整夹紧机构夹紧力的大小，直到找正后工件完全符合工艺要求，则夹紧、定位和找正同时完成。

找正完成后，应在夹紧状态下再确认找正位置是否完全正确，并检查工件夹紧后产生变形的大小。工件找正后，应使加工余量均匀，对于加工余量不大的工件、精车件、表面镀铬件及表面渗碳、淬火件的表面车削尤为重要。

四、在立式车床上加工大型回转表面的方法

1. 在立式车床上车削套类零件的方法

如图6—19所示为套类零件，毛坯材料为铸铁，经过退火处理，数量1件。

该零件的结构、刚度和强度都比较好，精度要求也不高，又因毛坯是铸铁件，其余量较大，因此，使用立式车床上的卡盘卡爪夹紧并找正后加工。其车削方法如下：

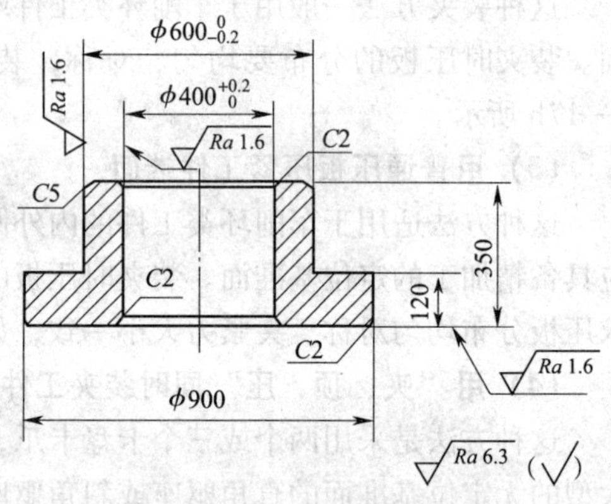

图6—19　套类零件

(1) 用卡盘卡爪夹紧

工件以毛坯底平面为粗基准，在车床工作台面上按毛坯外圆 $\phi900$ mm 实测尺寸做出标记，并按标记的位置装上卡盘卡爪，然后固定卡盘并装上工件，用划针找正，并用卡爪丝杠调整卡爪，使工件轴线与工作台轴线基本同轴，将各卡爪拧紧，紧固工件。为了找正工件的方便，在装夹工件时，应以千斤顶支撑工件底平面。

1）车 $\phi600_{-0.2}^{0}$ mm 端面。

2）车外圆 $\phi600_{-0.2}^{0}$ mm 及高度尺寸230 mm（即230 = 350 - 120）。

3）倒角 $C5$ mm。

4）车内孔 $\phi400_{0}^{+0.2}$ mm 至尺寸。

5）孔口倒角 $C2$ mm。

(2) 掉头装夹

工件以外圆 $\phi600_{-0.2}^{0}$ mm 的肩平面为基准，装在等高块上，卡盘卡爪夹住外圆 $\phi600_{-0.2}^{0}$ mm（卡盘卡爪与工件接触面之间垫铜片），用百分表找正 $\phi400_{0}^{+0.2}$ mm 内孔，使其轴线与工作台主轴轴线同轴，即可车削下列各面：

1）车端面至尺寸350 mm、120 mm。

2）车外圆 $\phi900$ mm 至尺寸。

3）倒角 $C2$ mm。

因此，在立式车床上车削端面及内外圆的基本要点为：

(1) 车削端面的基本要点

1）精车端面时，车刀应由工件平面的中心处向外缘方向进给，用这种方法进给使刀具磨损所造成端面的平面度误差呈凹状，不影响工件的使用。因为中心处比外缘处切削速度低，刀具不易磨损，外缘处切削速度高，刀具磨损较快。

2）精车端面时，背吃刀量不宜过大或过小，一般取0.1 ~ 0.15 mm。

3）精车薄壁工件的端面时，若端面的平面度和平行度要求较高时，应反复多次装夹车削两端面。装夹时，一般使用普通压板顶紧工件的内孔或外圆，顶紧力不宜过大，以免

增加工件变形而造成加工误差。

(2) 车削内外圆的要点

1) 车削内外圆时，立刀架或侧刀架行程应由上往下切削，使切削力始终压向工件与工作台贴合；反之，易使工件抬起而发生事故。同时车刀由上往下进给，还可以减小压板的夹紧力，减小工件的装夹变形。

2) 对精度要求较高的内孔及外圆，当车削余量较大时，不能一次车削，应先将内外圆加工成具有一定的精车余量，然后再依次精车内孔或外圆，可以保证工件的技术要求。

2. 在立式车床上车削圆锥面的方法

如图 6—20 所示为圆锥体零件，材料为 45 钢，热处理硬度为 35 ~ 38HRC。

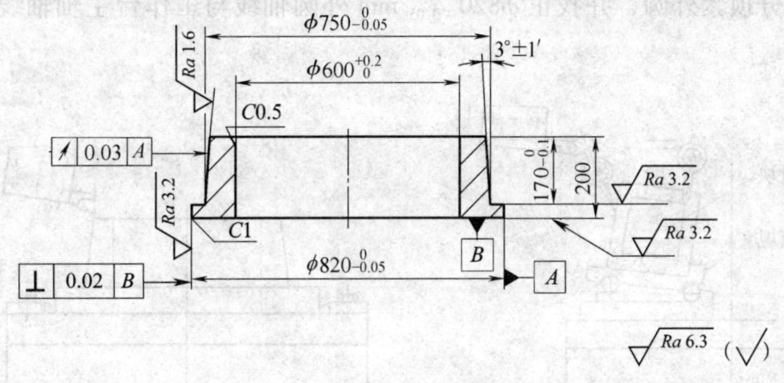

图 6—20 圆锥体零件

圆锥半角 $\alpha/2 = 3° \pm 1'$，圆锥体轴线对外圆 $\phi820^{\ 0}_{-0.05}$ mm 轴线的径向圆跳动公差为 0.03 mm。在热处理前，将工件按工艺图（见图 6—21）车削至要求尺寸。

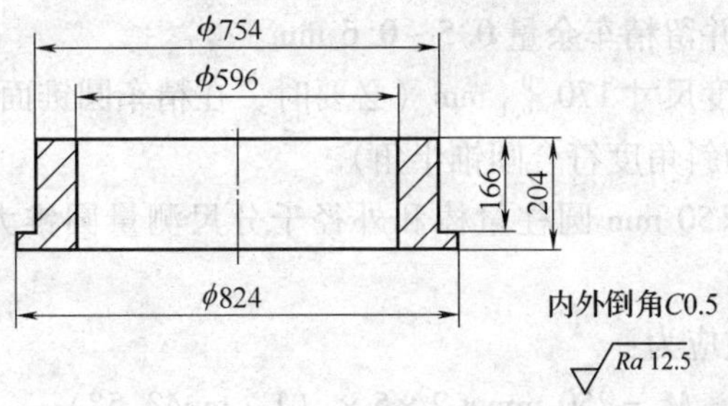

图 6—21 圆锥体零件的工艺图

圆锥体零件的车削方法如下：

(1) 用卡盘卡爪夹紧工件

工件以外圆 $\phi754$ mm 的端面为支撑面，置于车床工作台面上，并用支撑块或千斤顶支撑，找正工件轴线，用卡盘卡爪夹紧外圆 $\phi754$ mm 后即可：

1) 车端面。

2) 半精车、精车外圆 $\phi820^{\ 0}_{-0.05}$ mm 至尺寸，并与端面垂直度误差不大于 0.02 mm。

3) 倒角 $C1$ mm。

4）精车孔 $\phi600^{+0.2}_{0}$ mm 至尺寸。

5）孔口倒角 C0.5 mm。

（2）调整立刀架角度车削圆锥面

按图 6—22 所示方法，用中心距 $L=200$ mm 的正弦规和标准量块找正立刀架。其方法是首先根据工件圆锥半角 $\alpha/2=3°$ 计算垫入正弦规的量块厚度，即 $h=\sin(\alpha/2)L=\sin3°\times200\ \text{mm}=10.47\ \text{mm}$。将 10.47 mm 组合量块垫入正弦规，把标准测量块装于正弦规，用百分表找正标准量块前（后）侧面与机床横梁平行。然后把百分表装夹于立刀架上，使百分表测量头接触标准量块右侧面，找正立刀架行程与标准量块右侧面平行。

（3）将工件掉头并用压板顶紧

装夹方法如图 6—23 所示。工件以外圆 $\phi820^{0}_{-0.05}$ mm 端面为基准，置于工作台面上，用压板按四等分顶紧外圆，并找正 $\phi820^{0}_{-0.05}$ mm 外圆轴线与工作台主轴轴线同轴，顶紧工件后即可：

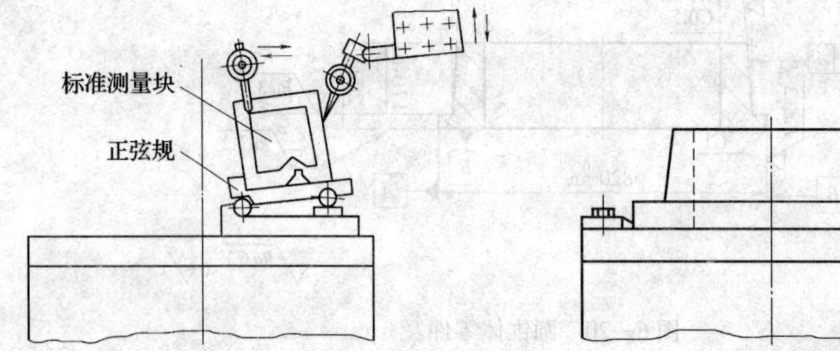

图 6—22　找正立刀架倾斜角度的方法　　图 6—23　用压板顶紧圆锥体工件方法

1）车端面，控制尺寸 200 mm。

2）半精车圆锥面，并留精车余量 0.5～0.6 mm。

3）精车圆锥面，长度尺寸 $170^{0}_{-0.1}$ mm（必要时，在精车圆锥面前，重新按上面的方法找正立刀架，使立刀架倾斜角度符合圆锥半角）。

4）用 $\phi10^{0}_{-0.005}$ mm × 50 mm 圆柱量棒和外径千分尺测量圆锥大端直径 $\phi750^{0}_{-0.05}$ mm，测量方法如图 6—24 所示。

其外径千分尺的读数应为：

$$\begin{aligned} M &= 750\ \text{mm} + 2\times5\times(1+\tan43.5°) \\ &\approx 769.49\ \text{mm} \end{aligned}$$

测量 M 值时应按 $\phi769.49^{0}_{-0.05}$ mm 尺寸测量。

5）内外倒角 C0.5 mm。

在立式车床上车削圆锥面的基本要点：

（1）在立式车床上能够车削精度要求较高的圆锥半角，主要是依靠正弦规来找正立刀架的倾斜角度，通常能保证角度误差在 ±（30″～1′）范围内。

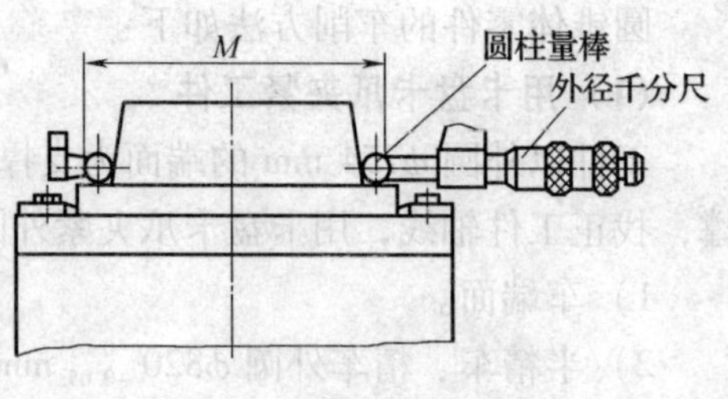

图 6—24　圆锥体的测量

（2）精度要求较高的圆锥大小端直径，可用圆柱量棒（或钢球）、外径千分尺和量块等经过换算间接测量。这种测量精度可在 ±（0. 01 ~0. 05）mm 范围内。

（3）精车圆锥面时，车刀刀尖中心应与工作台旋转轴线重合，否则所车得的圆锥母线不平直，并造成角度误差。

（4）对精度要求高的圆锥面可用磨头磨削。

五、技能训练

车削如图 6—25 所示连接盘。

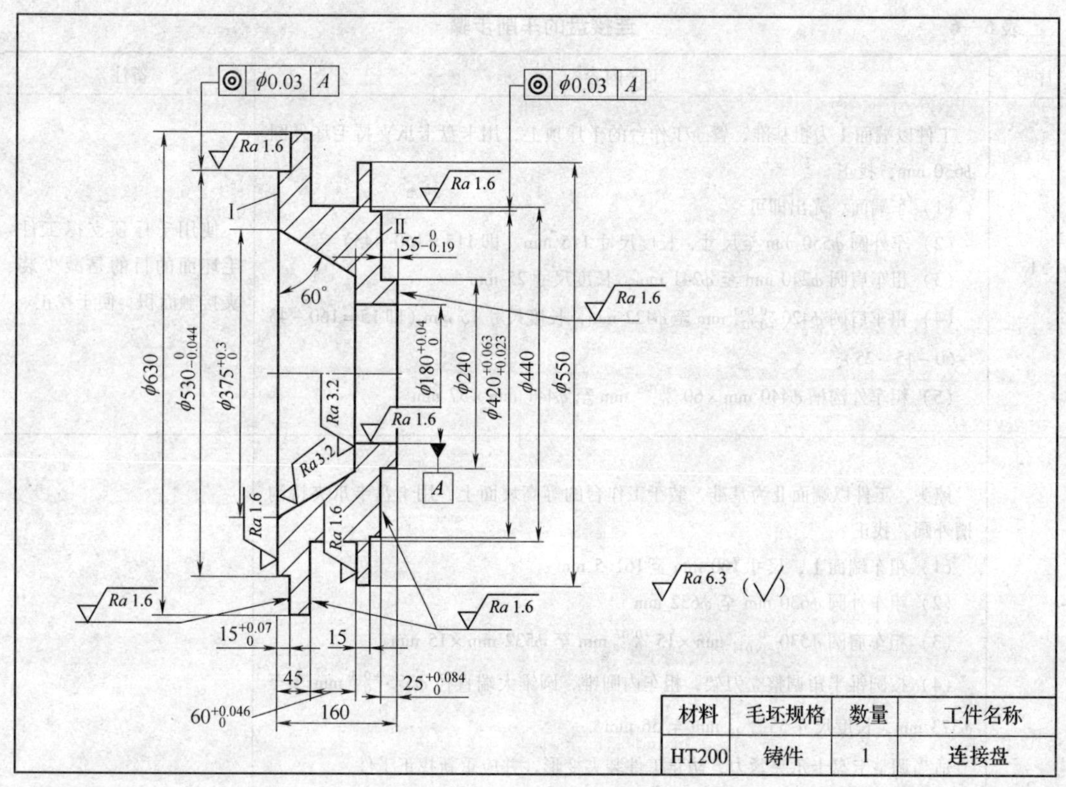

材料	毛坯规格	数量	工件名称
HT200	铸件	1	连接盘

图 6—25　连接盘

1. 图样分析

（1）孔 $\phi180^{+0.04}_{0}$ mm 是基准孔。

（2）内圆锥角为 60°，即圆锥半角为 30°，圆锥孔大端直径为 $\phi375^{+0.3}_{0}$ mm，长度为 105 mm（即 105 = 160 − 55）。

（3）肩圆 $\phi530^{0}_{-0.044}$ mm × $15^{+0.07}_{0}$ mm、$\phi420^{+0.63}_{+0.23}$ mm × 15 mm（即 15 = 160 − 45 − 60 − 15 − 25）轴线对基准孔轴线的同轴度公差为 0. 03 mm。

（4）主要表面粗糙度值 *Ra*1. 6 μm，圆锥孔及其底面的粗糙度值 *Ra*3. 2 μm。

2. 工艺分析

（1）车削圆锥孔的方法

1）调整立刀架，根据工件圆锥半角要求，使立刀架的卡座倾斜所要求的角度。

2）装刀时，车刀刀尖必须对准圆锥轴线，否则使圆锥素线不平直而造成锥角误差。

（2）工件应分粗精车

精车时，应适当调整夹紧力，防止工件装夹变形。

（3）连接盘的车削顺序

车 ϕ240 mm 端面、粗车各级外圆及内孔、粗车外沟槽→掉头，粗、精车 $\phi530_{-0.044}^{0}$ mm 端面、外圆、圆锥孔及圆柱孔→掉头，精车 ϕ240 mm 端面、各级外圆及其沟槽。

3. 加工步骤

连接盘的车削步骤见表 6—6。

表 6—6　　连接盘的车削步骤

序号	工序内容	备注
1	工件以端面Ⅰ为粗基准，置于工作台的千斤顶上，用卡盘卡爪夹持毛坯外圆 ϕ630 mm，找正 （1）车端面，光出即可 （2）车外圆 ϕ550 mm 至尺寸，长度尺寸 115 mm（即 115 = 160 − 45） （3）粗车肩圆 ϕ240 mm 至 ϕ241 mm，长度尺寸 25 mm （4）粗车肩圆 $\phi420_{+0.023}^{+0.063}$ mm 至 ϕ422 mm，长度尺寸 15 mm（即 15 = 160 − 45 − 60 − 15 − 25） （5）粗车外沟槽 ϕ440 mm × $60_{0}^{+0.046}$ mm 至 ϕ441 mm × 57 mm	使用千斤顶支撑工件毛坯面的目的是减少装夹接触面积，便于找正
2	掉头，工件以端面Ⅱ为基准，装于工作台的等高块面上，用卡盘卡爪夹持沟槽外圆，找正 （1）粗车端面Ⅰ，尺寸 160 mm 至 161.5 mm （2）粗车外圆 ϕ630 mm 至 ϕ632 mm （3）粗车肩圆 $\phi530_{-0.044}^{0}$ mm × $15_{0}^{+0.07}$ mm 至 ϕ532 mm × 15 mm （4）按圆锥半角调整立刀架，粗车内圆锥，圆锥大端直径 $\phi375_{0}^{+0.3}$ mm 车至 ϕ373 mm，长度尺寸 $55_{-0.19}^{0}$ mm 至 56 mm 适当调整卡盘卡爪夹紧力，防止工件装夹变形，并应重新找正工件 （5）精车端面Ⅰ，尺寸 160 mm 至 160.5 mm （6）精车圆锥孔至大端直径 $\phi375_{0}^{+0.3}$ mm，深度尺寸 105 mm（即 105 = 160 − 55），并注意尺寸 $55_{-0.19}^{0}$ mm 应留有精车余量 调整立刀架位置 （7）精车外圆 ϕ630 mm 至尺寸 （8）精车肩圆 $\phi530_{-0.044}^{0}$ mm × $15_{0}^{+0.07}$ mm （9）精车内孔 $\phi180_{0}^{+0.04}$ mm （10）倒钝锐角	
3	工件以端面Ⅰ为精基准，装于工作台的等高块面上，用卡盘卡爪夹持外圆 ϕ630 mm，将磁性表座吸于五角形刀架上，找正内孔 $\phi180_{0}^{+0.04}$ mm 轴线与工作台主轴轴线同轴度误差不大于 0.03 mm	

续表

序号	工序内容	备注
3	(1) 精车端面Ⅱ，控制尺寸 160 mm 及 $55\ _{-0.19}^{0}$ mm (2) 精车外沟槽至尺寸 $\phi440$ mm × $60\ _{0}^{+0.046}$ mm，注意尺寸 45 mm (3) 控制尺寸 15 mm，精车肩圆 $\phi420\ _{+0.23}^{+0.63}$ mm 至尺寸 (4) 精车肩圆 $\phi240$ mm × $25\ _{0}^{+0.084}$ mm 至尺寸 (5) 倒钝锐角	

课后练习

一、判断题

(　　) 1. 在花盘的角铁上车削工件时，转速不宜太低。

(　　) 2. 在角铁上装夹、车削工件时，可以不考虑平衡问题。

(　　) 3. 立式车床用于加工径向尺寸小而轴向尺寸大、形状复杂的工件。

(　　) 4. 立式车床主轴轴线为垂直布局，工作台台面处于水平平面内。

(　　) 5. 在立式车床上可以加工大直径的盘、套类工件，但不能加工薄壁工件。

(　　) 6. 在立式车床的立刀架上装上磨头，可以磨削大型、淬硬的工件。

(　　) 7. 立式车床的立刀架和侧刀架都可以做垂直进给和水平进给运动。

(　　) 8. 立式车床的立刀架可向左或向右移动一个角度，进行锥形工件的加工。

(　　) 9. 在立式车床上装夹工件时，通常以端面定位，或以外圆、内孔作定中心轴线。

(　　) 10. 立式车床上的卡盘卡爪可以自动定心。

(　　) 11. 在立式车床上用普通压板，采用顶紧工件外圆的装夹方法时，压板的分布要均匀、对称，高低要合适，而夹紧力并不要求在同一平面内。

(　　) 12. 在立式车床上车削环类工件或盘形工件的端面时，可使用普通压板顶紧工件外圆的装夹方法。

(　　) 13. 在立式车床上，一般用千斤顶支撑毛坯基准面，用等高块支撑已加工平面。

(　　) 14. 在立式车床上装夹外圆毛坯工件时，应先按其外圆尺寸，在工作台同心圆上做出相应标记，并按标记位置装上卡盘卡爪并紧固，再调整卡爪，使之与工作外圆尺寸基本相同，最后吊装工件。

(　　) 15. 在立式车床上精车端面时，车刀应由工件平面的外缘处向中心方向进给，使刀具磨损所造成端面的平面度误差呈凹状，不影响工件的使用。

(　　) 16. 单柱立式车床加工直径一般小于 1 600 mm，双柱立式车床加工直径超过 2500 mm。

（　　）17. 立式车床的主轴竖直布置，一个直径很大的圆形工作台竖直布置，供装夹工件用。

（　　）18. 在立式车床上找正工件时，应先将工件外圆找正。

（　　）19. 在立式车床上车削圆锥面时，车刀刀尖中心与工作台旋转轴线不重合，则不会使所车的圆锥面母线不平直。

（　　）20. 角铁安装在花盘上时，只要角铁的定位面平行于主轴轴线，在花盘的平面度误差可以不计。

二、选择题

1. 直角形角铁装在花盘上后，它的一个平面应与车床主轴轴线（　　）。

A. 垂直　　B. 平行　　C. 允许倾斜

2. 在花盘上装夹工件后产生偏重时，（　　）。

A. 只影响工件的加工精度

B. 只引起车床的主轴和轴承的损坏

C. 不仅影响工件的加工精度，还会损坏车床的主轴及其轴承

3. 外形较复杂、加工表面的旋转轴线与基面（　　）的工件，可以装夹在花盘上加工。

A. 垂直　　B. 平行　　C. 倾斜

4. 在车床的花盘上加工双孔工件时，主要解决的问题应是两孔的（　　）误差。

A. 尺寸　　B. 形状　　C. 中心距

5. 车床花盘上用于找正两孔中心距的专用心轴和定位圆柱之间的距离的公差一般应（　　）工件中心距公差。

A. 大于　　B. 等于　　C. 取1/3～1/2

6. 双柱立式车床的加工最大直径（　　）单柱立式车床的加工最大直径。

A. 小于　　B. 接近　　C. 大于

7. 立式车床的主运动是（　　）。

A. 刀架的移动

B. 工作台带动工件的转动

C. 横梁的移动

8. 立式车床的两个刀架（　　）进行切削。

A. 只能分别　　B. 不许同时　　C. 可以同时

9. 中小型立式车床的立刀架上最多可装（　　）组刀具。

A. 3　　B. 4　　C. 5

10. 立式车床的横梁用于（　　）。

A. 调整立刀架的上下位置

B. 调整侧刀架的上下位置

C. 垂直进给

11. 立式车床上一般配有（　　）个卡盘卡爪。

A. 3　　B. 4　　C. 6

12. 在立式车床上车削环类工件时，用普通压板压紧工件端面，压板的支撑面要（　　）工件被压紧表面。

A. 略高于　　B. 略低于　　C. 平齐于

13. 立式车床上用卡盘卡爪装夹工件时，卡盘卡爪是（　　）。

A. 单动的　　B. 成对联动的　　C. 自动定心的

14. 在立式车床上，找正圆形毛坯工件时，一般应以（　　）圆为找正基准。

A. 精度要求高的　　B. 余量少的　　C. 余量多的

15. 在立式车床上装夹工件时，应（　　）。

A. 先定位、再找正、后夹紧

B. 先找正、再定位、后夹紧

C. 夹紧、定位、找正同时完成

三、简答题

1. 试述立式车床的用途。

2. 在立式车床上加工形状复杂的大型和重型工件时，有什么优越条件？

3. 试述C512—1A型单柱立式车床进给箱的布局。两个进给箱有什么相同与不同之处？

4. C512—1A型单柱立式车床由哪些主要部件组成？

5. 在立式车床上确定工件的定位基准面有什么要求？定位基准的选取原则有哪几方面？

6. 在立式车床上加工工件时，常用的夹紧方法有哪几种？

7. 在立式车床上精车工件端面的基本要点是什么？

8. 在立式车床上车削内外圆的基本要点是什么？

9. 试述在单柱立式车床上车削精度要求较高的外圆锥面时，如何找正垂直刀架的转动角度。

10. 叙述十字孔轴在四爪单动卡盘上找正的步骤。

11. 叙述双孔连杆中心距的检测方法。

12. 什么样的工件可以在花盘角铁上安装车削？

13. 叙述在花盘角铁上保证形位公差要求的方法。

14. 叙述在立式车床上车削工件的类型。

模块七 车床内部机构的调整

课题 1　车床内部机构的间隙调整

1. 掌握车床主轴间隙和多片摩擦式离合器的调整。
2. 掌握制动装置、开合螺母结构和床鞍间隙的调整。
3. 掌握中滑板丝杠与螺母间隙的调整。
4. 掌握中滑板刻度圈及尾座前后位置的调整。

车床是利用主轴的旋转运动和刀具的进给运动来加工零件的。合理使用车床、熟悉车床，对于保证零件加工质量，提高劳动生产率有着十分重要的意义。因此，掌握车床的结构与性能，学会根据加工需要对车床进行调整，才能充分发挥车床的切削性能。

CA6140 型卧式车床是我国自主设计的通用性与系列化程度高、性能优越、结构先进、操作方便、外形美观、精度高的一种应用广泛的车床。现以 CA6140 型卧式车床为例，介绍车床内部机构间隙的调整方法。

一、车床主轴间隙的调整

1. 主轴部件简图

CA6140 型卧式车床主轴部件如图 7—1 所示。主轴部件是主轴箱最重要的部分，车削时工件装夹在主轴上的夹具中，并由其直接带动做旋转主运动，在工作中要承受很大的切削力。主轴的旋转精度、刚度、抗振性和热变形等对于工件的加工精度和表面粗糙度有直接影响，因此对主轴及其主轴支撑要求较高。

2. 主轴结构特点

为了保证主轴具有较好的刚度和抗振性，CA6140 型车床采用前、中、后三个支撑。前支撑采用由一个双列圆柱滚子轴承和一个 60°双列推力角接触球轴承的组合形式，分别用于承受径向力和左、右两个方向的轴向力。后支撑使用一个双列圆柱滚子轴承。中间支撑则使用一个单列的圆柱滚子轴承（图 7—1 中未画出），其作用是在强力车削时能保持主轴的刚度和工作的平稳。

车床主轴前端采用短圆锥连接盘结构，如图 7—2 所示。主要用来装夹卡盘或其他夹具，它以短圆锥面和轴肩端面作定位面，装夹时卡盘座 4 上的四个螺钉 5 通过主轴轴肩 3

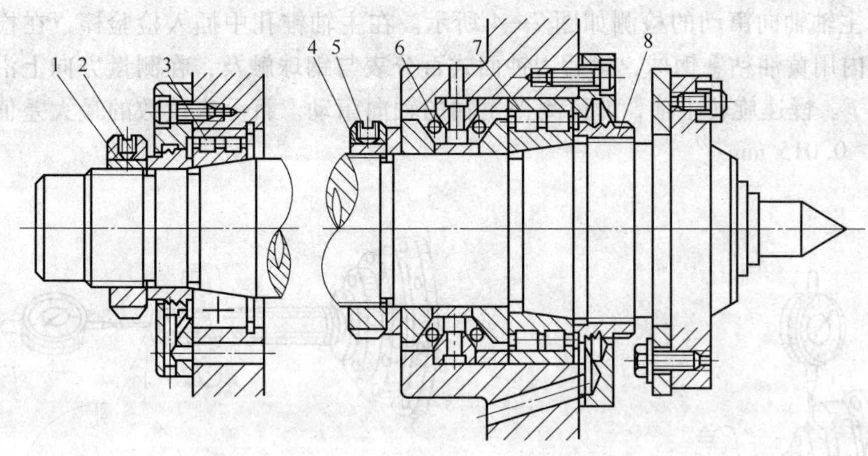

图 7—1　CA6140 型卧式车床主轴部件

1、4、8—螺母　2、5—锁紧螺钉　3、7—双列圆柱滚子轴承　6—双列推力角接触球轴承

及圆环（锁紧盘）2 的孔，然后将圆环 2 转动一个角度，使螺钉 5 处于圆环的沟槽内（如图示位置），并拧紧螺钉 1 及螺母 6，就可以使卡盘可靠地装夹在主轴前端。这种结构主要是使主轴前端的悬伸长度较短，有利于提高主轴组件的刚度。

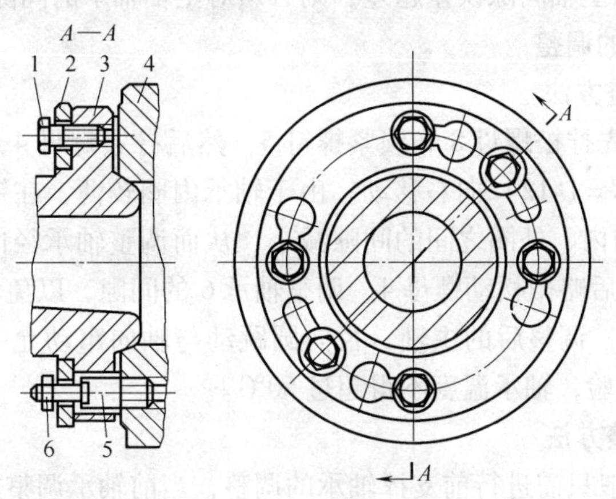

图 7—2　主轴前端的结构

1、5—螺钉　2—圆环　3—主轴轴肩　4—卡盘座　6—螺母

主轴轴承对主轴的回转精度及刚度影响很大。主轴轴承的径向间隙过大会引起主轴跳动，加工出的工件形状误差增大，表面产生波纹；径向间隙过小，车床主轴在高速回转时会过度发热而损坏。主轴轴承的轴向间隙过大时，精车端面会出现凹凸不平现象，车外圆会出现波纹，车螺纹会产生螺距误差。因此，主轴轴承的间隙应定期进行调整。

3. 主轴径向圆跳动和轴向窜动的检测

（1）测量主轴的径向圆跳动误差，将磁性表座固定在中滑板上，钟面式百分表测量头触及主轴定心轴颈表面，如图 7—3 所示。沿主轴轴线加一力 F，用手转动主轴，每转一圈后百分表读数的最大差值就是圆跳动误差（一般不得超过0.01～0.015 mm）。

（2）主轴轴向窜动的检测如图7—4所示。在主轴锥孔中插入检验棒，在检验棒端部中心孔内用黄油粘一钢球，然后用钟面式百分表与钢球触及，在测量方向上沿主轴轴线加一力 F。慢速旋转主轴，即可测得主轴的轴向窜动。百分表读数的最大差值不得超过0.010～0.015 mm。

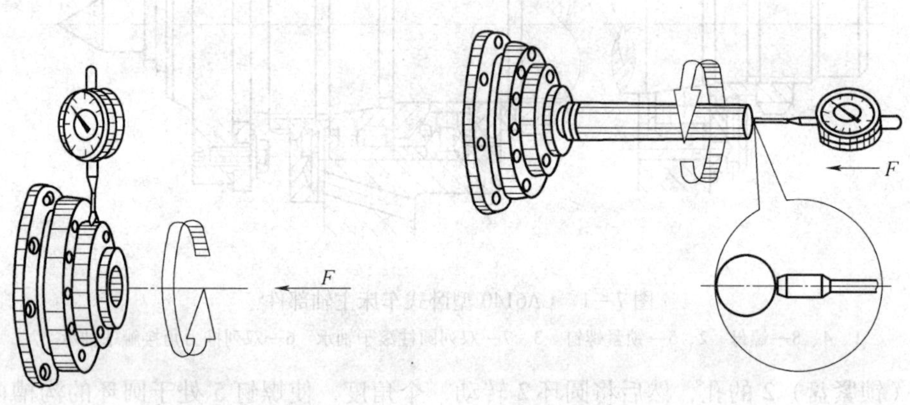

图7—3　检测主轴的径向圆跳动　　图7—4　主轴轴向窜动的检测

若测量的结果显示主轴间隙误差超差，则必须对主轴轴承的间隙进行调整。

4. 主轴轴承间隙的调整

（1）前轴承的调整方法

如图7—1所示，先拧松螺母8和锁紧螺钉5，然后拧紧螺母4，使轴承7的内圈相对主轴锥面轴颈（锥度 $C=1:12$）向右移动。由于轴承内圈较薄，在锥面的作用下产生径向的弹性膨胀，将滚子与内、外圈之间的间隙减小，从而调整轴承径向间隙或预紧。调整后拧紧右端的螺母8，然后略微松动螺母4，调整轴承6的间隙，以免轴向间隙过小。调整合适后，拧紧锁紧螺钉5。调整后的主轴，径向圆跳动与轴向窜动允差均为0.01 mm，并应进行1 h的高速回转试验，轴承温度不得超过60℃。

（2）后轴承的调整方法

CA6140型车床一般只需进行前支撑轴承的调整，当前轴承调整后仍不能到达规定的回转精度（径向圆跳动）要求时，才需要调整后轴承。调整时，先拧松锁紧螺钉2，然后拧紧螺母1，其调整原理与前轴承调整相同，但注意应采用“逐步逼紧”的方法，防止拧紧过头，调整适合后，拧紧锁紧螺钉2。

（3）CA6140型车床的中间支撑轴承不能调整

二、多片摩擦式离合器的调整

1. 多片摩擦式离合器的结构

多片摩擦式离合器的结构如图7—5所示。CA6140型车床主轴的停止和换向是采用多片摩擦式离合器来实现的。

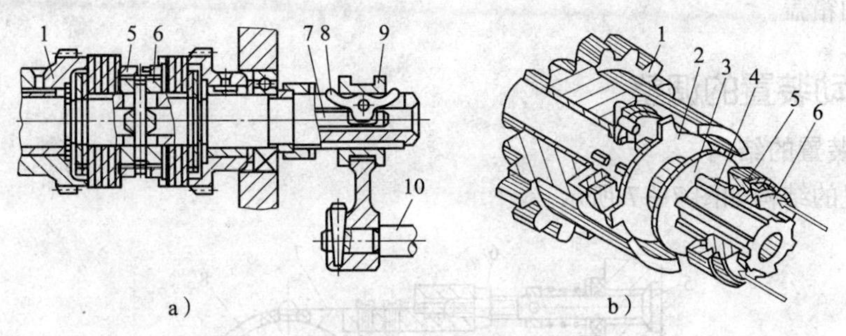

图 7—5　多片摩擦式离合器的结构

a）结构图　b）原理图

1—齿轮　2—外摩擦片　3—内摩擦片　4—轴

5—加压套　6—螺圈　7—杆　8—摆杆　9—滑环　10—操纵装置

2. 多片摩擦式离合器的特点

多片摩擦式离合器由结构相同的左、右两部分组成。左离合器传动主轴正转（顺车），右离合器传动主轴反转（倒车）。

多片摩擦式离合器的内、外摩擦片在松开时的间隙应适当。间隙太大时则压不紧，摩擦片之间会出现打滑现象，不能传递足够的转矩，影响车床功率的正常传输，切削过程中易产生“闷车”现象，摩擦片容易磨损；间隙太小时，启动费力，容易损坏操纵机构中的零件，松开时摩擦片不易脱开，使用过程中会因过热而导致摩擦片被烧坏。

3. 多片摩擦式离合器的功用

多片摩擦式离合器用于实现同轴的两轴线或轴与轴上的空套传动件随时接合或断开，完成车床运动的启动、停止、变速和变向等。

4. 多片摩擦式离合器的调整

多片摩擦式离合器间隙的调整如图 7—6 所示。

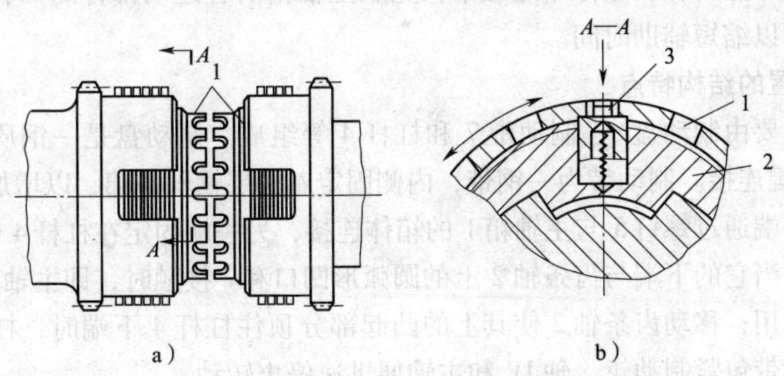

图 7—6　多片摩擦式离合器间隙的调整

1—加压套　2—螺圈　3—弹簧定位销

调整时，先切断车床电源，打开主轴箱盖。若车床正转时摩擦片太松，则调整左离合器；如反转时摩擦片过松，则调整右离合器。先将弹簧定位销 3 从加压套 1 的缺口中压下，转动加压套使其相对螺圈 2 做小量的轴向移动，即可改变内、外摩擦片间的间隙，间隙调整合适后，应使弹簧定位销从加压套的任一缺口中弹出，以防加压套在工作过程中松脱。

最后盖上主轴箱盖。

三、制动装置的调整

1. 制动装置的结构

制动装置的结构如图 7—7 所示。

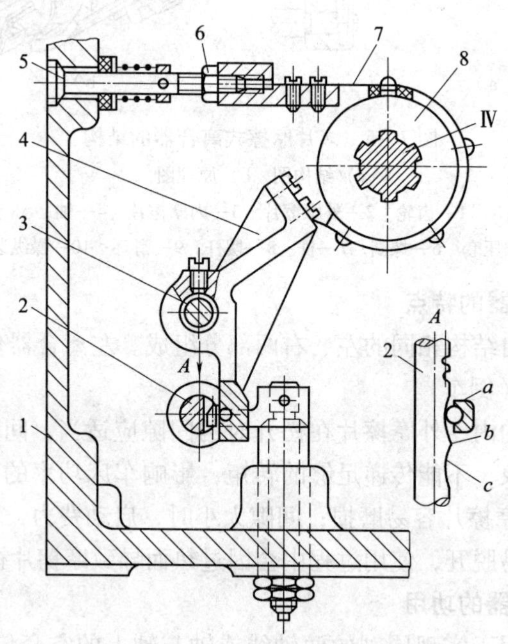

图 7—7 制动装置的结构

1—主轴箱 2—齿条轴 3—轴 4—杠杆 5—螺钉 6—螺母 7—制动带 8—制动盘

2. 制动装置的功用

制动装置的功能是在车床停车过程中，克服主轴箱内各运动部件的回转惯性，使主轴迅速停止转动，以缩短辅助时间。

3. 制动装置的结构特点

制动装置主要由制动盘 8、制动带 7 和杠杆 4 等组成。制动盘是一钢质圆盘，与主轴箱内轴 IV 用花键连接。制动带为一钢带，内侧固定着一层铜丝石棉，以增加摩擦面的摩擦系数。制动带一端通过螺钉 5 与主轴箱 1 的箱体连接，另一端固定在杠杆 4 的上端。杠杆 4 可绕轴 3 摆动，当它的下端与齿条轴 2 上的圆弧形凹口和 *c* 接触时，即主轴处于转动状态，制动装置不起作用；移动齿条轴 2 使其上的凸起部分顶住杠杆 4 下端时，杠杆绕轴 3 逆时针摆动，使制动带包紧制动轮，轴 IV 和主轴便迅速停止转动。

制动装置太松时，停车时主轴（工件）不能迅速停止回转，不能起到制动作用，影响生产效率；制动装置太紧时，则因摩擦严重会烧坏制动钢带。

4. 制动装置的调整方法

制动装置调整时，先松开螺母 6，然后在主轴箱 1 的背后调节螺钉 5，使制动带 7 的松紧程度合适，调整好后，再将螺母 6 拧紧。调整合适的制动器，停车时主轴能在 2 ~ 3 s 内迅速停止，而在开车时制动带能完全松开。

四、开合螺母机构的调整

1. 开合螺母机构

开合螺母机构如图 7—8 所示。

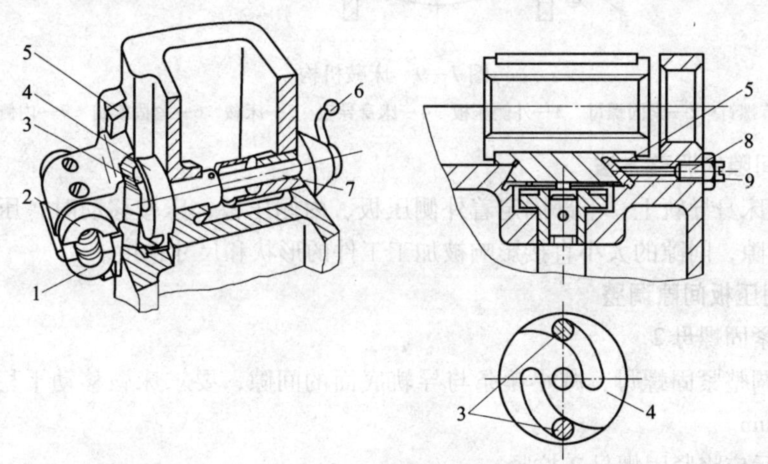

图 7—8 开合螺母机构

1、2—半螺母 3—圆柱销 4—槽盘 5—镶条 6—手柄 7—轴 8—螺钉 9—螺母

2. 开合螺母机构的功用

开合螺母机构的功用是接通或断开从丝杠传递来的运动。车削螺纹和蜗杆时，将开合螺母合上，丝杠通过闭合的开合螺母带动溜板箱及刀架运动。

3. 开合螺母机构的结构特点

开合螺母机构是由上下两个半螺母 1 和 2 组成的，装在燕尾形导轨中可上下移动。上下半螺母的背面各装有一个圆柱销 3，其伸出端分别嵌在槽盘 4 的两条槽中。扳动手柄 6，经轴 7 使槽盘逆时针转动时，曲线槽迫使两圆柱销 3 互相靠近，带动上下半螺母合拢，与丝杠啮合。反向扳动手柄 6 时，两半螺母互相分开，与丝杠分离。

4. 开合螺母机构的调整方法

开合螺母与镶条要配合适当，开合螺母与燕尾形导轨的配合间隙过大，会影响螺纹和蜗杆的加工精度，使床鞍产生纵向窜动，造成螺距不等或出现乱牙现象，甚至会使开合螺母手柄自动跳位。

调整的方法：松开螺母 9，调节螺钉 8 压紧或放松镶条 5，使开合螺母在燕尾导轨中滑动轻便，用厚度为 0.03 mm 的塞尺检查，应插不进燕尾导轨副间，最后拧紧螺母 9。

五、床鞍间隙的调整

1. 床鞍机构

床鞍机构如图 7—9 所示。

2. 床鞍机构的功用

床鞍装在床身的 V 形导轨与平导轨上，以实现溜板的纵向移动。

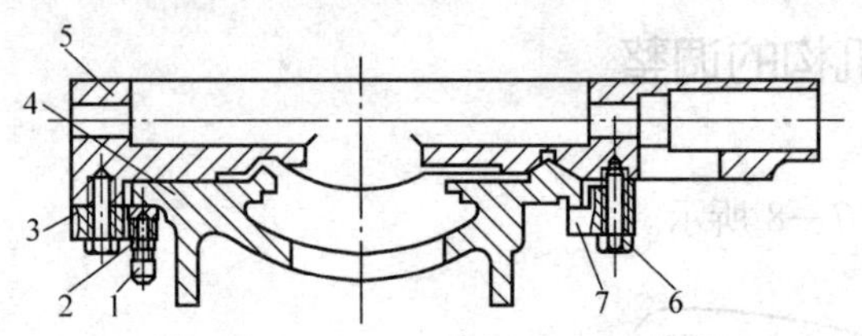

图 7—9　床鞍机构

1—调节螺钉　2—紧固螺母　3—外侧压板　4—床身导轨　5—床鞍　6—紧固螺钉　7—内侧压板

3. 床鞍间隙的调整方法

床鞍装在床身导轨上，下部固定着外侧压板、内侧压板，床鞍移动时，压板与导轨下部有一定的间隙，间隙的大小直接影响被加工工件的形状和尺寸精度。

（1）外侧压板间隙调整

1）拧松紧固螺母 2。

2）适当调整紧固螺母，减小镶条与导轨底面的间隙，要求床鞍移动平稳、轻便，间隙小于 0. 04 mm。

3）调整后应将紧固螺母 2 拧紧。

（2）内侧压板间隙调整

1）先拧松紧固螺钉 6。

2）将滑板箱、内侧压板 7 拆下，磨压板顶面，减小间隙。

3）适当拧紧紧固螺钉 6，然后用与外侧压板相同的方法检查。

六、中滑板丝杠与螺母间隙的调整

1. 中滑板丝杠与螺母机构

中滑板丝杠与螺母机构如图 7—10 所示。

2. 中滑板丝杠与螺母机构的特点

中滑板丝杠与分开的前螺母 1 和后螺母 6 连接，中间由楔块 8 隔开，固定在中滑板的底部。

3. 中滑板丝杠与螺母机构的功用

中滑板丝杠与螺母机构实现刀具的横向进给，其间隙影响中滑板刻度盘的使用、影响车削加工精度和表面粗糙度。

4. 中滑板丝杠与螺母间隙的调整

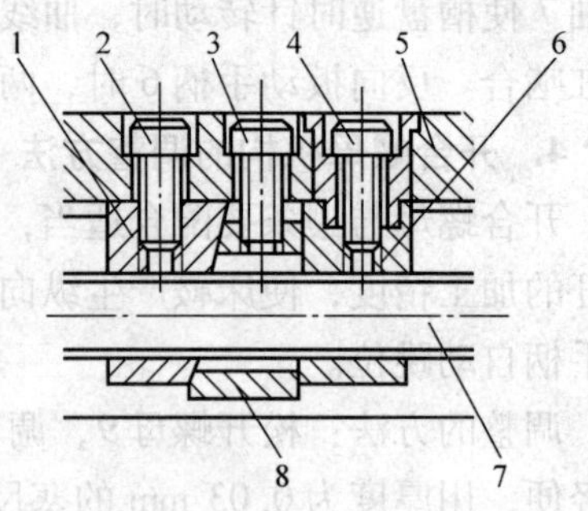

图 7—10　中滑板丝杠与螺母机构

1—前螺母　2、3、4—螺钉　5—中滑板

6—后螺母　7—丝杠　8—楔块

（1）可将前螺母上的紧固螺钉 2 旋松。

（2）拧紧螺钉 3，将楔块向上拉，依靠楔块斜面的作用使前螺母向左边推移，从而减小丝杠与前螺母 1 牙侧之间的间隙。

（3）调整后，要求中滑板丝杠手柄摇动灵活，正反转时的空行程在 1/20 转以内。调整好后注意将螺钉 2 拧紧。

七、中滑板刻度圈的调整

中滑板刻度圈松动时会自行转动，因而无法读准刻度值。如果刻度圈过紧，则刻度读数不易调整准确。中滑板刻度圈如图 7—11 所示，当刻度圈过松时，可先拧松调节螺母 2 和紧固螺母 3，拉出圆盘 5，把弹簧片 4 扭弯些，增大变形增加它的弹力，随后把它装进圆盘和刻度圈之间，适当拧紧调节螺母，再将紧固螺母拧紧。当刻度圈过紧时，则可适当松开调节螺母，使刻度圈转动间隙相应增大，再拧紧紧固螺母。

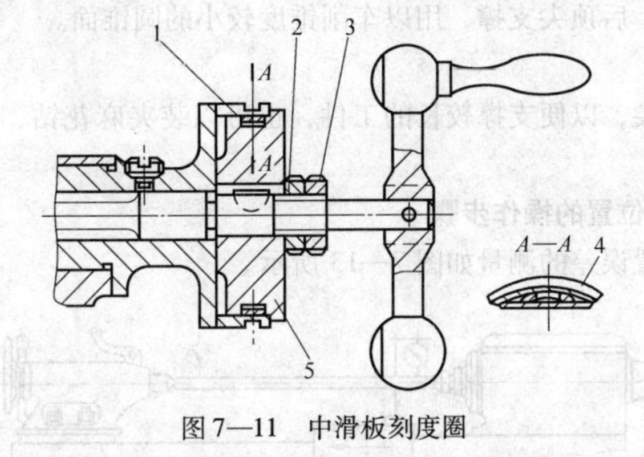

图 7—11　中滑板刻度圈

1—刻度圈　2—调节螺母　3—紧固螺母　4—弹簧片　5—圆盘

八、尾座前后位置的调整

1. 车床尾座的结构

CA6140 型卧式车床尾座的结构如图 7—12 所示。

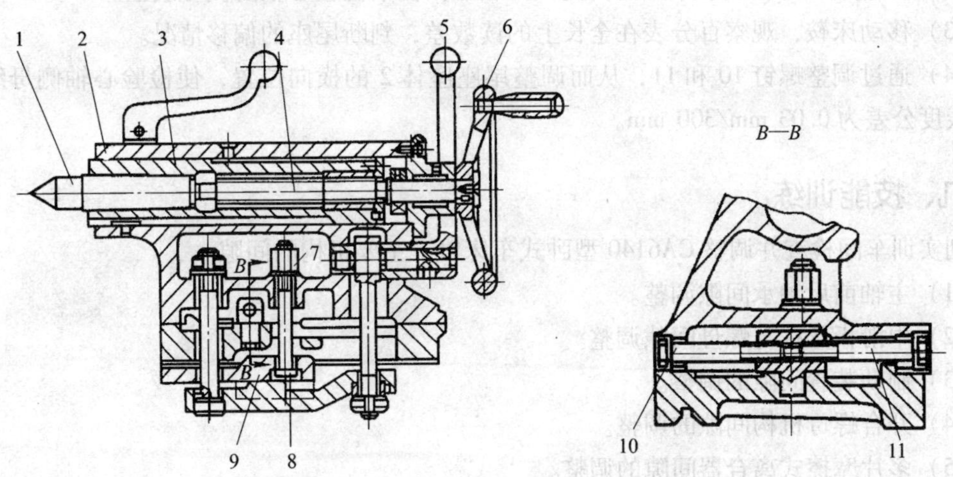

图 7—12　CA6140 型卧式车床尾座的结构

1—后顶尖　2—座体　3—顶尖套筒　4—丝杠　5—快速夹紧手柄
6—手轮　7—螺母　8—螺钉　9—压板　10、11—调整螺钉

尾座安装在床身的尾座导轨上，它可以根据工件的长短调整纵向位置。位置调整后用快速夹紧手柄 5 锁紧，当快速夹紧手柄 5 向操作者方向扳动时，通过偏心轴及拉杆就可将

尾座夹紧在床身导轨上。有时，为了将尾座紧固得更牢靠些，可拧紧螺母 7，通过螺钉 8 将压板 9 压紧，使尾座牢固地夹紧在床身上。尾座的前后位置即后顶尖轴线在水平面内的偏移度，直接影响着尾座和主轴轴线的同轴度，直接影响着工件的加工质量。后顶尖 1 安装在尾座顶尖套筒 3 的锥孔中，转动手轮 6，可使尾座顶尖套筒 3 纵向移动。如需卸下顶尖，可逆时针转动手轮 6，使尾座顶尖套筒 3 后退，直到丝杠 4 的左端顶住后顶尖，将后顶尖从锥孔中顶出。调整螺钉 10 和 11 用于调整尾座座体 2 的横向位置，也就是调整后顶尖轴线在水平面内的位置，使它与主轴轴线重合，可用于车削圆柱面。如果使它与主轴中心线偏移，工件由前、后顶尖支撑，用以车削锥度较小的圆锥面。

2. 尾座的功用

尾座可安装后顶尖，以便支撑较长的工件，也可以装夹麻花钻、铰刀等对工件进行孔加工。

3. 调整尾座前后位置的操作步骤

尾座轴线前后位置误差的测量如图 7—13 所示。

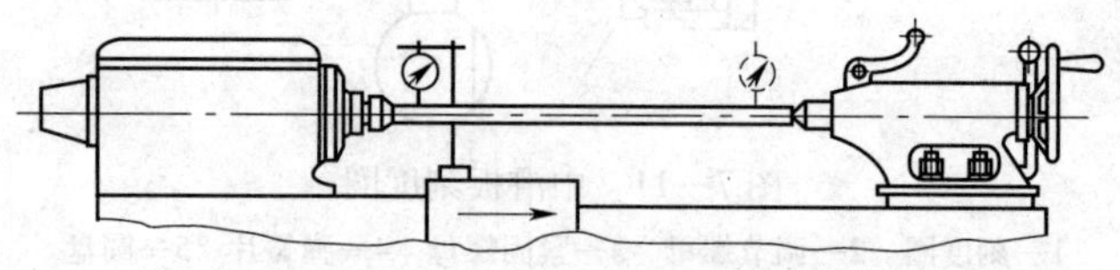

图 7—13　尾座轴线前后位置误差的测量

(1) 在主轴锥孔内插入前顶尖，在尾座套筒内插入后顶尖，在两顶尖之间支顶标准检验心轴。

(2) 将磁座百分表置于床鞍上，使百分表触头位于检验心轴的侧母线上。

(3) 移动床鞍，观察百分表在全长上的读数差，判断尾座的偏移情况。

(4) 通过调整螺钉 10 和 11，从而调整尾座座体 2 的横向位置，使检验心轴侧母线上的直线度公差为 0.03 mm/300 mm。

九、技能训练

到实训车间检查并调整 CA6140 型卧式车床以下主要机构的间隙。

(1) 主轴前后轴承间隙调整。

(2) 中滑板丝杠与螺母间隙调整。

(3) 制动装置间隙的调整。

(4) 开合螺母机构间隙的调整。

(5) 多片摩擦式离合器间隙的调整。

操作提示：

(1) 用专用心轴检测主轴的间隙和径向圆跳动，调整前、后轴承的间隙。

(2) 根据中滑板刻度盘的空行程格数及横向窜动量的大小，按照调整步骤调整丝杠与螺母间的间隙。

(3) 根据制动时间的长短，调整主轴制动装置的间隙。

(4) 闭合开合螺母，转动床鞍手轮，根据床鞍移动的距离，判断并调整开合螺母机构的间隙。

(5) 根据车床的载荷及主轴箱内的温度，判断、调整多片摩擦式离合器的间隙。

课题 2　卧式车床精度对加工质量的影响

学习目标

1. 了解卧式车床几何精度的定义，并熟悉几何精度要求。
2. 了解卧式车床工作精度的概念，并熟悉工作精度。
3. 熟悉卧式车床精度对加工质量的影响。
4. 熟悉卧式车床的常见故障及原因。

车床的切削运动由主轴、床身、床鞍、中（小）滑板等部件完成。如果这些部件本身的精度和运动有误差，则必然会反映到工件上。卧式车床的精度主要分为几何精度和工作精度两种。

一、卧式车床的几何精度

卧式车床的几何精度是指卧式车床某些基础零部件本身的几何形状精度、相互位置的几何精度和相对运动的几何精度。车床的几何精度是保证加工质量最基本的条件。卧式车床几何精度要求的项目如下：

(1) 导轨在垂直平面内的直线度（纵向）
(2) 床身导轨的平行度
(3) 床鞍移动在水平面内的直线度
(4) 尾座移动对床鞍移动的平行度
(5) 主轴的轴向窜动和主轴轴肩支撑面的跳动
(6) 主轴定心轴颈的径向跳动
(7) 主轴轴线的径向跳动
(8) 主轴轴线对床鞍纵向移动的平行度
(9) 主轴顶尖的径向跳动
(10) 尾座套筒轴线对床鞍移动的平行度
(11) 尾座套筒锥孔轴线对床鞍移动的平行度
(12) 主轴和尾座两顶尖的等高度
(13) 小滑板纵向移动对主轴轴线的平行度
(14) 中滑板横向移动对主轴轴线的垂直度
(15) 丝杠的轴向窜动
(16) 由丝杠所产生的螺距累计误差

二、卧式车床的工作精度

卧式车床的工作精度是指车床在运动状态和切削力作用下的精度。在车床处于热平衡状态下，可以用车床加工出的工件精度来评定，它综合反映了切削力、夹紧力等各种因素对加工精度的影响。卧式车床工作精度要求的项目如下：

1. 精车外圆

（1）圆度。

（2）在纵截面内直径的一致性。

2. 精车端面的平面度

3. 精车 300 mm 长度螺纹的螺距累计误差

三、卧式车床精度对加工质量的影响

在车床上加工工件时，影响加工质量的因素很多，如车床本身的精度、工件的装夹方法、车刀的几何参数、切削用量等。其中，车床的精度是影响工件加工质量的关键因素。卧式车床精度对加工质量的影响见表 7—1。

表 7—1　　卧式车床精度对加工质量的影响

序号	工件产生的缺陷	与机床有关的因素
1	车削工件时圆度超差	（1）主轴前后轴承间隙过大 （2）主轴轴颈的圆度超差
2	车圆柱形工件时产生锥度	（1）主轴轴线对床鞍移动的平行度超差 （2）床身导轨面严重磨损 （3）两顶尖装夹工件时尾座轴线与主轴轴线不重合 （4）地脚螺栓松动、车床水平变动
3	精车后工件端面平面度超差	（1）中滑板移动对主轴轴线的垂直度超差 （2）主轴轴向窜动量超差
4	精车后工件端面圆跳动超差	主轴轴向窜动量超差
5	车削外圆时，工件素线的直线度超差	（1）两顶尖装夹工件时，床头和尾座两顶尖的等高度超差 （2）床鞍移动的直线度超差 （3）利用小滑板车削时，小滑板移动对主轴轴线的平行度超差
6	钻、扩、铰孔时，工件孔径扩大或孔变为喇叭形	（1）尾座套筒锥孔轴线对床鞍移动的平行度超差 （2）尾座套筒外圆轴线对床鞍移动的平行度超差 （3）前、后顶尖的等高度超差

续表

序号	工件产生的缺陷	与机床有关的因素
7	车削螺纹时螺距精度超差	（1）丝杠的轴向窜动量超差 （2）从主轴至丝杠间的传动链传动误差过大 （3）开合螺母磨损造成啮合不良或间隙过大
8	车外圆时表面上有混乱的波纹（振动）	（1）主轴滚动轴承滚道磨损，间隙过大 （2）主轴的轴向窜动量超差 （3）床鞍及中、小滑板滑动表面间隙过大
9	精车外圆时轴向表面上出现有规律的波纹	（1）溜板箱纵向进给小齿轮与齿条啮合不良 （2）光杠弯曲，或光杠、丝杠的三孔轴线不同轴，并与车床导轨不平行 （3）溜板箱内某一传动齿轮（或蜗轮）损坏 （4）主轴箱、进给箱中的轴弯曲或齿轮损坏
10	精车外圆时圆周表面上出现有规律的波纹	（1）主轴上的传动齿轮齿形不良、齿部损坏或啮合不良 （2）电动机旋转不平衡而引起振动 （3）带轮等旋转零件振幅过大而引起振动 （4）主轴轴承间隙过大或过小

四、卧式车床的常见故障及原因

车床在使用过程中，会发生各种各样的故障。故障一方面严重地影响工件的加工质量，甚至使加工无法继续进行；另一方面将使车床有关部件磨损加剧，甚至导致部件损坏。因此，当车床出现故障时，应能尽快地分析、判断出故障的发生部位和产生原因，并进一步分析、找出与故障相关的部件，提出消除故障的建议和方法，同时对一般性的故障自行排除。表 7—2 为卧式车床常见故障分析。

表 7—2　　卧式车床常见故障分析

序号	常见故障	故障分析	主要原因
1	刹车不灵	在车床停车过程中，主轴不能迅速停止，影响工作效率，还易发生事故	（1）主轴箱内的多片摩擦离合器中的摩擦片间隙过小，造成停车后摩擦片未完全脱开 （2）制动装置中制动钢带过松
2	闷车	在车削过程中，背吃刀量较大时造成主轴停转	主轴箱内的多片摩擦离合器中的摩擦片间隙过大，摩擦片之间的摩擦力较小，造成传递动力不足
3	强力车削时机动进给停止	强力车削时机动进给停止	（1）CA6140 型车床溜板箱内的安全离合器的弹簧压力过低 （2）机动进给手柄的定位弹簧过松

续表

序号	常见故障	故障分析	主要原因
4	卡盘圆跳动大	当卡盘本身的精度较高，装在主轴上圆跳动大的原因主要是主轴间隙过大	（1）主轴轴承磨损 （2）主轴调整后未锁紧，在切削力和振动的影响下，使主轴轴承松动而造成主轴间隙过大
5	主轴温度过高	主轴温度过高	（1）主轴轴承间隙过小，使摩擦力增加，摩擦热过多，造成主轴温度过高 （2）主轴箱内油泵循环供油不足，不仅使主轴轴承润滑不良，而且使主轴轴承产生的热量不能传散而造成主轴轴承温度过高。如果供油过多，也会使主轴轴承发热 （3）主轴长时间满负荷工作

五、技能训练

根据以下加工零件时出现的现象，分析 CA6140 型卧式车床的故障并排除（假设产生这些现象仅是车床的原因）。

1. 加工零件时出现的现象

（1）零件端面的平面度出现较大误差。

（2）零件外圆的圆度和圆柱度出现较大误差。

（3）加工零件时产生振动。

2. 操作提示

（1）用百分表检测零件的平面度，根据误差值的大小，分析造成误差的主要原因：中滑板移动对主轴轴线的垂直度超差；主轴轴向窜动量超差。

（2）用百分表检测零件的圆度和圆柱度，根据误差值分析造成误差的主要原因：主轴前、后轴承间隙过大；主轴轴颈的圆度超差；床鞍移动的直线度超差。

（3）在车削过程中根据产生振动的部位和振动的规律，分析产生振动的主要原因：主轴滚动轴承滚道磨损，间隙过大；主轴的轴向窜动量超差；床鞍及中、小滑板滑动表面间隙过大；溜板箱纵向进给小齿轮与齿条啮合不良；溜板箱内某一传动齿轮（或蜗轮）损坏；主轴箱、进给箱中的轴弯曲或齿轮损坏；主轴上的传动齿轮齿形不良、齿部损坏或啮合不良；电动机旋转不平衡而引起振动；带轮等旋转零件振幅过大而引起振动。

课后练习

一、判断题

（　　）1. 车床主轴的旋转精度、刚度、抗振性等对工件的加工精度和表面粗糙度有直接影响。

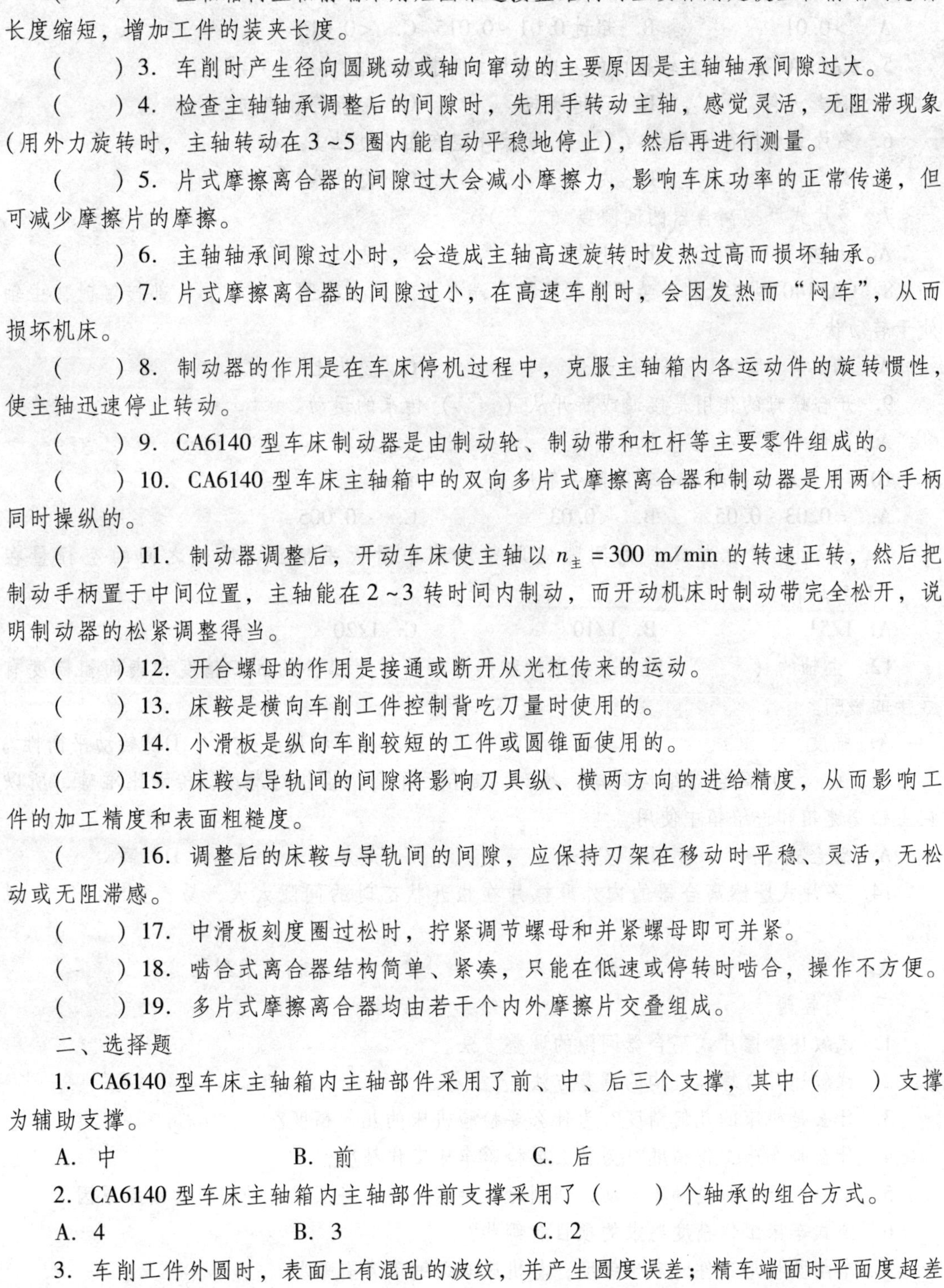

(　　) 2. 主轴箱内主轴前端采用短圆锥连接盘结构的主要作用是使主轴前端的悬伸长度缩短，增加工件的装夹长度。

(　　) 3. 车削时产生径向圆跳动或轴向窜动的主要原因是主轴轴承间隙过大。

(　　) 4. 检查主轴轴承调整后的间隙时，先用手转动主轴，感觉灵活，无阻滞现象(用外力旋转时，主轴转动在3~5圈内能自动平稳地停止)，然后再进行测量。

(　　) 5. 片式摩擦离合器的间隙过大会减小摩擦力，影响车床功率的正常传递，但可减少摩擦片的摩擦。

(　　) 6. 主轴轴承间隙过小时，会造成主轴高速旋转时发热过高而损坏轴承。

(　　) 7. 片式摩擦离合器的间隙过小，在高速车削时，会因发热而“闷车”，从而损坏机床。

(　　) 8. 制动器的作用是在车床停机过程中，克服主轴箱内各运动件的旋转惯性，使主轴迅速停止转动。

(　　) 9. CA6140 型车床制动器是由制动轮、制动带和杠杆等主要零件组成的。

(　　) 10. CA6140 型车床主轴箱中的双向多片式摩擦离合器和制动器是用两个手柄同时操纵的。

(　　) 11. 制动器调整后，开动车床使主轴以 $n_{主}$ =300 m/min 的转速正转，然后把制动手柄置于中间位置，主轴能在2~3转时间内制动，而开动机床时制动带完全松开，说明制动器的松紧调整得当。

(　　) 12. 开合螺母的作用是接通或断开从光杠传来的运动。

(　　) 13. 床鞍是横向车削工件控制背吃刀量时使用的。

(　　) 14. 小滑板是纵向车削较短的工件或圆锥面使用的。

(　　) 15. 床鞍与导轨间的间隙将影响刀具纵、横两方向的进给精度，从而影响工件的加工精度和表面粗糙度。

(　　) 16. 调整后的床鞍与导轨间的间隙，应保持刀架在移动时平稳、灵活，无松动或无阻滞感。

(　　) 17. 中滑板刻度圈过松时，拧紧调节螺母和并紧螺母即可并紧。

(　　) 18. 啮合式离合器结构简单、紧凑，只能在低速或停转时啮合，操作不方便。

(　　) 19. 多片式摩擦离合器均由若干个内外摩擦片交叠组成。

二、选择题

1. CA6140 型车床主轴箱内主轴部件采用了前、中、后三个支撑，其中（　　）支撑为辅助支撑。

A. 中　　　B. 前　　　C. 后

2. CA6140 型车床主轴箱内主轴部件前支撑采用了（　　）个轴承的组合方式。

A. 4　　　B. 3　　　C. 2

3. 车削工件外圆时，表面上有混乱的波纹，并产生圆度误差；精车端面时平面度超差等，就必须（　　）。

A. 进行机床大修　　　B. 调整主轴轴承间隙

C. 调换轴承

4. CA6140 型车床主轴的径向全跳动和轴向窜动都不得（ ）mm。

A. >0.01　　B. 超过 0.01～0.015　　C. <0.015

5. CA6140 型车床主轴箱内的双向多片式摩擦离合器（ ）作用。

A. 只起开停　　B. 只起换向　　C. 起开停和换向

6. 多片式摩擦离合器的（ ）摩擦片空套在花键轴上。

A. 外　　B. 内　　C. 内、外

7. 多片式摩擦离合器的间隙要（ ）。

A. 大些　　B. 小些　　C. 适当

8. CA6140 型车床制动装置中杠杆的下端与齿条轴上的圆弧（ ）部接触时，主轴处于转动状态。

A. 凹　　B. 凸　　C. 轮齿上

9. 开合螺母的作用是接通或断开从（ ）传来的运动。

A. 丝杠　　B. 光杠　　C. 床鞍

10. 开合螺母的燕尾导轨间隙一般应（ ）mm。

A. =0.03～0.05　　B. <0.03　　C. <0.005

11. 中滑板丝杠与螺母的间隙应调整至使中滑板手柄正、反转之间的空程量在（ ）转以内。

A. 1/5　　B. 1/10　　C. 1/20

12. 主轴的（ ）、刚度、抗振性和热变形等对于工件的加工精度和表面粗糙度有直接的影响。

A. 强度　　B. 转动灵活性　　C. 旋转精度　　D. 转动平衡性

13.（ ）离合器结构简单、紧凑，接合后不会产生相对滑动，传动比准确，所以在主轴变速箱和进给箱中使用。

A. 啮合式　　B. 安全　　C. 超越　　D. 离心

14. 多片式摩擦离合器的内外摩擦片在松开状态时的间隙太大，易产生（ ）现象。

A. 闷车　　B. 停不住车　　C. 开车手柄提不到位

三、简答题

1. 试叙述摩擦片式离合器间隙的调整方法。

2. 试叙述开合螺母机构的调整方法。

3. 什么是机床的几何精度？为什么要检验机床的几何精度？

4. 什么是车床工作精度？为什么要检验车床工作精度？

5. 试分析开车时主轴不启动，切削时主轴转速自动降低或自动停机的故障原因。

6. 卧式车床工作精度要求的项目有哪些？

7. 车削圆柱形工件时产生锥度，与机床有关的因素有哪些？

8. 精车工件端面时平面度超差的原因是什么？

9. 分析车床主轴温度过高的主要原因。

10. 精车外圆时出现有规律的波纹，与机床有关的因素有哪些？

11. 车削外圆时，工件产生圆柱度误差的主要原因有哪些?
12. 简述丝杠与螺母间隙的调整方法。
13. 简述中滑板刻度圈机构的调整方法。
14. 简述制动带的调整方法。
15. 叙述主轴轴承间隙的检测方法。

模块八

职业技能鉴定车工中级考核模拟试卷

理论知识考核模拟试卷一

一、单项选择题

1. 下列说法正确的是（　　）。

A. 增环公差最大　　B. 减环尺寸最小

C. 封闭环公差最大　　D. 封闭环尺寸最大

2. 假想用剖切面剖开机件，将处在观察者和剖切面之间的部分移去，而将其余部分向投影面投影所得到的图形，称为（　　）。

A. 剖视图　　B. 剖面图　　C. 局部剖视图　　D. 移出剖视图

3. 火灾报警电话是（　　）。

A. 110　　B. 114　　C. 119　　D. 120

4. 车床操作过程中，（　　）。

A. 搬工件应戴手套　　B. 不准用手清屑

C. 短时间离开不用切断电源　　D. 卡盘停不稳可用手扶住

5. 粗车时，选择切削用量的顺序是（　　）。

A. $a_p \to v \to f$　　B. $f \to a_p \to v$　　C. $v \to f \to a_p$　　D. $a_p \to f \to v$

6. 就顺铣和逆铣比较而言，下列说法确切的是（　　）。

A. 逆铣刀具耐用度高　　B. 逆铣加工过程稳定

C. 顺铣时工作台不易窜动　　D. 逆铣多用于粗加工，顺铣多用于精加工

7. 外螺纹的规定画法是牙顶（大径）及螺纹终止线用（　　）表示。

A. 细实线　　B. 细点画线　　C. 粗实线　　D. 波浪线

8. 粗车多线螺纹，分线时比较简便的方法是（　　）。

A. 小滑板刻度分线法　　B. 交换齿轮分线法

C. 利用百分表和量块分线法　　D. 卡盘爪分线法

9. 梯形螺纹分米制梯形螺纹和（　　）梯形螺纹两种。

A. 英制　　B. 公制　　C. 30°　　D. 40°

10. CA6140 型车床主轴前支撑处装有一个双列推力向心球轴承，主要用于承受（　　）。

A. 径向作用力 B. 右向轴向力 C. 左向轴向力 D. 左右轴向力

11. 车床操作过程中，（ ）。

A. 短时间离开不用切断电源 B. 离开时间短不用停车

C. 卡盘扳手应随手取下 D. 卡盘停不稳可用手扶住

12. 工艺过程中（ ）所消耗的时间属于辅助时间。

A. 测量和检验工件 B. 休息 C. 准备刀具 D. 切削

13. 减少加工余量，可缩短（ ）时间。

A. 基本 B. 辅助 C. 准备 D. 结束

14. 机床工作时，为防止丝杠传动和机动进给同时接通而损坏机床，在滑板箱中设有（ ）。

A. 互锁机构 B. 安全离合器

C. 脱落蜗杆机构 D. 开合螺母

15. 只能减小表面粗糙度值，不能提高加工精度的是（ ）。

A. 超精加工 B. 珩磨 C. 研磨 D. 抛光

16. 加工时，用来确定工件在机床上或夹具中正确位置所使用的基准为（ ）。

A. 定位基准 B. 测量基准 C. 装配基准 D. 工艺基准

17. 外圆与外圆偏心的零件，叫（ ）。

A. 偏心套 B. 偏心轴 C. 偏心 D. 不同轴件

18. 垫圈放在磁力工作台上磨平面，属于（ ）定位。

A. 部分 B. 完全 C. 欠 D. 重复

19. 使用（ ）可提高刀具寿命。

A. 润滑液 B. 切削液 C. 清洗液 D. 防锈液

20. “①选择比例和图幅。②布置图面，完成底稿。③检查底稿，标注尺寸和技术要求后描深图线。④填写标题栏。”是绘制（ ）的步骤。

A. 装配图 B. 零件草图 C. 零件图 D. 标准件图

21. 有时工件的数量并不多，但还是需要使用专用夹具，这是因为夹具能（ ）。

A. 保证加工质量 B. 扩大机床的工艺范围

C. 提高劳动生产率 D. 解决加工中的特殊困难

22. 减少（ ）时间是缩短辅助时间的主要措施之一。

A. 清点工件 B. 找正工件 C. 润滑机床 D. 休息

23. 提高劳动生产率的措施，必须以保证产品（ ）为前提，以提高经济效益为中心。

A. 数量 B. 质量 C. 经济效益 D. 美观

24. 在两顶尖之间测量偏心距时，百分表测得的数值为（ ）。

A. 偏心距 B. 两倍偏心距

C. 偏心距的一半 D. 两偏心圆直径之差

25. 刃磨时对刀面的要求是（ ）。

A. 刃口锋利、平直 B. 刃口平直、表面粗糙度值小

C. 刃口平直、光洁　　　　　　　　D. 刀面平整、表面粗糙度值小

26. 法向直廓蜗杆在垂直于轴线的截面内的齿形是（　　）。

A. 延长渐开线　　　　　　　　　B. 渐开线

C. 螺旋线　　　　　　　　　　　D. 阿基米德螺旋线

27. 在平面磨削中，一般来说，圆周磨削比端面磨削（　　）。

A. 效率高　　　　　　　　　　　B. 加工质量好

C. 磨削热大　　　　　　　　　　D. 磨削力大

28. 当精车延长渐开线蜗杆时，车刀左右两刃组成的平面应（　　）装刀。

A. 与轴线平行　　　　　　　　　B. 与齿面垂直

C. 与轴线倾斜　　　　　　　　　D. 与轴线等高

29. 切屑的内表面光滑，外表面呈毛绒状，是（　　）。

A. 带状切屑　　　　　　　　　　B. 挤裂切屑

C. 单元切屑　　　　　　　　　　D. 粒状切屑

30. 通过切削刃选定点并同时垂直于基面和切削平面的平面是（　　）。

A. 基面　　　　　　　　　　　　B. 切削平面

C. 正交平面　　　　　　　　　　D. 辅助平面

31. 修正软卡爪同心，属于减小误差的（　　）。

A. 就地加工法　　　　　　　　　B. 直接减小误差法

C. 误差分组法　　　　　　　　　D. 误差平均法

32. 万能角度尺在（　　）范围内，不装角尺和直尺。

A. 0°~50°　　B. 50°~140°　　C. 140°~230°　　D. 230°~320°

33. 梯形螺纹粗车刀与精车刀相比，其纵向前角应取得（　　）。

A. 较大　　B. 零值　　C. 较小　　D. 一样

34. 减少薄壁变形的方法有使用（　　）。

A. 中心架　　　　　　　　　　　B. 扇形软卡爪

C. 弹性顶尖　　　　　　　　　　D. 径向夹紧装置

35. 从一批制件的加工时间来看，若平行方式为 T_1，平行顺序移动方式为 T_2，顺序移动方式为 T_3，则有（　　）。

A. $T_1 > T_2 > T_3$　　　　　　　　B. $T_1 < T_2 < T_3$

C. $T_2 > T_1 > T_3$　　　　　　　　D. $T_3 > T_1 > T_2$

36. 生产计划是企业（　　）的依据。

A. 组织日常生产活动　　　　　　B. 调配劳动力

C. 生产管理　　　　　　　　　　D. 合理利用生产设备

37. 为避免中心架支撑爪直接和毛坯表面接触，安装中心架之前，应先在工件中间车一段安装中心架支撑爪的（　　），这样可减小中心架支撑爪的磨损。

A. 外圆　　B. 沟槽　　C. 螺纹　　D. 锥度

38. CA6140 车床钢带式制动器的作用是（　　）。

A. 缩短辅助时间　　B. 制动　　C. 提高生产效率　　D. 保险

39. CA6140 型车床与 C620 型车床相比，CA6140 型车床具有下列特点（ ）。

A. 滑板箱操纵手柄多　B. 尾座有快速夹紧机构

C. 进给箱变速杆强度差　D. 主轴孔小

40. 加工硬化程度较小的金属材料是（ ）。

A. 低碳钢　B. 中碳钢　C. 高碳钢　D. 灰铸铁

41. 主切削刃在基面上的投影与进给方向之间的夹角是（ ）。

A. 前角　B. 后角　C. 主偏角　D. 副偏角

42. 用 2∶1 的比例画 10°斜角的楔块时，应将该角画成（ ）。

A. 5°　B. 10°　C. 20°　D. 15°

43. 用丝杠螺距 12 mm 的车床车削 M12 的螺纹，则计算交换齿轮的公式为（ ）。

A. 7/48　B. （25/100）×（70/120）

C. （20/120）×（80/70）　D. （80/70）×（120/20）

44. 车右螺纹时因受螺旋运动的影响，车刀左刃前角、右刃后角（ ）。

A. 不变　B. 增大　C. 减小　D. 相等

45. 加工中间切入的工件、主偏角一般选（ ）。

A. 90°　B. 45°~60°　C. 0°　D. 负值

46. 下列关于已知线段的说法中，正确的是（ ）。

A. 定形尺寸与定位尺寸齐全　B. 有定形尺寸，定位尺寸不全

C. 只有定形尺寸而无定位尺寸　D. 需用圆弧连接方法做出

47. 蜗杆的车削与车削梯形螺纹很相似，但由于蜗杆的齿形较深，（ ）大，车削时比车削梯形螺纹困难些。

A. 切削量　B. 切削深度

C. 切削面积　D. 切削尺寸

48. 在 C6140 车床上车精密螺纹，应将（ ）离合器接通。

A. M3　B. M4　C. M5　D. M3、M4、M5

49. 深孔加工主要的关键技术是深孔钻的（ ）问题。

A. 几何形状和冷却排屑　B. 几何角度

C. 冷却排屑　D. 钻杆刚度和排屑

50. 弹簧夹头是车床上常用的典型夹具，它能（ ）。

A. 定心　B. 定心，又能夹紧

C. 定心，不能夹紧　D. 夹紧

51. 车床的开合螺母机构主要是用来接通或断开从（ ）传来的运动。

A. 进给　B. 光杠　C. 车螺纹　D. 丝杠

52. 多片式摩擦离合器的内外摩擦片在松开状态时的间隙太大，易产生（ ）现象。

A. 闷车　B. 停不住车　C. 掉车　D. 开车手柄提不到位

53. 车细长轴时，为了减小切削力和切削热，应该选择（ ）。

A. 较大的前角　B. 较小的前角　C. 较小的主偏角　D. 较大的后角

54.（　　）属于综合测量方法。

A. 三针测量　　B. 螺纹千分尺测量
C. 螺纹量规测量　　D. 游标卡尺测量

55. 立式车床适于加工（　　）零件。

A. 小型规则　　B. 形状复杂
C. 大型轴类　　D. 大型盘类

56. 零件加工后的实际几何参数与理想几何参数的（　　）称为加工误差。

A. 误差大小　　B. 偏离程度
C. 符合程度　　D. 差别

57. 选择粗基准时应选择（　　）的表面。

A. 大而平整　　B. 比较粗糙
C. 加工余量小或不加工　　D. 小而平整

58. 工序集中的优点是减少了（　　）的辅助时间。

A. 测量工件　　B. 调整刀具　　C. 安装工件　　D. 刃磨刀具

59. CA6140 型车床，当进给抗力过大、刀架运动受到阻碍时，能自动停止进给运动的机构是（　　）。

A. 安全离合器　　B. 超越离合器
C. 互锁机构　　D. 开合螺母

60. 在丝杠螺距为 12 mm 的车床上，车削（　　）螺纹不会产生乱扣。

A. M8　　B. M12　　C. M20　　D. M24

61. 车螺纹时，在每次往复行程后，除中滑板横向进给外，小滑板只向一个方向做微量进给，这种车削方法是（　　）法。

A. 直进　　B. 左右切削　　C. 斜进　　D. 车直槽

62. 普通螺纹的牙顶应为（　　）形。

A. 圆弧　　B. 尖　　C. 削平　　D. 凹面

63. 蜗杆的齿形角是（　　）。

A. 40°　　B. 20°　　C. 30°　　D. 15°

64. 蜗杆的齿形角是在通过蜗杆轴线的平面内，轴线垂直面与（　　）之间的夹角。

A. 端面　　B. 大径　　C. 齿侧　　D. 齿根

65. 蜗杆分度圆直径实际上就是（　　），其测量的方法和三针测量普通螺纹中径的方法相同，只是千分尺读数值 M 的计算公式不同。

A. 中径　　B. 大径　　C. 齿距　　D. 模数

66.（　　）砂轮适用于硬质合金车刀的刃磨。

A. 绿色碳化硅　　B. 黑色碳化硅　　C. 碳化硼　　D. 氧化铝

67. 当工件材料软、塑性大时，应用（　　）砂轮。

A. 粗粒度　　B. 细粒度　　C. 硬粒度　　D. 软粒度

68. 钨钛钴类硬质合金由碳化钨、碳化钛和（　　）组成。

A. 钒　　B. 铌　　C. 钼　　D. 钴

69. 零件加工后的实际几何参数与理想几何参数的符合程度称为（　　）。

A. 加工误差　B. 加工精度　C. 尺寸误差　D. 几何精度

70. 细长轴的最大特点是（　　），在车削过程中，因受切削力、工件重力及旋转时离心力的影响，易产生弯曲变形、热变形等。

A. 刚度差　B. 精度差　C. 强度差　D. 韧性差

71. 形状（　　）的零件可以利用花盘和角铁等附件在车床上加工。

A. 规则　B. 特殊　C. 完整　D. 不规则

72. 保证工件在加工过程中的位置不发生变化，是对夹紧装置的基本要求中的（　　）。

A. 牢　B. 正　C. 快　D. 简

73. 普通麻花钻的特点是（　　）。

A. 棱边磨损小　B. 易冷却　C. 横刃长　D. 前角无变化

74. 刃倾角 λ_s 为正值时，使切屑流向（　　）。

A. 加工表面　B. 已加工表面　C. 待加工表面　D. 切削平面

75. 变速机构可在主动轴转速（　　）时，使从动轴获得不同的转速。

A. 由小变大　B. 改变　C. 不改变　D. 由大变小

76. 主轴的正转、反转是由（　　）机构控制的。

A. 主运动　B. 变速　C. 变向　D. 操纵

77. CA6140 型车床，为了使滑板的快速移动和机动进给自动转换，在滑板箱中装有（　　）。

A. 互锁机构　B. 超越离合器　C. 安全离合器　D. 脱落蜗杆机构

78. 夹紧力的方向尽量与（　　）一致。

A. 工件重力　B. 进深抗力　C. 离心力　D. 切削力

79. 一个物体在（　　）可能具有的运动称为自由度。

A. 空间　B. 平面　C. 机床上　D. 直线上

80. （　　）越好，允许的切削速度越高。

A. 韧性　B. 强度　C. 耐磨性　D. 红硬性

81. 形状复杂、精度较高的刀具应选用的材料是（　　）。

A. 工具钢　B. 高速钢　C. 硬质合金　D. 碳素钢

82. 花盘、角铁的定位基准面的形位公差，要（　　）工件形位公差的1/2。

A. 大于　B. 等于　C. 小于　D. 不等于

83. 用齿轮卡尺测量蜗杆的（　　）齿厚时，应把齿高卡尺的读数调整到齿顶高尺寸。

A. 周向　B. 径向　C. 法向　D. 轴向

84. 车削多线螺纹时，（　　）。

A. 根据自己的经验，怎么车都行

B. 精车多次循环分线，小滑板要一个方向赶刀

C. 应把各条螺旋槽先粗车好后，再分别精车

D. 应将一条螺旋槽车好后，再车另一条螺旋槽

85. 零件的加工精度包括（　　）。

A. 尺寸精度、几何形状精度和相互位置精度

B. 尺寸精度

C. 尺寸精度、形位精度和表面粗糙度

D. 几何形状精度和相互位置精度

86. 工件以底面为定位基面，放在散开的 4 个支撑钉上定位，它属于（　　）定位。

A. 部分　　B. 完全　　C. 重复　　D. 欠

87. 工件长度与直径之比（　　）25 时，称为细长轴。

A. 小于　　B. 等于　　C. 大于　　D. 不等于

88. 米制蜗杆的齿形角为（　　）。

A. 20°　　B. 30°　　C. 40°　　D. 60°

89. 在尺寸链中，当其他尺寸确定后，新产生的一个环是（　　）。

A. 封闭环　　B. 减环　　C. 组成环　　D. 增环

90. 用多孔插盘分线时，先停车，松开螺母，拔出（　　）销，转盘转一个角度，再把插销插入另一个定位孔中，紧固螺母，分线工作完成。

A. 圆锥　　B. 定位　　C. 开口　　D. 削边

91.（　　）时应选用较小后角。

A. 车铸铁件　　B. 精加工　　C. 车 45 钢　　D. 车铝合金

92. 圆柱齿轮传动的精度要求有运动精度、（　　）、接触精度等方面。

A. 几何精度　　B. 平行度　　C. 垂直度　　D. 工作平稳性

93. 在机床上用以装夹工件的装置，称为（　　）。

A. 车床夹具　　B. 专用夹具　　C. 机床夹具　　D. 通用夹具

94. CA6140 型车床尾座套筒是莫氏（　　）圆锥。

A. 4 号　　B. 5 号　　C. 6 号　　D. 2 号

95. 下列（　　）情况应选用较大前角。

A. 硬质合金车刀　　B. 车脆性材料

C. 车刀材料强度差　　D. 车塑性材料

96. 同一条螺旋线相邻两牙在中径线上对应点之间的轴向距离称为（　　）。

A. 螺距　　B. 导程　　C. 节距　　D. 周节

97. 当工件可以分段车削时，可使用（　　）支撑，以增加工件刚度。

A. 中心架　　B. 跟刀架　　C. 过渡套　　D. 弹性顶尖

98. 产生积屑瘤的最大因素是（　　）。

A. 工件材料　　B. 切削速度　　C. 刀具前角　　D. 后角

99. 车床主轴的工作性能有（　　）、刚度、热变形、抗振性等。

A. 回转精度　　B. 硬度　　C. 强度　　D. 塑性

100. 用三爪自定心卡盘装夹工件，当夹持部分较短时，它属于（　　）定位。

A. 部分　　B. 完全　　C. 重复　　D. 欠

101. 夹具上确定夹具相对于机床位置的是（　　）。

A. 定位装置　　B. 夹紧装置　　C. 夹具体　　D. 组合夹具

102. 当 $\kappa_r=$（　）时，$a_w=a_p$。

A. 45°　　B. 75°　　C. 90°　　D. 80°

103. 车床主轴箱齿轮精车前的热处理方法为（　　）。

A. 正火　　B. 淬火　　C. 高频淬火　　D. 表面热处理

104. 车法向直廓蜗杆时，刀头必须倾斜，如采用（　）刀排最为理想。

A. 镗孔　　B. 可调　　C. 可回转　　D. 机夹

105. 车偏心工件主要是在（　　）方面采取措施，即要把偏心部分的轴线找正到与车床主轴轴线相重合。

A. 加工　　B. 装夹　　C. 测量　　D. 找正

106. 已知米制梯形螺纹的公称直径为 36 mm，螺距 $P=6$ mm，则中径为（　　）mm。

A. 30　　B. 32.103　　C. 33　　D. 36

107. 修磨麻花钻横刃的目的是（　　）。

A. 增大横刃处前角　　B. 减小横刃处前角

C. 增大或减小横刃处前角　　D. 增加横刃强度

108. 车削螺距小于 4 mm 的矩形螺纹时，一般不分粗、精车，用一把车刀采用（　　）法完成车削。

A. 斜进　　B. 直进　　C. 间接　　D. 左右切削

109. 刀尖圆弧半径增大，使切深抗力 F_y（　　）。

A. 无变化　　B. 有所增加　　C. 增加较多　　D. 增加很多

110. 用 450 r/min 的转速车削 Tr50×12 内螺纹孔径时，切削速度为（　　）m/min。

A. 70.7　　B. 54　　C. 450　　D. 50

111. 车削的特点是刀具沿着所要形成的工件表面，以一定的背吃刀量和（　）对回转工件进行切削。

A. 切削速度　　B. 进给量　　C. 运动　　D. 方向

112. 被加工材料的（　　）和金相组织对其表面粗糙度影响最大。

A. 强度　　B. 硬度　　C. 塑性　　D. 韧性

113. 粗车蜗杆时，应控制切削用量，防止“（　）”。

A. 啃刀　　B. 扎刀　　C. 加工硬化　　D. 积屑瘤

114. 当车削（　　）较高的工件时，应选较小的主偏角。

A. 塑性　　B. 强度　　C. 硬度　　D. 温度

115. 当卡盘本身的精度较高，装上主轴后（　）大的主要原因是主轴间隙过大。

A. 间隙　　B. 径跳动　　C. 轴窜动　　D. 圆跳动

116. 刀具的（　）要符合要求，以保证良好的切削性能。

A. 几何特性　　B. 几何角度　　C. 几何参数　　D. 尺寸

117. 使用硬质合金可转位刀具，必须选择（　　）。

A. 合适的刀杆　　B. 合适的刀片
C. 合理的刀具角度　　D. 合适的切削用量

118. 垫片厚度的近似计算公式中 Δe，表示试车后实测偏心距与所要求的偏心距（　　），即 $\Delta e = e - e_{测}$。
A. 误差　　B. 之和　　C. 距离　　D. 乘积

119. 法向直廓蜗杆又称 ZN 蜗杆，这种蜗杆在法向平面内齿形为（　　），而在垂直于轴线的剖面内齿形为延长线渐开线，所以又称延长渐开线蜗杆。
A. 垂线　　B. 曲线　　C. 直线　　D. 矩形

120. 车刀切削部分材料的硬度不能低于（　　）。
A. 90 HRC　　B. 70 HRC　　C. 60 HRC　　D. 230 HBW

121. 跟刀架的种类有（　　）跟刀架和三爪跟刀架。
A. 一爪　　B. 两爪　　C. 铸铁　　D. 铜

122. 下列因素中对刀具寿命影响最大的是（　　）。
A. 背吃刀量　　B. 进给量　　C. 切削速度　　D. 车床转速

123. 工件的六个自由度全部被限制，使它在夹具中只有（　　）正确的位置，称为完全定位。
A. 两个　　B. 唯一　　C. 三个　　D. 五个

124. 刀具材料的硬度、耐磨性越高，韧性（　　）。
A. 越差　　B. 越好　　C. 不变　　D. 消失

125. 刀具材料的硬度越高，耐磨性（　　）。
A. 越差　　B. 越好　　C. 不变　　D. 消失

126. 管螺纹是用于管道连接的一种（　　）。
A. 普通螺纹　　B. 英制螺纹　　C. 连接螺纹　　D. 精密螺纹

127. 精车梯形螺纹时，为了便于左右车削，精车刀的刀头宽度应（　　）牙槽底宽。
A. 小于　　B. 等于　　C. 大于　　D. 超过

128. 如不用切削液，切削热的（　　）传入刀具。
A. 50% ~86%　　B. 10% ~40%　　C. 3% ~9%　　D. 1%

129. 加工（　　）材料或硬度较低的材料时应选择较大的前角。
A. 难加工　　B. 脆性　　C. 铝　　D. 塑性

130. 在高温下能够保持刀具材料切削性能指的是（　　）。
A. 硬度　　B. 耐热性　　C. 耐磨性　　D. 强度

131. 刀具两次重磨之间（　　）时间的总和称为刀具寿命。
A. 使用　　B. 机动　　C. 纯切削　　D. 工作

132. 四爪单动卡盘是（　　）夹具。
A. 通用　　B. 专用　　C. 车床　　D. 机床

133. 加工细长轴时，如果采用一般的顶尖，由于两顶尖之间的距离不变，当工件在加工过程中受热变形伸长时，必然会造成工件（　　）变形。
A. 挤压　　B. 受力　　C. 热　　D. 弯曲

134. 加工塑性金属材料应选用（　）硬质合金。

A. P类　B. K类　C. M类　D. 以上均可

135. 加工细长轴要使用（　）和跟刀架，以增加工件的安装刚度。

A. 顶尖　B. 中心架　C. 三爪　D. 夹具

136. 铰孔时两手用力不均匀会使（　）。

A. 孔径缩小　B. 孔径扩大　C. 孔径不变化　D. 铰刀磨损

137. 高速车螺纹时，一般选用（　）法车削。

A. 直进　B. 左右切削　C. 斜进　D. 车直槽

138. 矩形外螺纹的牙宽公式是 a =（　）。

A. $P-b$　B. $P-a$　C. $T-N$　D. $S-L$

139.（　）硬质合金适于加工短切屑的黑色金属、有色金属及非金属材料。

A. P类　B. K类　C. M类　D. 以上均可

140. 锯齿形螺纹同（　）螺纹的车削方法相似，所要注意的是锯齿形螺纹车刀的刀尖角不对称，刃磨时不能磨反。

A. 圆锥　B. 圆弧　C. 三角　D. 梯形

141. 使用中心距为 200 mm 的正弦规，检验圆锥角为 2°58′24″的莫氏圆锥塞规，其圆柱下应垫量块组尺寸是（　）mm 。

A. 5.36　B. 6.23　C. 6.51　D. 5.19

142. 中心架装上后，应逐个调整中心架的（　）支撑爪，使支撑爪对工件支撑的松紧程度适当。

A. 任一个　B. 两个　C. 三个　D. 四个

143. 高速钢车刀的（　）较差，因此不能用于高速切削。

A. 强度　B. 硬度　C. 耐热性　D. 工艺性

144. 主、副切削刃相交的一点是（　）。

A. 顶点　B. 刀头中心　C. 刀尖　D. 工作点

145. 主运动的速度最高，消耗功率（　）。

A. 最小　B. 最大　C. 一般　D. 不确定

146. 采用夹具后，工件上有关表面的（　）由夹具保证。

A. 位置精度　B. 形状精度　C. 大轮廓尺寸　D. 表面粗糙度

147. 主轴轴承间隙过小，使（　）增加，摩擦热过多，造成主轴温度过高。

A. 应力　B. 外力　C. 摩擦力　D. 切削力

148. 麻花钻的两个螺旋槽表面就是（　）。

A. 主后面　B. 副后面　C. 前面　D. 切削平面

149. 偏心夹紧装置是利用（　）工件来实现夹紧作用的。

A. 轴类　B. 套类　C. 偏心　D. 轮盘类

150. 切削平面是通过切削刃选定点与切削刃相切并垂直于（　）的平面。

A. 基面　B. 正交平面　C. 辅助平面　D. 主剖面

151. 划线基准一般可用以下三种类型：以两个相互垂直的平面（或线）为基准；以

一个平面和一条中心线为基准；以（　）为基准。

A. 一条中心线　　B. 两条中心线

C. 一条或两条中心线　　D. 三条中心线

152. 规定（　）的磨损量 *VB* 作为刀具的磨损限度。

A. 主切削刃　　B. 前面　　C. 后面　　D. 切削表面

153. 刃磨高速钢梯形螺纹精车刀后，用（　　）加机油研磨前、后面至刃口平直，刀面光洁无磨痕为止。

A. 砂布　　B. 锉刀　　C. 油石　　D. 砂轮

154. 使主运动能够继续切除工件多余的金属，以形成工作表面所需的运动，称为（　　）。

A. 进给运动　　B. 主运动　　C. 辅助运动　　D. 切削运动

155. 梯形螺纹一般采用（　　）测量法测量螺纹的中径。

A. 辅助　　B. 法向　　C. 圆周　　D. 三针

156. 蜗杆的齿形和（　　）螺纹的相似。

A. 锯齿形　　B. 矩形　　C. 方牙　　D. 梯形

157.（　　）不属于刀具的主要角度。

A. 前角　　B. 后角　　C. 主偏角　　D. 副前角

158.（　　）是刀具在进给运动方向上相对工件的位移量。

A. 切削速度　　B. 进给量　　C. 背吃刀量　　D. 工作行程

159. 在主截面内测量的刀具基本角度有（　　）。

A. 刃倾角　　B. 前角和刃倾角　　C. 前角和后角　　D. 主偏角

160. 时间定额的组成在不同的生产类型中是不同的，在单件生产条件下，可粗略计算其单件工时定额组成正确的一项是（　）。

A. 基本时间

B. 基本时间 + 辅助时间

C. 基本时间 + 辅助时间 + 休息与生理需要时间 + 准备和结束时间

D. 基本时间 + 准备时间

二、判断题

161. 在 CA6140 型卧式车床上只要拧紧中滑板上两螺母之间的螺钉，就可以消除丝杠与螺母的运动间隙。（　）

162. 所加工的毛坯、半成品和成品分开，并按次序整齐排列。（　）

163. 在外圆磨床上，工件一般用两顶尖安装，很少用卡盘安装。（　）

164. 生产过程组织是指解决产品生产过程各阶段、各环节、各工序在时间和空间上的协调衔接。（　）

165. 机床的主参数用主轴直径表示，位于组、系代号之后。（　）

166. 有一外圆锥，已知 $D_1 = 65$ mm，$D_2 = 35$ mm，$L = 100$ mm，用近似公式求得圆锥半角为 $8°36'$。（　）

167. 机械伤害事故的种类主要有四种，即刺割伤、打砸伤、碾绞伤和烫伤。（　）

168. 数控加工可保证工件尺寸的同一性，提高产品质量。 ( )

169. 车床主轴轴向窜动量超差，车削时会产生锥度。 ( )

170. 当零件的大部分表面粗糙度相同时，将相同的代（符）号统一标注在图样的右上角即可，无须另外加注内容。 ( )

171. 组合夹具是由一套预先制造好的具有不同几何形状、不同尺寸规格的高精度标准件和组合件组成的。 ( )

172. 安置在机座外的齿轮传动装置，不论其安置地点和位置如何适当，都必须安装防护罩。 ( )

173. 劳动生产率是指单位时间内所生产的合格品数量，或者用于生产单位合格品所需的劳动时间。 ( )

174. 车床上的三爪自定心卡盘、四爪单动卡盘属于专用夹具。 ( )

175. 解决曲柄颈加工问题的关键是曲轴的装夹。 ( )

176. 磨削加工作为精加工，一般放在车铣之后，热处理之前。 ( )

177. 企业提高劳动生产率的目的就是提高经济效益，因此劳动生产率与经济效益成正比。 ( )

178. 本身尺寸增大使封闭环尺寸增大的组成环为减环。 ( )

179. 能消除工件六个自由度的定位方式称完全定位。 ( )

180. 辅助支撑只起提高刚度的作用，不起消除自由度的作用。 ( )

181. 应遵守工艺纪律，执行技术标准，坚持按图样、按工艺、按技术标准组织生产。 ( )

182. 总余量是指零件从毛坯变为成品整个加工过程中某一表面所切除金属层的总厚度。 ( )

183. 用厚度较大的螺纹样板测具有纵向前角的车刀的刀尖角时，样板应平行于车刀切削刃放置。 ( )

184. 磨削只能加工一般刀具难以加工甚至无法加工的金属材料。 ( )

185. 在三爪自定心卡盘上车削偏心工件，垫片厚度的近似计算公式是 $X = 1.5e$。 ( )

186. 磨削是用砂轮以较高线速度对工件表面进行加工的方法。 ( )

187. 切削脆性金属时，易发生后面磨损。 ( )

188. 由于枪孔钻的刀尖偏一边，刀头刚进入工件时，刀杆会产生扭动，因此必须使用导向套。 ( )

189. 镗床特别适宜加工孔距精度和相对位置精度要求很高的孔系。 ( )

190. 车刀安装高低对主、副偏角无影响。 ( )

191. 车床的开车手柄是操纵机构。 ( )

192. 与已知圆外切的圆，其圆心在已知圆的同心圆上，半径为两圆半径之和。 ( )

193. 只要工件被夹紧不动，即表明其六个自由度都被限制了。 ( )

194. 车削细长轴工件时，若跟刀架的支撑爪压得过紧，会把工件车成“锥形”。 （ ）

195. 操作者对自用设备的使用要做到会使用、会保养、会检查、会排除故障。 （ ）

196. 质量手册是质量体系纲领性文件。 （ ）

197. 主切削力 F_z 消耗的功率最多。 （ ）

198. 多线蜗杆一般用齿厚卡尺测量法向齿厚，用单针测量分度圆上的齿槽宽度。 （ ）

199. 沿着螺旋线形成的具有相同剖面的连续凸起和沟槽称为螺纹。 （ ）

200. 画三视图时，无论是整个物体还是物体的局部，都应遵守“长对正，高平齐，宽相等”的三等规律。 （ ）

理论知识考核模拟试卷二

一、单项选择题

1. 组合夹具组装时，首先根据工件的加工工艺等资料，确定组装（ ）。

A. 方法　B. 方案　C. 步骤　D. 元件

2. 文明生产应该（ ）。

A. 车床不用每天保养　B. 千分尺可当卡规使用

C. 磨刀时应站在砂轮正面　D. 零件毛坯与成品分开摆放整齐

3. 一工人在 8 h 内加工 120 件零件，其中 8 件零件不合格，则其劳动生产率为（ ）件/h。

A. 15　B. 14　C. 120　D. 8

4. 起吊重物时，不允许的操作是（ ）。

A. 起吊前安全检查　B. 同时按两个电钮

C. 重物起落速度均匀　D. 严禁吊臂下站人

5. 同一表面有不同表面粗糙度要求时，需用（ ）分出界线，分别标出相应的尺寸和代号。

A. 点画线　B. 细实线　C. 粗实线　D. 虚线

6. 磨削时，工作者应站在砂轮的（ ）。

A. 侧面　B. 对面　C. 前面　D. 后面

7. 假想用剖切平面将机件的某处切断，仅画出断面的图形称为（ ）。

A. 断面图　B. 移出剖面　C. 重合剖面　D. 剖视图

8. 绘制零件图一般分四步，最后一步是（ ）。

A. 描深标题栏　B. 描深图线

C. 标注尺寸和技术要求　D. 填写标题栏

9. 工件的（ ）个自由度全部被限制，它在夹具中只有唯一的位置，属于完全定位。

A. 三　　B. 四　　C. 五　　D. 六

10. 在车间生产中，严肃贯彻工艺规程，执行技术标准，严格坚持“三按”即(　　)组织生产，不合格产品不出车间。

A. 按人员、按设备、按图样　　B. 按人员、按资金、按物资

C. 按图样、按工艺、按技术标准　　D. 按车间、按班组、按个人

11. 加工曲轴采用低速精车，以免（　　）的作用使工件产生位移。

A. 径向力　　B. 重力　　C. 切削力　　D. 离心力

12. 车外圆时，车刀装低，(　　)。

A. 前角变大　　B. 前、后角不变

C. 后角变大　　D. 后角变小

13. M7120A 是应用较广的平面磨床，磨削尺寸精度一般可达（　　）。

A. IT5　　B. IT7　　C. IT9　　D. IT11

14. 数控车床加工不同零件时，只需更换（　　）即可。

A. 毛坯　　B. 凸轮　　C. 车刀　　D. 计算机程序

15. 高速切削塑性金属材料时，若没有采取适当的断屑措施，则形成（　　）切屑。

A. 挤裂　　B. 崩碎　　C. 带状　　D. 螺旋

16. 属于甲类火灾危险品是（　　）。

A. 氢气、煤油、红磷　　B. 乙炔、酒精、红磷

C. 天然气、柴油、闪光粉　　D. 甲烷、汽油、硫黄

17. 对夹紧装置的基本要求中的“正”是指（　　）。

A. 夹紧后，应保证工件在加工过程中的位置不发生变化

B. 夹紧时，应不破坏工件的正确定位

C. 夹紧迅速

D. 结构简单

18. 法向直廓蜗杆在垂直于轴线的截面内的齿形是（　　）。

A. 延长渐开线　　B. 渐开线

C. 螺旋线　　D. 阿基米德螺旋线

19. 加工中用于定位的基准，称为（　　）基准。

A. 设计　　B. 工艺　　C. 定位　　D. 装配

20. 切削强度和硬度高的材料，切削温度（　　）。

A. 较低　　B. 较高　　C. 中等　　D. 不变

21. 跟刀架固定在床鞍上，可以跟着车刀来抵消（　　）切削力。

A. 主　　B. 轴向　　C. 径向　　D. 横向

22. 跟刀架由（　　）调整螺钉、支撑爪、螺钉、螺母等组成。

A. 套筒　　B. 弹簧　　C. 顶尖　　D. 架体

23. 标注形位公差时箭头（　　）。

A. 要指向被测要素　　B. 指向基准要素

C. 必须与尺寸线错开　　D. 都要与尺寸线对齐

24．为避免硬度过低切削时粘刀，低碳钢应采用（　　）热处理。

A．退火　　B．正火　　C．淬火　　D．时效

25．调整中滑板丝杠与螺母之间的间隙实际上是通过增大两螺母之间的（　　）距离而实现的。

A．径向　　B．上下　　C．轴向　　D．切向

26．车阶梯槽法车削梯形螺纹，（　　）。

A．适于螺距较大的螺纹　　B．适于精车

C．螺纹牙形准确　　D．牙底平整

27．减少加工余量，可缩短（　　）时间。

A．基本　　B．辅助　　C．准备　　D．结束

28．工序集中到极限时，把零件加工到图样规定的要求为（　　）工序。

A．一个　　B．二个　　C．三个　　D．多个

29．管螺纹是用于管道连接的一种（　　）。

A．普通螺纹　　B．英制螺纹

C．连接螺纹　　D．精密螺纹

30．下面（　　）方法对减少薄壁变形不起作用。

A．使用扇形软卡爪　　B．使用切削液

C．保持车刀锋利　　D．使用径向夹紧装置

31．提高劳动生产率的措施，必须以保证产品（　　）为前提，以提高经济效益为中心。

A．数量　　B．质量　　C．经济效益　　D．美观

32．劳动生产率是指用于生产（　　）所需的劳动时间。

A．合格品　　B．所有产品　　C．单位合格品　　D．合格品－废品

33．车削多线螺纹时（　　）。

A．应将一条螺旋槽车好后，再车另一条螺旋槽

B．应把各条螺旋槽先粗车好后，再分别精车

C．根据自己的经验，怎么车都行

D．精车多次循环分线时，小滑板要一个方向赶刀

34．把零件按误差大小分为几组，使每组的误差范围缩小的方法是（　　）。

A．直接减小误差法　　B．误差转移法

C．误差分组法　　D．误差平均法

35．零件的加工精度包括（　　）。

A．尺寸精度、几何形状精度和相互位置精度

B．尺寸精度

C．尺寸精度、形位精度和表面粗糙度

D．几何形状精度和相互位置精度

36．CA6140 型车床，当进给抗力过大、刀架运动受到阻碍时，能自动停止进给运动的机构是（　　）。

A．安全离合器　　B．超越离合器

C. 互锁机构　　D. 开合螺母

37. 同一条螺旋线相邻两牙在中径线上对应点之间的轴向距离称为（　　）。

A. 螺距　　B. 导程　　C. 节距　　D. 周节

38. 用2∶1的比例画10°斜角的楔块时，应将该角画成（　　）。

A. 5°　　B. 10°　　C. 20°　　D. 15°

39. 磨削区域温度高达（　　），所以必须充分使用切削液降温。

A. 800～1 000℃　　B. 500～600℃　　C. 300℃　　D. 1 200℃

40. 车刀左右两刃组成的平面，当车ZA蜗杆时，此平面应与（　　）装刀。

A. 轴线平行　　B. 齿面垂直　　C. 轴线倾斜　　D. 轴线等高

41. 切削层的尺寸规定在刀具（　　）中测量。

A. 切削平面　　B. 基面　　C. 主截面　　D. 副截面

42. 划线基准一般有（　　）为基准、以两中心线为基准、以一个平面和一条中心线为基准三种类型。

A. 以两个相互垂直的平面　　B. 以两条相互垂直的线

C. 以两个相垂直的平面或线　　D. 以一个平面和圆弧面

43. 梯形螺纹的螺纹升角是按螺纹的（　　）计算的。

A. 外径　　B. 中径　　C. 内径　　D. 小径

44. 机铰时，应使工件（　　）装夹进行钻、铰工作，以保证铰刀中心线与钻孔中心线一致。

A. 一次　　B. 二次　　C. 三次　　D. 四次

45. 用硬质合金车刀精车时，应选（　　）。

A. 较低的转速　　B. 很小的背吃刀量

C. 较高的转速　　D. 较大的进给量

46. （　　）越好，允许的切削速度越高。

A. 韧性　　B. 强度　　C. 耐磨性　　D. 红硬性

47. 立式车床适于加工（　　）零件。

A. 大型轴类　　B. 形状复杂　　C. 大型盘类　　D. 小型规则

48. 用铰杠攻螺纹时，当丝锥的切削部分全部进入工件，两手用力要（　　）的旋转，不能有侧向的压力。

A. 较大　　B. 很大　　C. 均匀、平稳　　D. 较小

49. 当工件材料软，塑性大，应用（　　）砂轮。

A. 粗粒度　　B. 细粒度　　C. 硬粒度　　D. 软粒度

50. 互锁机构的作用是防止（　　）而损坏机床。

A. 主轴正转、反转同时接通　　B. 纵、横进给同时接通

C. 光杠、丝杠同时转动　　D. 丝杠传动和机动进给同时接通

51. 加工蜗杆的刀具主要有（　　）、90°车刀、切槽刀、内孔车刀、麻花钻、蜗杆刀等。

A. 锉刀　　B. 45°车刀　　C. 刮刀　　D. 15°车刀

52. 物体三视图的投影规律：主俯视图（　　）。

A. 长对正　B. 高平齐　C. 宽相等　D. 上下对齐

53. 加工细长轴要使用中心架和跟刀架，以增加工件的（　）刚度。

A. 工作　B. 加工　C. 回转　D. 装夹

54. 主切削刃在基面上的投影与进给方向之间的夹角是（　）。

A. 前角　B. 后角　C. 主偏角　D. 副偏角

55. 减少或补偿工件热变形伸长的措施之一是加注充分的（　）。

A. 煤油　B. 机油　C. 切削液　D. 压缩空气

56. 减速器箱体加工过程的第一阶段是将箱盖与底座（　）加工。

A. 分开　B. 同时　C. 精　D. 半精

57. 用单针测量法测量多线蜗杆分度圆直径时，应考虑（　）误差对测量的影响。

A. 齿宽　B. 齿厚　C. 中径　D. 外径

58. 当切屑变形最大时，切屑与刀具的摩擦也最大，对刀具来说，传热不容易的区域是在（　　），其切削温度也最高。

A. 刀尖附近　B. 前面　C. 后面　D. 副后面

59. 弹簧夹头和弹簧心轴是车床上常用的典型夹具，它能（　　）。

A. 定心　B. 定心，不能夹紧

C. 夹紧　D. 定心，又能夹紧

60. 锯齿形外螺纹的小径 d_3 =（　　）P。

A. $d-0.866$　B. $d-1.866$　C. $d-1.7355$　D. $d-1.535$

61. CA6140 型车床，为了使滑板的快速移动和机动进给自动转换，在滑板箱中装有（　　）。

A. 过载保护机构　B. 互锁机构

C. 安全离合器　D. 超越离合器

62. 开合螺母跟燕尾形导轨配合的松紧程度，可用（　）进行调整。

A. 锥度　B. 楔铁　C. 螺母　D. 斜面

63. 零件加工后的实际几何参数与理想几何参数的（　）称为加工误差。

A. 误差大小　B. 偏离程度

C. 符合程度　D. 差别

64. 离合器由端面带有螺旋齿爪的左、右两半部组成，左半部由（　　）带动在轴上空转，右半部和轴上花键连接。

A. 主轴　B. 光杠　C. 齿轮　D. 花键

65. 变速机构可在主动轴转速（　）时，使从动轴获得不同的转速。

A. 由小变大　B. 由大变小　C. 改变　D. 不改变

66. 采用长圆柱孔定位，可以消除工件的（　　）自由度。

A. 两个平动　B. 两个平动、两个转动

C. 三个平动、一个转动　D. 两个平动、一个转动

67. 工件以小锥度心轴定位时，（　　）。

A. 没有定位误差
B. 有基准位移误差，没有基准不重合误差
C. 没有基准位移误差，有基准不重合误差
D. 有定位误差

68. 主轴的正转、反转是由（　　）机构控制的。
A. 主运动　B. 变速　C. 变向　D. 操纵

69. 车削光杠时，应使用（　）支撑，以增加工件刚度。
A. 中心架　B. 跟刀架　C. 过渡套　D. 弹性顶尖

70. 在工厂机床种类不齐全的情况下，使用夹具，这是因为夹具能（　　）。
A. 保证加工质量　B. 扩大机床的工艺范围
C. 提高劳动生产率　D. 解决加工中的特殊困难

71. 深孔加工主要的关键技术是深孔钻的（　　）问题。
A. 钻杆刚性和排屑　B. 几何角度和冷却
C. 几何形状和冷却排屑　D. 冷却排屑

72. 两个平面互相（　　）的角铁叫直角角铁。
A. 平行　B. 垂直　C. 重合　D. 不相连

73. 磨削加工的主运动是（　）。
A. 砂轮旋转　B. 刀具旋转　C. 工件旋转　D. 工件进给

74. 偏心工件的装夹方法有两顶尖装夹、四爪单动卡盘装夹、三爪自定心卡盘装夹、偏心卡盘装夹、双重卡盘装夹、（　　）夹具装夹等。
A. 组合　B. 随行　C. 专用偏心　D. 气动

75. 在花盘上加工工件，车床主轴转速应（　　）。
A. 较低　B. 中速　C. 较高　D. 高速

76. 在三爪自定心卡盘上车削偏心工件，垫片厚度的近似计算公式是（　）。
A. $X=1.5\Delta e$　B. $X=1.5e$　C. $X=1.5e+k$　D. $X=1.5e\pm k$

77. 外圆和外圆或内孔和外圆的轴线（　　）的零件，叫作偏心工件。
A. 重合　B. 垂直　C. 平行　D. 平行而不重合

78. 偏心工件在四爪单动卡盘上装夹时，按划线找正偏心部分（　　）和主轴轴线重合后，才可加工。
A. 连线　B. 端面　C. 外圆　D. 轴线

79. （　）定位在加工过程中是不允许出现的。
A. 部分　B. 完全　C. 欠　D. 重复

80. 偏心夹紧装置中偏心轴的（　）中心与几何中心不重合。
A. 移动　B. 转动　C. 位置　D. 尺寸

81. 车床纵向溜板移动方向与被加工丝杠轴线在（　　）方向的平行度误差对工件螺距影响最大。
A. 水平　B. 垂直　C. 任何方向　D. 切深方向

82. 米制蜗杆的齿形角为（　　）。

A. 20° B. 30° C. 40° D. 60°

83. 车细长轴时，为避免振动，车刀的主偏角应取（ ）。

A. 45° B. 60°~75° C. 80°~93° D. 100°

84. 成形车刀的前角取（ ）。

A. 较大 B. 较小 C. 0° D. 20°

85. 刀具角度中对切削力影响最大的是（ ）。

A. 前角 B. 后角 C. 主偏角 D. 刃倾角

86. M20×3/2 的螺距为（ ）。

A. 3 B. 2.5 C. 2 D. 1.5

87. 下列（ ）情况应选用较大后角。

A. 硬质合金车刀 B. 车脆性材料

C. 车刀材料强度差 D. 车塑性材料

88. 欠定位不能保证加工质量，往往会产生废品，因此是（ ）允许的。

A. 特殊情况下 B. 可以 C. 一般条件下 D. 绝对不

89. 强力车削时自动进给停止的原因之一是机动进给（ ）的定位弹簧压力过松。

A. 机构 B. 加工 C. 齿轮 D. 手柄

90. 切削时切削刃会受到很大的压力和冲击力，因此刀具必须具备足够的（ ）。

A. 硬度 B. 强度和韧性 C. 工艺性 D. 耐磨性

91. 磨削加工砂轮的旋转是（ ）运动。

A. 工作 B. 磨削 C. 进给 D. 主

92. 精车梯形螺纹时，为了便于左右车削，精车刀的刀头宽度应（ ）牙槽底宽。

A. 小于 B. 等于 C. 大于 D. 超过

93. 工件材料相同，车削时温升基本相等，其热变形伸长量主要取决于（ ）。

A. 工件长度 B. 材料热膨胀系数

C. 刀具磨损程度 D. 进给量

94. 切断刀的副偏角一般选（ ）。

A. 6°~8° B. 20° C. 1°~1.5° D. 45°~60°

95. CA6140 型车床在刀架上的最大工件回转直径是（ ）mm。

A. 190 B. 210 C. 280 D. 200

96. 细长轴的主要特点是（ ）。

A. 强度差 B. 刚度差 C. 弹性好 D. 稳定性差

97. 普通螺纹的牙顶应为（ ）形。

A. 圆弧 B. 尖 C. 削平 D. 凹面

98. 夹紧力的方向应垂直于工件的（ ）。

A. 主要定位基准面 B. 加工表面

C. 未加工表面 D. 已加工表面

99. 切削时切削液可以冲去细小的切屑，以防止加工表面（ ）。

A. 变形 B. 擦伤 C. 产生裂纹 D. 加工困难

100. 任何切削加工方法都必须有一个（ ），可以有一个或几个进给运动。

A. 辅助运动 B. 主运动 C. 切削运动 D. 纵向运动

101. 在丝杠螺距为 12 mm 的车床上，车削（ ）螺纹不会产生乱扣。

A. M8 B. M12 C. M20 D. M24

102. 乳化液是将（ ）加水稀释而成的。

A. 切削油 B. 润滑油 C. 动物油 D. 乳化油

103. 热变形伸长量与工件的总长度有关，对于长度（ ）的工件，热变形伸长量较小，可忽略不计。

A. 很长 B. 较长 C. 较短 D. 很大

104. 在机床上用以装夹工件的装置，称为（ ）。

A. 车床夹具 B. 专用夹具 C. 机床夹具 D. 通用夹具

105. 多片式摩擦离合器的内外摩擦片在松开状态时的间隙太大，易产生（ ）现象。

A. 闷车 B. 停不住车 C. 掉车 D. 开车手柄提不到位

106. 用三针法测量模数 $m=5$，外径为 80 的米制蜗杆时，测得 M 值应为（ ）。

A. 70 B. 92.125 C. 82.125 D. 80

107. 使用划线盘划线时，划针应与工件划线表面之间保持（ ）夹角。

A. 40°~60° B. 20°~40° C. 50°~70° D. 10°~20°

108. 使用硬质合金可转位刀具，必须选择（ ）。

A. 合适的切削用量 B. 合适的刀片

C. 加工材料 D. 合适的刀杆

109. 梯形螺纹的（ ）是公称直径。

A. 外螺纹大径 B. 外螺纹小径 C. 内螺纹大径 D. 内螺纹小径

110. 套螺纹时在工件端部倒角，板牙开始切削时（ ）。

A. 容易切入 B. 不易切入 C. 容易折断 D. 不易折断

111. 已知米制梯形螺纹的公称直径为 36 mm，螺距 $P=6$ mm，牙顶间隙 $a_c=0.5$ mm，则牙槽底宽为（ ）mm。

A. 2.196 B. 1.928 C. 0.268 D. 3

112. 一台 CA6140 车床，$P_E=7.5$ kW，$\eta=0.8$，用 YT5 车刀将直径为 80 mm 的中碳钢毛坯在一次进给中车成直径为 70 mm 的半成品，若选进给量为 0.3 mm/r，车床主轴转速为 400 r/min，则主切削力为（ ）N。

A. 1 500 B. 3 000 C. 6 000 D. 12 000

113.（ ）砂轮适用于硬质合金车刀的刃磨。

A. 绿色碳化硅 B. 黑色碳化硅 C. 碳化硼 D. 氧化铝

114. 梯形螺纹粗车刀与精车刀相比，其纵向前角应取得（ ）。

A. 较大 B. 零值 C. 较小 D. 一样

115. 专用夹具适用于（ ）。

A. 新品试制 B. 单件小批生产 C. 大批大量生产 D. 一般生产

116. CA6140车床钢带式制动器的作用是（　）。

A. 起保险作用　B. 防止车床过载　C. 提高生产效率　D. 制动

117. 在机床上用以装夹工件的装置，称为（　）。

A. 车床夹具　B. 专用夹具　C. 机床夹具　D. 通用夹具

118. 在高温下能够保持刀具材料切削性能的是（　）。

A. 硬度　B. 耐热性　C. 耐磨性　D. 强度

119. 用450 r/min的转速车削Tr50×12内螺纹孔径时，切削速度为（　）m/min。

A. 70.7　B. 54　C. 450　D. 50

120. 套筒锁紧装置需要将套筒固定在某一位置时，可顺时针转动手柄，通过圆锥销带动拉紧螺杆旋转，使下夹紧套（　）移动，从而将套筒夹紧。

A. 向后　B. 向后　C. 向上　D. 向右

121. 刀具两次重磨之间（　）时间的总和称为刀具寿命。

A. 使用　B. 机动　C. 纯切削　D. 工作

122. 调整跟刀架时，应综合运用手感、耳听、目测等方法控制支撑爪，使其轻轻接触到（　）。

A. 顶尖　B. 机床　C. 刀架　D. 工件

123. 花盘可直接装夹在车床的（　）上。

A. 卡盘　B. 主轴　C. 尾座　D. 专用夹具

124. 已知米制梯形螺纹的公称直径为36 mm，螺距$P=6$ mm，则中径为（　）mm。

A. 30　B. 32.103　C. 33　D. 36

125.（　）时，可避免积屑瘤的产生。

A. 使用切削液　B. 加大进给量　C. 中等切削速度　D. 小前角

126. 钻孔一般属于（　）。

A. 精加工　B. 半精加工　C. 粗加工　D. 半精加工和精加工

127. 在齿形角正确的情况下，蜗杆分度圆（中径）处的轴向齿厚和蜗杆（　）宽度相等，即等于齿距的一半。

A. 齿槽　B. 齿厚　C. 牙顶　D. 中心

128. 增大装夹时的接触面积，可采用特制的软卡爪和（　），这样可使夹紧力分布均匀，减小工件的变形。

A. 套筒　B. 夹具　C. 开缝套筒　D. 定位销

129. 中心架安装在床身（　）上，当中心架支撑在工件中间，工件的刚度可提高好几倍。

A. 导轨　B. 尾座　C. 立柱　D. 底座

130. 重复定位能提高工件的（　），但对工件的定位精度有影响，一般是不允许的。

A. 塑性　B. 强度　C. 刚度　D. 韧性

131. 轴上的花键槽一般都放在外圆的半精车（　）进行。

A. 之前　B. 之后　C. 同时　D. 之前或之后

132. CA6140 型卧式车床主轴箱Ⅲ轴到Ⅴ轴之间的传动比实际上有（ ）种。

A. 四　B. 六　C. 三　D. 五

133. 刀具材料的硬度、耐磨性越高，韧性（ ）。

A. 越差　B. 越好　C. 不变　D. 消失

134. 在花盘、角铁上加工工件时，转速如果太高，就会因（ ）的影响，使工件飞出，而发生事故。

A. 切削力　B. 离心力　C. 夹紧力　D. 转矩

135. 利用百分表和量块分线时，把百分表固定在（ ）上，并在床鞍上装一固定挡块。

A. 刀架　B. 床头箱　C. 尾座　D. 主轴

136. 刀具材料的硬度越高，耐磨性（ ）。

A. 越差　B. 越好　C. 不变　D. 消失

137. 利用三爪自定心卡盘分线时，只需把（ ）松开，把工件连同鸡心夹头转动一个角度，由卡盘的另一爪拨动，再顶好后顶尖，就可车削第二条螺旋槽。

A. 夹具　B. 前顶尖　C. 后顶尖　D. 螺母

138. 有时工件的数量并不多，但还是需要使用专用夹具，这是因为夹具能（ ）。

A. 保证加工质量　B. 扩大机床的工艺范围

C. 提高劳动生产率　D. 解决加工中的特殊困难

139. 两顶尖装夹的优点是安装时不用（ ），定位精度较高。

A. 测量　B. 夹紧　C. 找正　D. 费力

140. 麻花钻顶角大小可根据加工条件由钻头刃磨决定，标准麻花钻顶角为 118° ± 2°，且两主切削刃呈（ ）形。

A. 凸　B. 凹　C. 圆弧　D. 直线

141. 偏心工件装夹时，必须按已划好的偏心和侧素线找正，把偏心部分的轴线找正到与车床（ ）轴线重合，即可加工。

A. 齿轮　B. 主轴　C. 电动机　D. 丝杠

142. 用厚度较厚的螺纹样板测具有纵向前角的车刀的刀尖角时，样板应（ ）放置。

A. 水平　B. 平行于车刀切削刃

C. 平行工件轴线　D. 平行于车刀底平面

143. 采用夹具后，工件上有关表面的（ ）由夹具保证。

A. 位置精度　B. 形状精度

C. 大轮廓尺寸　D. 表面粗糙度

144. 普通成形刀若精度要求不高，（ ）可用手工刃磨。

A. 圆弧面　B. 角度　C. 切削刃　D. 刀具

145. 切削平面是通过切削刃选定点与切削刃相切并垂直于（ ）的平面。

A. 基面　B. 正交平面　C. 辅助平面　D. 主剖面

146. 造成已加工表面粗糙的主要原因是（ ）。

A. 残留面积　　B. 积屑瘤
C. 鳞刺　　D. 振动波纹

147. 切削液渗透到了刀具、切屑和工件间，形成（　）可以减小摩擦。
A. 润滑膜　B. 间隔膜　C. 阻断膜　D. 冷却膜

148. （　）硬质合金适于加工短切屑的黑色金属、有色金属及非金属材料。
A. P类　B. K类　C. M类　D. 以上均可

149. 刃磨高速钢梯形螺纹精车刀后，用（　）加机油研磨前、后面至刃口平直，刀面光洁无磨痕为止。
A. 砂布　B. 锉刀　C. 油石　D. 砂轮

150. 任何一个工件在（　）前，它在夹具中的位置都是任意的。
A. 夹紧　B. 定位　C. 加工　D. 测量

151. 高速钢车刀的（　）较差，因此不能用于高速切削。
A. 强度　B. 硬度　C. 耐热性　D. 工艺性

152. 形状复杂、精度较高的刀具应选用的材料是（　）。
A. 工具钢　B. 高速钢　C. 硬质合金　D. 碳素钢

153. 高速钢常用的牌号是（　）。
A. CrWMn　B. W18Cr4V　C. 9SiCr　D. Cr12MOV

154. 在主截面内主后面与切削平面之间的夹角是（　）。
A. 前角　B. 后角　C. 主偏角　D. 副偏角

155. 使主运动能够继续切除工件多余的金属，以形成工作表面所需的运动，称为（　）。
A. 进给运动　B. 主运动　C. 辅助运动　D. 切削运动

156. 若车刀的主偏角为75°，副偏角为6°，其刀尖角为（　）。
A. 99°　B. 9°　C. 84°　D. 15°

157. 用三针法测量 Tr30×10 螺纹的中径，测的 *M* 值应为（　）mm。
A. 36.535　B. 31.535　C. 25　D. 30

158. 双重卡盘装夹工件安装方便，不需调整，但它的刚度较差，不宜选择较大的（　），适用于小批量生产。
A. 车床　B. 转速　C. 背吃刀量　D. 切削用量

159. 车螺纹时，在每次往复行程后，除中滑板横向进给外，小滑板只向一个方向做微量进给，这种车削方法是（　）法。
A. 直进　B. 左右切削　C. 斜进　D. 车直槽

160. 高速车螺纹时，一般选用（　）法。
A. 直进　B. 左右切削　C. 斜进　D. 车直槽

二、判断题

161. CA6140 型卧式车床具有高速细进给、加工精度高、表面粗糙度值小的优点。（　）

162. 磨削是用砂轮以较高线速度对工件表面进行加工的方法。（　）

163. 在车床上自制60°前顶尖，最大圆锥直径为30 mm，则计算圆锥长度为26 mm。 ( )

164. 车床操纵机构的作用是变速、变向。 ( )

165. 操作者对自用设备的使用要做到会使用、会保养、会检查、会排除故障。 ( )

166. 生产过程包括基本生产过程、辅助生产过程和生产服务过程三部分。 ( )

167. 使用机械可转位车刀可减少辅助时间。 ( )

168. 用轴向分线法车蜗杆时，在车好一条螺旋槽之后，应把车刀沿蜗杆轴线方向移动一个导程，再车第二条槽。 ( )

169. CA6140型车床主轴轴向力可由后轴承来承受。 ( )

170. 机械伤害事故的种类主要有四种，即刺割伤、打砸伤、碾绞伤和烫伤。 ( )

171. 期量标准反映合理组织生产活动在时间和数量上必须保持的联系和比例关系，是编制生产作业计划的重要依据。 ( )

172. 用直联丝杠法加工蜗杆，车床丝杠螺距为12 mm，车削 $m_x = 3$，线数 $Z = 2$ 的蜗杆，则计算交换齿轮的齿数为 $Z_1 / Z_2 = 55/35$。 ( )

173. 麻花钻的修磨方法有修磨横刃、修磨前面、双重刃磨等。 ( )

174. 工件常见定位方法有平面定位、圆柱孔定位、两孔一面定位和圆柱面定位等。 ( )

175. 生产管理工作的内容可归纳为以下三个方面：生产准备和生产组织工作、生产计划工作、生产控制。 ( )

176. 全面质量管理的基本特点就在于全员性和预防性。 ( )

177. 一般机床夹具主要由定位元件、夹紧元件、对刀元件、夹具体四部分组成。 ( )

178. 定位基准是在加工中用于定位的基准。 ( )

179. 尺寸链的计算方法有概率法和极大极小法。 ( )

180. 使用弹性顶尖加工细长轴，可有效地补偿工件的热变形伸长。 ( )

181. 减小刃口圆弧半径，可避免或减轻硬化现象。 ( )

182. 单个圆柱齿轮的画法是在垂直于齿轮轴线方向的视图上不必剖开，而将齿顶圆、齿根圆和分度圆分别用粗实线、细点画线和细实线绘制。 ( )

183. 粗加工磨钝标准是按正常磨损阶段终了时的磨损值来制定的。 ( )

184. 加工余量可分为工序余量和总余量两种。 ( )

185. 零件加工后的实际几何参数与理想几何参数的符合程度称为加工精度。 ( )

186. 工时定额和产量定额成正比，可以互相换算。 ( )

187. 在角铁上加工工件，第一个工件的找正困难，辅助时间长。 ( )

188. 镗削加工的主运动是镗刀的旋转。 ( )

189. 与已知圆外切的圆，其圆心在已知圆的同心圆上，半径为两圆半径之和。 ( )

190. 刀具磨损限度规定在后面上测量。 ( )

191. 形位公差要求高的工件，在用花盘加工前要先把花盘平面精车一刀。 (   )
192. 麻花钻的前角外小里大，其变化范围为 $-30° \sim +30°$。 (   )
193. 封闭环是当各尺寸确定后最终产生的一个环。 (   )
194. 如工件定位时所消除的自由度总数超过六个，称为重复定位。 (   )
195. 刨削加工的运动具有急回的特性。 (   )
196. 由于试切法的加工精度较高，所以主要用于大量生产。 (   )
197. 已知米制梯形螺纹的公称直径为 42 mm，螺距 $P=6$ mm，则内螺纹小径为 36 mm。 (   )
198. 当普通机床型号中有通用特性代号时结构特性代号应排在通用特性代号之后。 (   )
199. 偏心距较大的工件，因为受到百分表测量范围的限制，或无中心孔的偏心工件，可采用间接测量偏心距的方法。 (   )
200. 在外圆磨床上，工件一般用两顶尖安装，很少用卡盘安装。 (   )

理论知识考核模拟试卷三

一、单项选择题

1. 实现工艺过程中（ ）所消耗的时间属于辅助时间。
A. 测量和检验工件　　B. 休息
C. 准备刀具　　D. 切削

2. 在花盘、角铁上加工形位公差要求较高的工件，则花盘平面须经过（ ）。
A. 精车　　B. 精铣　　C. 精刨　　D. 精锉

3. 劳动生产率是指单位时间内所生产的（ ）数量。
A. 合格品　　B. 产品　　C. 合格品 + 废品　　D. 合格品 - 废品

4. 生产计划是企业（ ）的依据。
A. 组织日常生产活动　　B. 调配劳动力
C. 生产管理　　D. 合理利用生产设备

5. 劳动生产率是指用于生产（ ）所需的劳动时间。
A. 合格品　　B. 所有产品　　C. 单位合格品　　D. 合格品 - 废品

6. 绘制零件工作图一般分四步，第一步是（ ）。
A. 选择比例和图幅　　B. 看标题栏
C. 布置图面　　D. 绘制草图

7. 梯形螺纹粗车刀与精车刀相比，其纵向前角应取得（ ）。
A. 较大　　B. 零值　　C. 较小　　D. 一样

8. 提高劳动生产率的目的是（ ）。
A. 减轻工人劳动强度　　B. 降低生产成本
C. 提高产量　　D. 减少机动时间

9. 物体（　　）的投影规律是长对正、高平齐、宽相等。
A. 剖视图　B. 剖面图　C. 零件图　D. 三视图
10. 花键孔适宜于在（　　）上加工。
A. 插床　B. 牛头刨床　C. 铣床　D. 车床
11. 车细长轴时，为了减小切削力和切削热，应该选择（　　）。
A. 较大的前角　B. 较小的前角
C. 较小的主偏角　D. 较大的后角
12. 设计夹具时，定位元件的公差应不大于工件公差的（　　）。
A. 1/2　B. 1/3　C. 1/5　D. 1/10
13. 车床操作过程中，（　　）。
A. 短时间离开不用切断电源　B. 离开时间短不用停车
C. 卡盘扳手应随手取下　D. 卡盘停不稳可用手扶住
14. 直接决定产品质量水平的高低是（　　）。
A. 工作质量　B. 工序质量　C. 技术标准　D. 检验手段
15. 生产准备是指生产的（　　）准备工作。
A. 物资　B. 技术　C. 人员　D. 物资、技术
16. 用三爪自定心卡盘装夹工件，当夹持部分较短时，限制了（　　）个自由度。
A. 3　B. 2　C. 4　D. 5
17. 在切削金属材料时，属于正常磨损中最常见的情况是（　　）磨损。
A. 前面　B. 后面　C. 前、后面　D. 切削平面
18. 使用硬质合金可转位刀具，必须注意（　　）。
A. 选择合理的刀具角度　B. 刀片要用力夹紧
C. 刀片夹紧不需用力很大　D. 选择较大的切削用量
19. 用450 r/min 的转速车削 Tr50 × 12 内螺纹孔径时，切削速度为（　　）m/min。
A. 70.7　B. 54　C. 450　D. 50
20. 通常将深度与直径之比大于（　　）以上的孔，称为深孔。
A. 3 倍　B. 5 倍　C. 10 倍　D. 8 倍
21. 车床上的照明灯电压不超过（　　）V。
A. 12　B. 24　C. 36　D. 42
22. 本身尺寸增大能使封闭环尺寸增大的组成环为（　　）。
A. 增环　B. 减环　C. 封闭环　D. 组成环
23. 车削细长轴工件时，跟刀架的支撑爪压得过紧时，会使工件产生（　　）缺陷。
A. 竹节形　B. 锥形　C. 鞍形　D. 鼓形
24. 外螺纹的规定画法是牙顶（大径）及螺纹终止线用（　　）表示。
A. 细实线　B. 细点画线　C. 粗实线　D. 波浪线
25. 镗削加工中（　　）是主运动。
A. 镗刀旋转　B. 镗刀移动　C. 工件移动　D. 镗刀进给
26. 深孔加工主要的关键技术是深孔钻的（　　）问题。

A. 冷却排屑 B. 钻杆刚度和冷却排屑
C. 几何角度 D. 几何形状和冷却排屑

27. 已加工表面质量是指（ ）。
A. 表面粗糙度 B. 尺寸精度
C. 形状精度 D. 表面粗糙度和表层材质变化

28. 工件长度与直径之比（ ）25 倍时，称为细长轴。
A. 小于 B. 等于 C. 大于 D. 不等于

29. 孔在小锥度心轴上定位限制了（ ）个自由度。
A. 六 B. 五 C. 四 D. 三

30. CA6140 型车床主轴径向跳动过大，应调整主轴（ ）。
A. 前轴承 B. 后轴承 C. 中轴承 D. 轴承

31.（ ）要求画出剖切平面以后所有部分的投影。
A. 断面图 B. 剖视图 C. 视图 D. 移出断面图

32. CA6140 型车床与 C620 型车床相比，CA6140 型车床具有的特点是（ ）。
A. 滑板箱操纵手柄多 B. 尾座有快速夹紧机构
C. 进给箱变速杆强度差 D. 主轴孔小

33. 磨粒的微刃在磨削过程中与工件发生切削、刻划、摩擦抛光三个作用，粗磨时以切削作用为主，精磨分别以（ ）为主。
A. 切削、刻划、摩擦 B. 切削、摩擦抛光
C. 刻划、摩擦抛光 D. 刻划、切削

34. 加工余量是（ ）之和。
A. 各工步余量 B. 各工序余量
C. 工序余量和总余量 D. 工序和工步余量

35. 一般单件小批生产多遵循（ ）原则。
A. 基准统一 B. 基准重合 C. 工序集中 D. 工序分散

36. 车削细长轴时，要使用中心架和跟刀架来增加工件的（ ）。
A. 刚度 B. 韧性 C. 强度 D. 硬度

37. 关于已知线段的下列说法中，正确的是（ ）。
A. 定形尺寸与定位尺寸齐全 B. 有定形尺寸，定位尺寸不全
C. 只有定形尺寸而无定位尺寸 D. 需用圆弧连接方法做出

38. CA6140 型卧式车床的主轴反转有（ ）级转速。
A. 21 B. 24 C. 12 D. 30

39. 喷吸钻的排屑方式为（ ）。
A. 外排屑 B. 内排屑 C. 前排屑 D. 后排屑

40. 夹具上不起定位作用的是（ ）支撑。
A. 固定 B. 可调 C. 辅助 D. 定位

41. 车右螺纹时因受螺旋运动的影响，车刀左刃前角、右刃后角（ ）。
A. 不变 B. 增大 C. 减小 D. 相等

42. 用齿轮卡尺测量的是（　　）。

A. 螺距　　B. 周节　　C. 法向齿厚　　D. 轴向齿厚

43. 使工件在加工过程中保持定位位置不变的是（　　）。

A. 定位装置　　B. 夹紧装置　　C. 夹具体　　D. 组合夹具

44. 偏心工件的加工原理是把需要加工偏心部分的轴线找正到与车床主轴旋转轴线（　　）。

A. 重合　　B. 垂直　　C. 平行　　D. 不重合

45. 外圆与外圆偏心的零件，叫（　　）。

A. 偏心套　　B. 偏心轴　　C. 偏心　　D. 不同轴件

46. 零件加工后的实际几何参数与理想几何参数的（　　）称为加工误差。

A. 误差大小　　B. 偏离程度　　C. 符合程度　　D. 差别

47. 曲轴的装夹就是解决（　　）的加工问题的关键。

A. 主轴颈　　B. 曲柄颈　　C. 曲柄臂　　D. 曲柄偏心距

48. 硬质合金可转位车刀的特点是（　　）。

A. 不用磨刀　　B. 不易打刀　　C. 夹紧力大　　D. 刀片耐用

49. 车削光杠时，应使用（　　）支撑，以增加工件刚度。

A. 中心架　　B. 跟刀架　　C. 过渡套　　D. 弹性顶尖

50. 立式车床结构上的主要特点是主轴（　　）布置，工作台台面（　　）布置。

A. 垂直、水平　　B. 水平、垂直　　C. 垂直、垂直　　D. 水平、水平

51. 在三爪自定心卡盘上车偏心工件，已知 $D=60$ mm，偏心距 $e=3$ mm，试切后，实测偏心距为2.94 mm，则正确的垫片厚度为（　　）mm。

A. 4.41　　B. 4.59　　C. 3　　D. 4.5

52. 车床主轴（　　）使车出的工件出现圆度误差。

A. 径向跳动　　B. 轴向窜动　　C. 摆动　　D. 窜动

53. 工件的六个自由度全部被限制，它在夹具中只有唯一的位置，属于（　　）定位。

A. 部分　　B. 完全　　C. 欠　　D. 重复

54. 在两顶尖之间测量偏心距时，百分表测得的数值为（　　）。

A. 偏心距　　B. 两倍偏心距

C. 偏心距的一半　　D. 两偏心圆直径之差

55. 定位基准应从与（　　）有相对位置精度要求的表面中选择。

A. 加工表面　　B. 被加工表面　　C. 已加工表面　　D. 切削表面

56. 用厚度较厚的螺纹样板测具有纵向前角的车刀的刀尖角时，样板应（　　）放置。

A. 平行工件轴线　　B. 平行于车刀底平面

C. 水平　　D. 平行于车刀切削刃

57. 修正软卡爪的同心，属于减小误差的（　　）。

A. 就地加工法　　B. 直接减小误差法

C. 误差分组法　　D. 误差平均法

58. 外径千分尺测量精度比游标卡尺高，一般用来测量（　　）精度的零件。

A. 高　B. 低　C. 较低　D. 中等

59. 切断刀的副后角应选（　　）。

A. 6°~8°　B. 1°~2°　C. 12°　D. 5°

60. 零件的（　　）包括尺寸精度、几何形状精度和相互位置精度。

A. 加工精度　B. 经济精度　C. 表面精度　D. 精度

61. 测量蜗杆分度圆直径的方法为（　　）。

A. 螺纹量规测量　B. 三针测量

C. 齿轮卡尺测量　D. 千分尺测量

62. 一般用硬质合金车刀粗车铸铁时，磨损量 VB =（　　）mm。

A. 0.6~0.8　B. 0.8~1.2　C. 0.1~0.3　D. 0.3~0.5

63. CA6140 型车床，车削米制螺纹的导程范围是（　　）mm。

A. 1~192　B. 1~96　C. 0.25~48　D. 1~12

64. 在主截面内测量的刀具基本角度有（　　）。

A. 刃倾角　B. 前角和刃倾角　C. 前角和后角　D. 主偏角

65. 普通螺纹的牙顶应为（　　）形。

A. 元弧　B. 尖　C. 削平　D. 凹面

66. 零件的加工精度包括（　　）。

A. 尺寸精度、几何形状精度和相互位置精度

B. 尺寸精度

C. 尺寸精度、形位精度和表面粗糙度

D. 几何形状精度和相互位置精度

67. 车削外径 100 mm，模数为 8 mm 的米制蜗杆，其轴向齿厚为（　　）mm。

A. 8　B. 4　C. 9.6　D. 12.56

68. 互锁机构的作用是防止（　　）而损坏机床。

A. 主轴正转、反转同时接通　B. 纵、横向进给同时接通

C. 光杠、丝杠同时转动　D. 丝杠传动和机动进给同时接通

69. 为了减小曲轴的弯曲和扭转变形，可采用两端传动或中间传动方式进行加工，并尽量采用有前后刀架的机床，使加工过程中产生的（　　）互相抵消。

A. 切削抗力　B. 抗力　C. 摩擦力　D. 夹紧力

70. 传动比准确的离合器是（　　）离合器。

A. 摩擦片式　B. 超越　C. 安全　D. 牙嵌式

71. 加工硬化层的深度可达（　　）mm。

A. 1　B. 2　C. 0　D. 0.07~0.5

72. 普通车床型号中的主要参数是用（　　）表示的。

A. 中心高的 1/10　B. 加工最大棒料直径

C. 最大车削直径的 1/10　D. 床身上最大工件回转直径

73. 弹簧夹头和弹簧心轴是车床上常用的典型夹具，它能（　　）。

A. 定心　B. 定心，不能夹紧

C. 夹紧　　D. 定心，又能夹紧

74. 蜗轮、蜗杆传动常用于做减速运动的（　　）机构中。

A. 连杆　　B. 自锁　　C. 传动　　D. 曲柄

75. 螺纹的顶径是指（　　）。

A. 外螺纹大径　　B. 外螺纹小径

C. 内螺纹大径　　D. 内螺纹中径

76. 组合夹具组装时，首先根据工件的加工工艺等资料，确定组装（　　）。

A. 方法　　B. 方案　　C. 步骤　　D. 元件

77. 法向直廓蜗杆在垂直于轴线的截面内的齿形是（　　）。

A. 延长渐开线　　B. 渐开线

C. 螺旋线　　D. 阿基米德螺旋线

78. 数控车床加工不同零件时，只需更换（　　）即可。

A. 计算机程序　　B. 凸轮　　C. 毛坯　　D. 车刀

79. 精车多线螺纹时，要多次循环分线，其主要目的是（　　）。

A. 减小表面粗糙度值　　B. 提高尺寸精度

C. 消除赶刀产生的误差　　D. 提高分线精度

80. 螺纹底径是指（　　）。

A. 外螺纹大径　　B. 外螺纹小径　　C. 外螺纹中径　　D. 内螺纹小径

81. 专用夹具适用于（　　）。

A. 新品试制　　B. 单件小批生产　　C. 大批大量生产　　D. 一般生产

82. （　　）属于综合测量方法。

A. 三针测量　　B. 螺纹千分尺测量

C. 螺纹量规测量　　D. 游标卡尺测量

83. 同一条螺旋线相邻两牙在中径线上对应点之间的轴向距离称为（　　）。

A. 螺距　　B. 周节　　C. 节距　　D. 导程

84. CA6140 型车床能加工的最大工件直径是（　　）mm。

A. 140　　B. 200　　C. 400　　D. 500

85. 夹紧元件施力方向尽量与（　　）方向一致，使小夹紧力起大夹紧力的作用。

A. 工件重力　　B. 切削力　　C. 反作用力　　D. 进深抗力

86. 刀具两次重磨之间（　　）时间的总和称为刀具寿命。

A. 使用　　B. 机动　　C. 纯切削　　D. 工作

87. 在工厂机床种类不齐全的情况下使用夹具，这是因为夹具能（　　）。

A. 保证加工质量　　B. 扩大机床的工艺范围

C. 提高劳动生产率　　D. 解决加工中的特殊困难

88. 短 V 形块定位能消除（　　）个自由度。

A. 二　　B. 三　　C. 四　　D. 五

89. 切削用量中对切削力影响最大的是（　　）。

A. 背吃刀量　　B. 进给量　　C. 切削速度　　D. 影响相同

90．铣削加工时挂架一般安装在（　　）上。

A．主轴　　B．床身　　C．悬梁　　D．挂架

91．下列说法中错误的是（　　）。

A．对于机件的肋、轮辐及薄壁等，如按纵向剖切，这些结构都不画剖面符号，而用粗实线将它与其邻接部分分开

B．当零件回转体上均匀分布的肋、轮辐、孔等结构不处于剖切平面上时，可将这些结构旋转到剖切平面上画出

C．较长的机件（轴、杆、型材、连杆等）沿长度方向的形状一致或按一定规律变化时，可断开后缩短绘制。采用这种画法时，尺寸应按机件原长标注

D．当回转体零件上的平面在图形中不能充分表达时，可用平行的两细实线表示

92．硬质合金的耐热温度为（　　）℃。

A．300～400　　B．500～600　　C．800～1 000　　D．1 100～1 300

93．选用45°车刀的作用是加工细长轴外圆处的（　　）和倒钝。

A．倒角　　B．沟槽　　C．键槽　　D．轴径

94．梯形螺纹的（　　）是公称直径。

A．外螺纹大径　　B．外螺纹小径　　C．内螺纹大径　　D．内螺纹小径

95．一个物体在空间可能具有的运动称为（　　）。

A．空间运动　　B．圆柱度　　C．平面度　　D．自由度

96．四爪单动卡盘是（　　）夹具。

A．通用　　B．专用　　C．车床　　D．机床

97．（　　）砂轮适用于硬质合金车刀的刃磨。

A．绿色碳化硅　　B．黑色碳化硅　　C．碳化硼　　D．氧化铝

98．用板牙套螺纹时，当板牙的切削部分全部进入工件，两手用力要（　　）地旋转，不能有侧向的压力。

A．较大　　B．很大　　C．均匀、平稳　　D．较小

99．加工两种或两种以上工件的同一夹具，称为（　　）。

A．组合夹具　　B．专用夹具　　C．通用夹具　　D．车床夹具

100．采用夹具后，工件上有关表面的（　　）由夹具保证。

A．表面粗糙度　　B．几何要素　　C．大轮廓尺寸　　D．位置精度

101．在氧化物系和碳化物系磨料中，磨削硬质合金时应选用（　　）砂轮。

A．棕刚玉　　B．白刚玉　　C．黑色碳化硅　　D．绿色碳化硅

102．已知米制梯形螺纹的公称直径为36 mm，螺距$P=6$ mm，则中径为（　　）mm。

A．30　　B．32.103　　C．33　　D．36

103．造成已加工表面粗糙的主要原因是（　　）。

A．前角小　　B．背吃刀量大　　C．速度低　　D．有积屑瘤

104．已知米制梯形螺纹的公称直径为40 mm，螺距$P=8$ mm，牙顶间隙$a_c=0.5$ mm，则外螺纹牙高为（　　）mm。

A．4.33　　B．3.5　　C．4.5　　D．4

105．用于加工沟槽的铣刀有三面刃铣刀和（　　）。

A．立铣刀　　B．圆柱铣刀　　C．端铣刀　　D．铲齿铣刀

106．如不用切削液，切削热的（　　）传入刀具。

A．50%～86%　　B．10%～40%　　C．3%～9%　　D．1%

107．锥齿轮理论交点的间接测量方法是先测量齿面锥角，若此角正确，再测量背锥面与齿面之间的（　　）。

A．长度　　B．夹角　　C．距离　　D．宽度

108．粗车多线螺纹，分线时比较简便的方法是（　　）。

A．小滑板刻度分线法　　B．交换齿轮分线法

C．利用百分表和量块分线法　　D．卡盘爪分线法

109．在花盘上加工工件，车床主轴转速应选（　　）。

A．较低　　B．中速　　C．较高　　D．高速

110．在机床上用以装夹工件的装置，称为（　　）。

A．车床夹具　　B．专用夹具　　C．机床夹具　　D．通用夹具

111．在板牙套入工件2～3牙后，应及时从（　　）方向用90°角尺进行检查，并不断校正至要求。

A．前后　　B．左右　　C．前后、左右　　D．上下、左右

112．车刀切削部分材料的硬度不能低于（　　）。

A．90 HRC　　B．70 HRC　　C．60 HRC　　D．230 HBW

113．在整个加工过程中，支撑爪与工件接触处应经常加润滑油，以减小（　　）。

A．内应力　　B．变形　　C．磨损　　D．表面粗糙度

114．錾削时，当发现手锤的木柄上沾有油应（　　）。

A．不用管　　B．及时擦去

C．在木柄上包上布　　D．戴上手套

115．已知米制梯形螺纹的公称直径为36 mm，螺距$P=6$ mm，牙顶间隙$a_c=0.5$ mm，则牙槽底宽为（　）mm。

A．2.196　　B．1.928　　C．0.268　　D．3

116．修磨麻花钻横刃的目的是（　　）。

A．缩短横刃，降低钻削力　　B．减小横刃处前角

C．增大或减小横刃处前角　　D．增加横刃强度

117．成形车刀的前角取（　　）。

A．较大　　B．较小　　C．0°　　D．20°

118．錾子一般由碳素工具钢锻成，经热处理后使其硬度达到（　　）。

A．40～55 HRC　　B．55～65 HRC　　C．56～62 HRC　　D．65～75 HRC

119．中心架装上后，应逐个调整中心架三个支撑爪，使三个支撑爪对工件支撑的松紧程度（　　）。

A．任意　　B．要小　　C．较大　　D．适当

120．磨削加工的实质可看成是具有无数个刀齿的（　　）刀的超高速粗加工。

A. 铣　　B. 车　　C. 磨　　D. 插

121. 重复定位能提高工件的刚度，但对工件（　　）的有影响，一般是不允许的。

A. 尺寸精度　　B. 位置精度　　C. 定位精度　　D. 加工

122. 轴类零件加工顺序安排时应按照（　　）的原则。

A. 先粗车后精车　　B. 先精车后粗车　　C. 先内后外　　D. 基准后行

123. 轴上的花键槽一般都放在外圆的半精车（　　）进行。

A. 之前　　B. 之后　　C. 同时　　D. 之前或之后

124. 刃磨时对切削刃的要求是（　　）。

A. 刃口表面粗糙度值小、锋利　　B. 刃口平直、光洁

C. 刃口平整、锋利　　D. 刃口平直、表面粗糙度值小

125. 按铣刀的齿背形状分可分为尖齿铣刀和（　　）。

A. 三面刃铣刀　　B. 端铣刀　　C. 铲齿铣刀　　D. 沟槽铣刀

126. 采用夹具后，工件上有关表面的（　　）由夹具保证。

A. 表面粗糙度　　B. 几何要素　　C. 大轮廓尺寸　　D. 位置精度

127. 一台 C620－1 车床，$P_E = 7$ kW，$\eta = 0.8$，如果要在该车床上以 80 m/min 的速度车削短轴，这时根据计算得切削力 $F_z = 4\ 800$ N，则这台车床（　　）。

A. 不一定能切削　　B. 不能切削　　C. 可以切削　　D. 一定可以切削

128. 不属于切削液的是（　　）。

A. 水溶液　　B. 乳化液　　C. 切削油　　D. 防锈剂

129. 常用的夹紧装置有螺旋夹紧装置、（　　）夹紧装置和偏心夹紧装置等。

A. 螺钉　　B. 楔块　　C. 螺母　　D. 压板

130. 车床主轴箱齿轮齿面加工顺序为滚齿、（　　）、剃齿等。

A. 磨齿　　B. 插齿　　C. 珩齿　　D. 铣齿

131. 在花盘、角铁上加工工件时，转速如果太高，就会因（　　）的影响，使工件飞出，而发生事故。

A. 切削力　　B. 离心力　　C. 夹紧力　　D. 转矩

132. 车削精度要求较高的偏心工件，可用（　　）卡盘来装夹。

A. 自定心　　B. 双重　　C. 偏心　　D. 单动

133. 使用（　　）可提高刀具寿命。

A. 润滑液　　B. 切削液　　C. 清洗液　　D. 防锈液

134. 精车梯形螺纹时，为了便于左右车削，精车刀的刀头宽度应（　　）牙槽底宽。

A. 小于　　B. 等于　　C. 大于　　D. 超过

135. 锉刀放入工具箱时，不可与其他工具堆放，也不可与其他锉刀重叠堆放，以免（　　）。

A. 损坏锉齿　　B. 变形　　C. 损坏其他工具　　D. 不好寻找

136. 用硬质合金螺纹车刀高速车梯形螺纹时，刀尖角应为（　　）。

A. 30°　　B. 29°　　C. 29°30′　　D. 30°30′

137. 车法向直廓蜗杆时，刀头必须倾斜，如采用（　　）刀排最为理想。

A. 镗孔　　B. 可调　　C. 可回转　　D. 机夹

138. (　　) 越好，允许的切削速度越高。

A. 韧性　　B. 强度　　C. 耐磨性　　D. 红硬性

139. CA6140 型卧式车床主轴箱Ⅲ到Ⅴ轴之间的传动比实际上有（　　）种。

A. 四　　B. 六　　C. 三　　D. 五

140. 当车好一条螺旋槽之后，把主轴到（　　）之间的传动链断开，并把工件转过一个角度再恢复主轴在丝杠之间的传动链，车削另一条螺旋槽。

A. 齿条　　B. 光杠　　C. 齿轮　　D. 丝杠

141. 当卡盘本身的精度较高，装上主轴后圆跳动大的主要原因是主轴（　　）过大。

A. 转速　　B. 旋转　　C. 跳动　　D. 间隙

142. 车螺纹时，在每次往复行程后，除中滑板横向进给外，小滑板只向一个方向做微量进给，这种车削方法是（　　）法。

A. 直进　　B. 左右切削　　C. 斜进　　D. 车直槽

143. 在高温下能够保持刀具材料切削性能的是（　　）。

A. 硬度　　B. 耐热性　　C. 耐磨性　　D. 强度

144. 刀具材料的硬度、耐磨性越高，韧性（　　）。

A. 越差　　B. 越好　　C. 不变　　D. 消失

145. CA6140 型卧式车床反转时的转速（　　）正转时的转速。

A. 高于　　B. 等于　　C. 低于　　D. 大于

146. 当加工工件由中间切入时，副偏角应选用（　　）。

A. 6°~8°　　B. 45°~60°　　C. 90°　　D. 100°

147. 刀具材料的硬度越高，耐磨性（　　）。

A. 越差　　B. 越好　　C. 不变　　D. 消失

148. (　　) 时，可避免积屑瘤的产生。

A. 使用切削液　　B. 加大进给量

C. 采用中等切削速度　　D. 采用小前角

149. 刀具的（　　）要符合要求，以保证良好的切削性能。

A. 几何特性　　B. 几何角度　　C. 几何参数　　D. 尺寸

150. 高速车螺纹时，一般选用（　　）法车削。

A. 直进　　B. 左右切削　　C. 斜进　　D. 车直槽

151. 防止或减小薄壁工件变形的方法：（　　），采用轴向夹紧装置，采用辅助支撑或工艺肋。

A. 减小接触面积　　B. 增大接触面积

C. 增大刀具尺寸　　D. 采用专用夹具

152. 左右切削法车削螺纹，（　　）。

A. 适于螺距较大的螺纹　　B. 易扎刀

C. 螺纹牙形准确　　D. 牙底平整

153. 跟刀架的种类有两爪跟刀架和（　　）跟刀架。

A. 三爪　　B. 一爪　　C. 铸铁　　D. 铜

154. 消耗的功最大的切削力是（　　）。

A. 主切削力 F_z　　B. 切深抗力 F_y　　C. 进给抗力 F_x　　D. 反作用力

155.（　　）硬质合金车刀适于加工钢料或其他韧性较大的塑性材料。

A. M类　　B. K类　　C. P类　　D. H类

156.（　　）硬质合金适于加工短切屑的黑色金属、有色金属及非金属材料。

A. P类　　B. K类　　C. M类　　D. 以上均可

157. 形状复杂、精度较高的刀具应选用的材料是（　　）。

A. 工具钢　　B. 高速钢　　C. 硬质合金　　D. 碳素钢

158. 高速钢车刀的（　　）较差，因此不能用于高速切削。

A. 强度　　B. 硬度　　C. 耐热性　　D. 工艺性

159. 加工塑性金属材料应选用（　　）硬质合金。

A. P类　　B. K类　　C. M类　　D. 以上均可

160. 切削塑性较大的金属材料时形成（　　）切屑。

A. 带状　　B. 挤裂　　C. 粒状　　D. 崩碎

二、判断题

161. 应遵守工艺纪律，执行技术标准，坚持按图样、按工艺、按技术标准组织生产。（　　）

162. CA6140 型卧式车床溜板箱内的安全离合器是过载保护机构。（　　）

163. 主轴的正转、反转是由变向机构控制的。（　　）

164. 单件和小批生产时，辅助时间往往消耗单件工时的一半以上。（　　）

165. 车削时，基本时间取决于所选切削速度、进给量和背吃刀量，并取决于加工余量和车刀行程长度。（　　）

166. 左右切削法和斜进法不易产生扎刀现象。（　　）

167. 磨削是用砂轮以较高线速度对工件表面进行加工的方法。（　　）

168. 吊运重物不得从任何人头顶通过，吊臂下严禁站人。（　　）

169. 对夹紧装置的基本要求是牢、正、快、简。（　　）

170. 在实际切削时，车刀安装歪斜对车刀工作角度基本没有影响。（　　）

171. 普通麻花钻横刃长，定心好，轴向力大。（　　）

172. 手提式泡沫灭火器在使用时，一手提环，一手抓筒底边，把灭火器颠倒过来，轻轻抖动几下，泡沫便会喷出。（　　）

173. 生产过程组织是解决产品生产过程各阶段、各环节、各工序在时间和空间上的协调衔接。（　　）

174. 尺寸链的计算方法有概率法和极大极小法。（　　）

175. 负值刃倾角，刀尖最先接触工件。（　　）

176. 使用扇形软卡爪，可减小薄壁工件的变形。（　　）

177. 由于试切法的加工精度较高，所以主要用于大量生产。（　　）

178. 切削厚度 a_c 是在平行于工件加工表面测量的切削层尺寸。（　　）

179. 切削用量对刀具寿命的影响，主要是通过切削温度的高低来影响的，所以，对刀具寿命影响最大的是切削速度。 ( )

180. 在 CA6140 型卧式车床上只要拧紧中滑板上两螺母之间的螺钉，就可以消除丝杠与螺母的运动间隙。 ( )

181. 被加工表面回转轴线与基准面互相平行，外形复杂的工件可装夹在角铁上加工。 ( )

182. 用划针或百分表对工件进行找正，也是对工件进行定位。 ( )

183. 当零件的大部分表面粗糙度相同时，将相同的代（符）号统一标注在图样的右上角即可，无须另外加注内容。 ( )

184. 退火工序一般安排在粗加工之后。 ( )

185. 与磨削外圆相比，磨内圆时，同等条件下磨削质量和生产率都较好。 ( )

186. 零件图中同一方向的尺寸，必须全部从同一主要基准标注。 ( )

187. 车床开动前，应检查车床各部分机构是否完好，各手柄等位置是否正确。 ( )

188. 研磨只能减小表面粗糙度值，而抛光既可提高表面质量，又能提高加工精度。 ( )

189. 机械伤害事故的种类主要有四种，即刺割伤、打砸伤、碾绞伤和烫伤。 ( )

190. 制动的目的是缩短车工操作的辅助时间。 ( )

191. 用直联丝杠法加工蜗杆，车床丝杠螺距为 12 mm，车削 $m_x = 3$，线数 $Z = 2$ 的蜗杆，则计算交换齿轮的齿数为 $Z_1/Z_2 = 55/35$。 ( )

192. 用水平装刀法车削蜗杆时，由于其中一侧切削刃的前角变小，使切削不顺利。 ( )

193. 普通螺纹 M20 × 3/2 的螺距为 2 mm。 ( )

194. 在 CA6140 车床上车削 Tr36 × 24（P6）的螺纹，不会产生乱扣。 ( )

195. 粗车时，选择切削用量从大到小的顺序是 a_p、f、v_c。 ( )

196. 弹簧夹头和弹簧心轴既能定心，又能夹紧。 ( )

197. 两顶尖装夹车长 400 mm 的外圆，车至 300 mm 时，测得尾座端直径小 0.03 mm，若不考虑刀具磨损因素，当尾座向远离操作者方向偏移 0.02 mm 时，能够消除锥度。 ( )

198. 车床大滑板手轮与刻度盘是同步运动的。 ( )

199. 开合螺母跟燕尾形导轨配合的松紧程度，可用螺钉支紧或放松楔铁进行调整。 ( )

200. 变速机构用来改变主动轴与从动轴之间的传动比。 ( )

技能操作考核模拟试卷

一、加工蜗杆轴

蜗杆轴如图 8—1 所示，蜗杆轴评分标准见表 8—1。

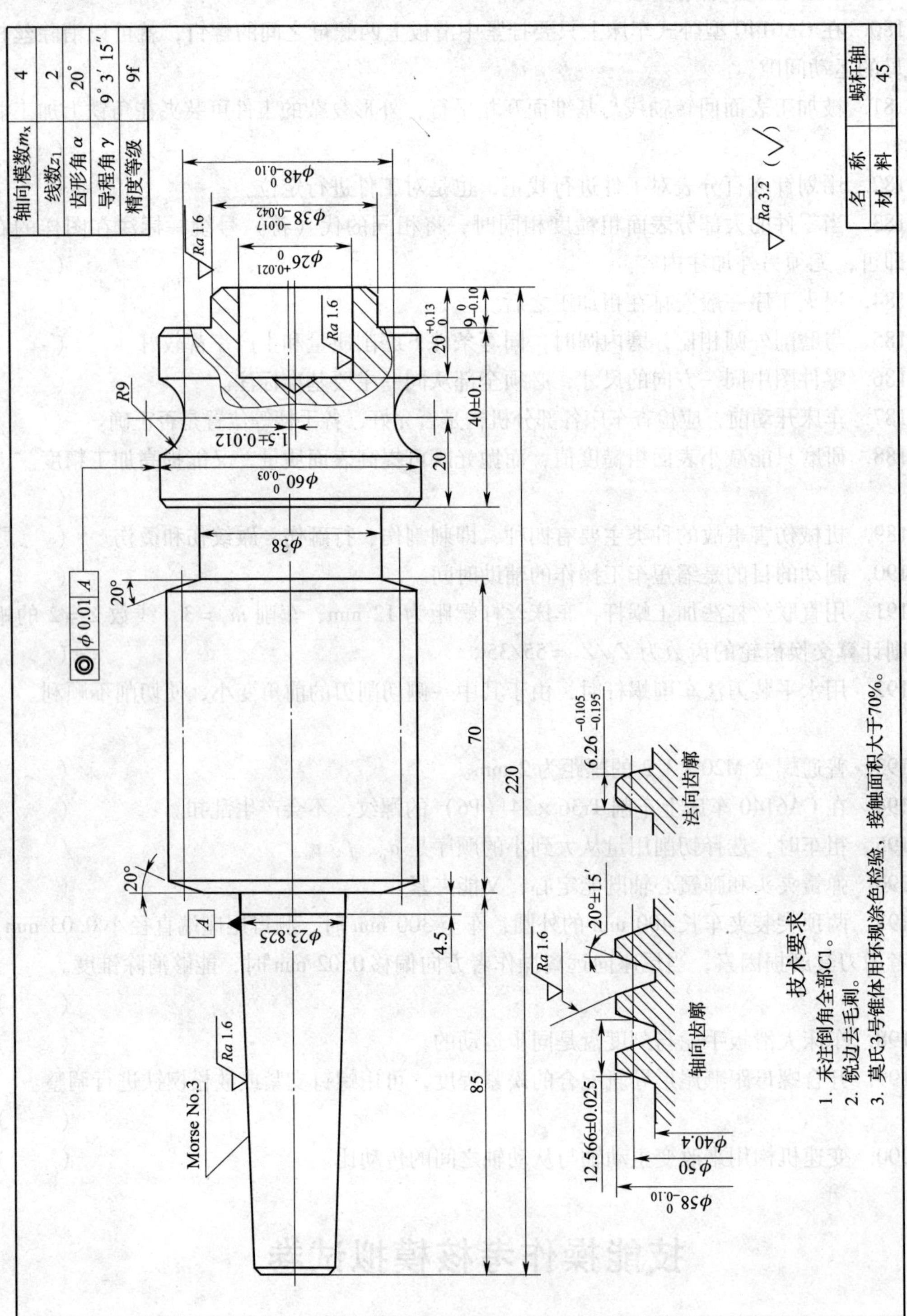

轴向模数m_x 4
线数z_1 2
齿形角α 20°
导程角γ 9°3′15″
精度等级 9f
名称 蜗杆轴
材料 45
Ra 3.2 (√)
技术要求
1. 未注倒角全部C1。
2. 锐边去毛刺。
3. 莫氏3号锥体用环规涂色检验，接触面积大于70%。
法向齿廓
轴向齿廓
Morse No.3
220
85
70
40±0.1
20
R9
φ38
φ23.825
φ40.4
φ50
12.566±0.025
20°±15′
4.5
A
◎ φ0.01 A
Ra 1.6

图 8—1 蜗杆轴

表 8—1　　蜗杆轴评分标准

项目	序号	技术要求	配分	评分标准	检测记录	得分
车蜗杆	1	$\phi58_{-0.10}^{0}$ mm	3	超差扣 3 分		
	2	(12.566 ±0.025) mm	6	超差扣 6 分		
	3	$6.26_{-0.195}^{-0.105}$ mm	8	超差扣 8 分		
	4	20° ±15′	4	超差扣 4 分		
	5	70 mm	2	超差扣 2 分		
	6	*Ra*1.6 μm（2 处）（蜗杆两侧）	4	一处不合格扣 4 分		
	7	*Ra*3.2 μm（2 处）	2	一处不合格扣 2 分		
车莫氏锥体	8	ϕ23.845 mm ×4.5 mm	6	一处超差扣 3 分		
	9	接触面积大于 70%	10	接触面积 60% ~69% 扣 4 分，小于 60% 扣 10 分		
	10	85 mm	1	超差扣 1 分		
	11	*Ra*1.6 μm	4	不合格扣 4 分		
车偏心圆	12	$\phi38_{-0.042}^{-0.017}$ mm	3	超差扣 3 分		
	13	$\phi26_{0}^{+0.021}$ mm	3	超差扣 3 分		
	14	(1.5 ±0.012) mm	4	超差扣 4 分		
	15	$20_{0}^{+0.13}$ mm	2	超差扣 2 分		
	16	$9_{-0.10}^{0}$ mm	2	超差扣 2 分		
	17	*Ra*1.6 μm（2 处）	4	一处不合格扣 2 分		
	18	*Ra*3.2 μm（2 处）	2	一处不合格扣 1 分		
车外圆	19	$\phi60_{-0.03}^{0}$ mm	4	超差扣 4 分		
	20	ϕ38 mm	2	超差扣 2 分		
	21	(40 ±0.1) mm	2	超差扣 2 分		
	22	同轴度公差 0.01 mm	6	超差扣 6 分		
	23	*Ra*1.6 μm	2	不合格扣 2 分		
	24	*Ra*3.2 μm（2 处）	2	一处不合格扣 1 分		
车圆弧槽	25	*R*9 mm	4	用样板或量棒检验，不合格扣 4 分		
	26	$\phi48_{-0.10}^{0}$ mm	3	超差扣 3 分		
	27	20 mm	1	超差扣 1 分		
	28	*Ra*3.2 μm	1	不合格扣 1 分		
车长度	29	220 mm	2	超差扣 2 分		
	30	*Ra*3.2 μm	1	不合格扣 1 分		
安全文明生产	31	遵守安全操作规程，正确使用工、量具，操作现场整洁	—	按达到规定的标准进行评定，一项不符合要求扣 2.5 分		
	32	安全用电、防火、无人身设备事故	—	因违规操作发生重大人身设备事故，此题按 0 分计		
合计			100			

二、加工丝杠

丝杠如图 8—2 所示，丝杠评分标准见表 8—2。

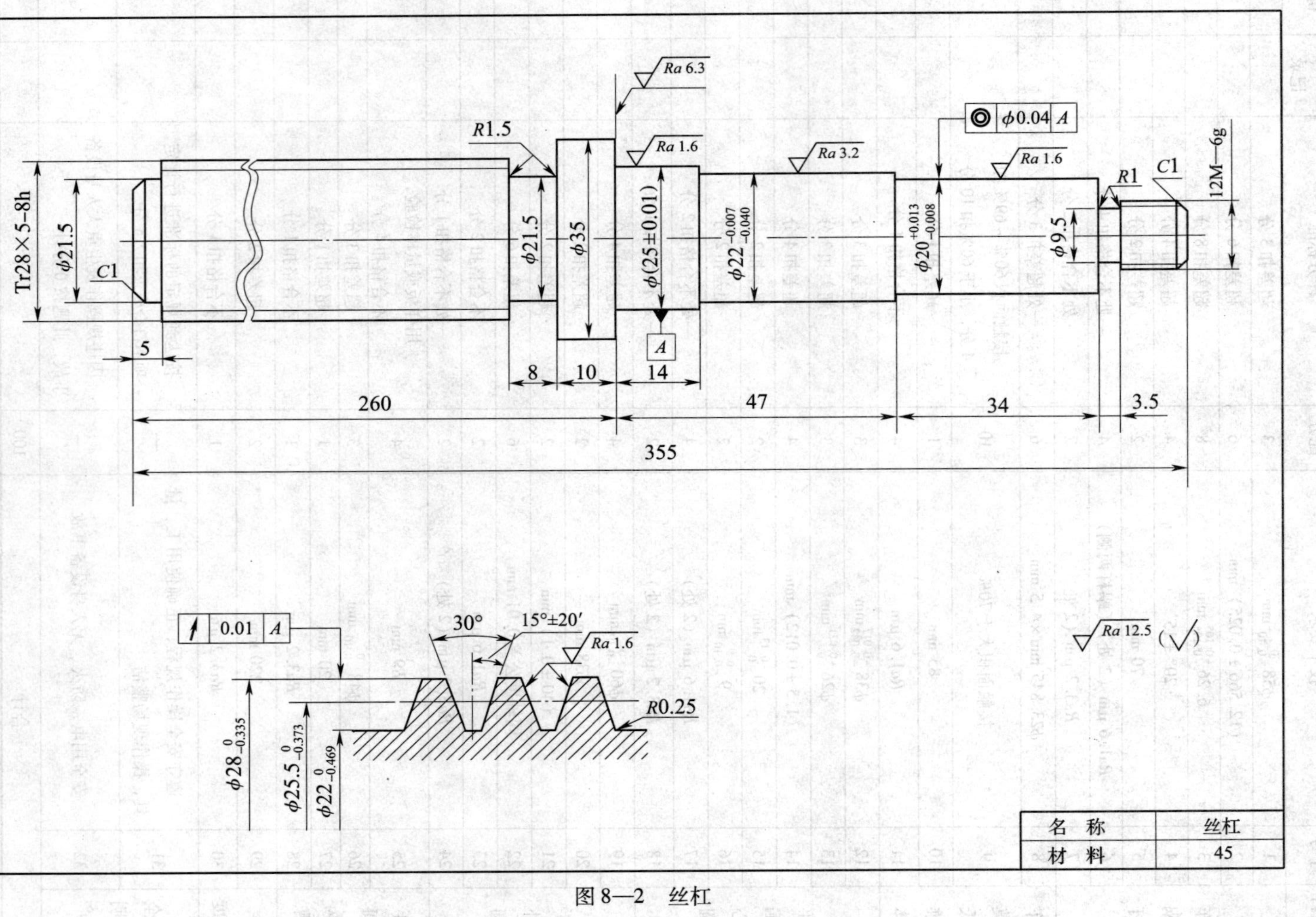

名称	丝杠
材料	45

图8—2 丝杠

表 8—2 丝杠评分标准

项目	序号	技术要求	配分	评分标准	检测记录	得分
外圆	1	ϕ21.5 mm	1	不合格全扣		
	2	ϕ35 mm	1	不合格全扣		
	3	ϕ（25 ±0.01）mm	8	不合格全扣		
	4	$\phi22_{-0.040}^{-0.007}$ mm	6	不合格全扣		
	5	$\phi20_{-0.008}^{+0.013}$ mm	8	不合格全扣		
长度	6	5 mm、10 mm、14 mm、34 mm	2	一处不合格扣 0.5 分		
	7	260 mm、47 mm、355 mm	3	一处不合格扣 1 分		
梯形螺纹	8	$\phi28_{-0.335}^{0}$ mm	3	不合格全扣		
	9	$\phi25.5_{-0.373}^{0}$ mm	10	不合格全扣		
	10	$\phi22_{-0.469}^{0}$ mm	1	不合格全扣		
	11	牙型角 15° ±20′（两侧）	6	一处不合格扣 3 分		
	12	退刀槽 ϕ21.5 mm ×8 mm	1	不合格全扣		
	13	圆跳动 0.01 mm	5	不合格全扣		
三角形螺纹	14	M12—6g	5	不合格全扣		
	15	退刀槽 ϕ9.5 mm ×3.5 mm	1	不合格全扣		
表面粗糙度	16	*Ra*1.6 μm（4 处）	16	一处不合格扣 4 分		
	17	*Ra*3.2 μm	3	不合格全扣		
	18	*Ra*6.3 μm	2	不合格全扣		
	19	*Ra*12.5 μm（8 处）	8	一处不合格扣 1 分		
其他	20	同轴度 ϕ0.04 mm	5	不合格全扣		
	21	倒角 *C*1 mm（2 处）	2	一处不合格扣 1 分		
	22	过渡圆角 *R*1.5 mm、*R*1 mm、*R*0.25 mm（各 2 处）	3	一处不合格扣 0.5 分		
	23	遵守安全操作规程，违规操作一次，扣总分 5 分，发生重大人身设备事故，此题计 0 分				
合计			100			

三、加工蜗杆轴

蜗杆轴如图 8—3 所示，蜗杆轴评分标准见表 8—3。

轴向模数m 4
齿形角α 20°
螺旋线升角γ 3°34′35″
轴向齿距极限偏差$\pm f_{px}$ ±0.025
轴向齿距累积公差f_{pxl} 0.048
齿形公差f_{f1} 0.045
齿槽径向圆跳动公差f_r 0.036
260
180±0.2
5
17
45
90
25
15°
30°
Ra 1.6
R1
R1.5
C2
ϕ45$^{-0.025}_{-0.050}$
ϕ38
ϕ43
ϕ65
ϕ45
ϕ72$^{0}_{-0.03}$
ϕ64
B
C
15
3
ϕ 0.01 B—C
310
40°±20′
20°±10′
12.566±0.025
ϕ58$^{0}_{-0.03}$
ϕ(64)
ϕ54.4
技术要求
1. 未注倒角C1。
2. 蜗杆法向齿厚$s_n=6.27^{-0.40}_{-0.49}$。
名称 蜗杆轴
材料 45
图 8—3 蜗杆轴

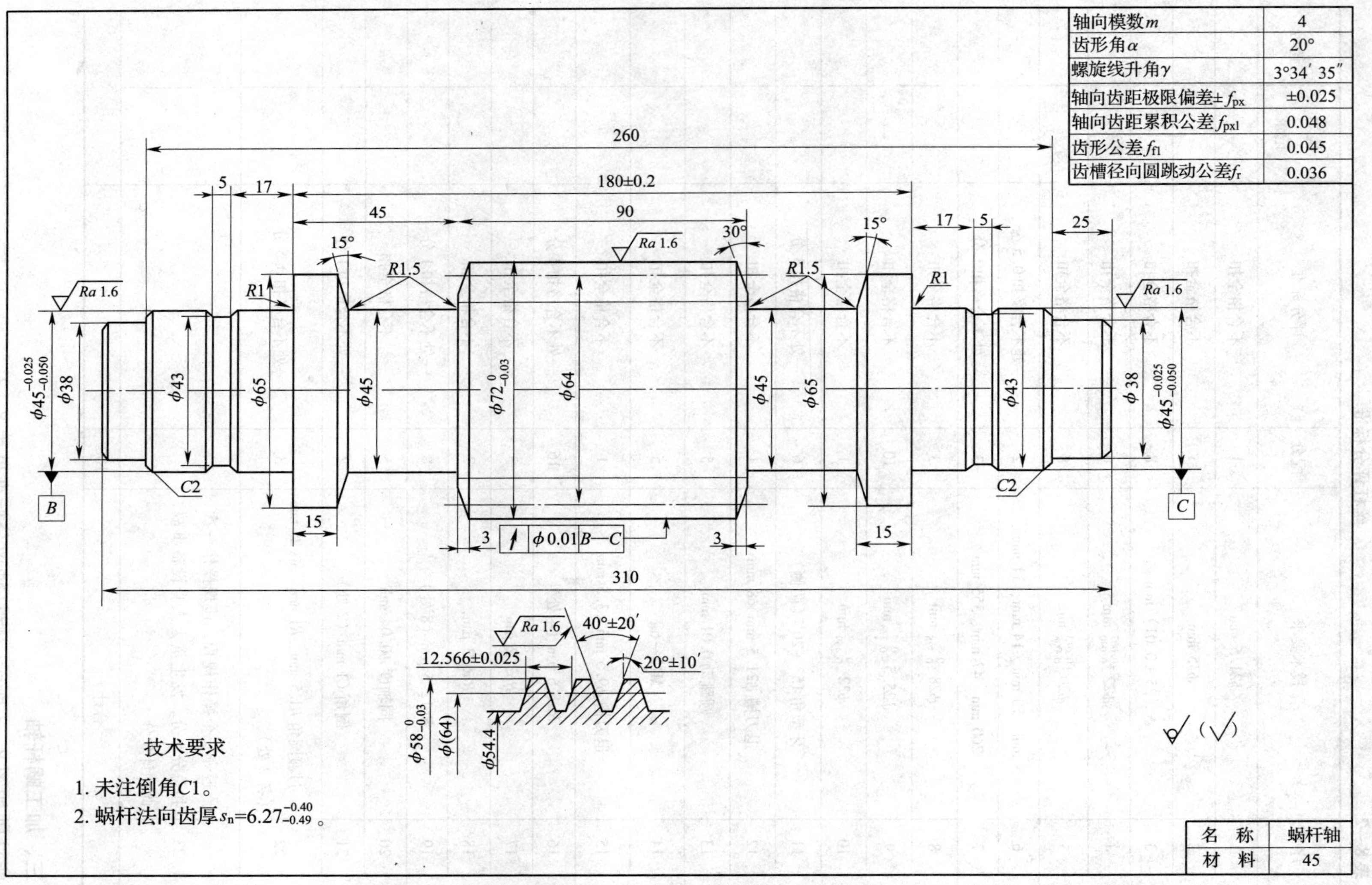

表 8—3　　　　蜗杆轴评分标准

项目	序号	技术要求	配分	评分标准	检测记录	得分
外圆	1	ϕ38 mm（2 处）	2	一处不合格扣 1 分		
	2	$\phi45_{-0.050}^{-0.025}$ mm（2 处）	8	一处不合格扣 4 分		
	3	ϕ43 mm（2 处）	2	一处不合格扣 1 分		
	4	ϕ65 mm（2 处）	2	一处不合格扣 1 分		
	5	ϕ45 mm（2 处）	2	一处不合格扣 1 分		
长度	6	310 mm、260 mm、25 mm	3	一处不合格扣 1 分		
	7	5 mm（2 处）	1	一处不合格扣 0.5 分		
	8	17 mm（2 处）	1	一处不合格扣 0.5 分		
	9	15 mm（2 处）	1	一处不合格扣 0.5 分		
	10	（180 ±0.2） mm	2	不合格全扣		
	11	45 mm、90 mm	2	一处不合格扣 1 分		
蜗杆部分	12	外圆 $\phi72_{-0.03}^{0}$ mm	5	不合格全扣		
	13	法向齿厚 $6.27_{-0.49}^{-0.40}$ mm	5	不合格全扣		
	14	牙型角 20° ±10′（两侧）	5	一处不合格扣 2.5 分		
	15	轴向齿距极限偏差 ±0.025 mm	5	不合格全扣		
	16	轴向齿距累积公差 0.048 mm	5	不合格全扣		
	17	齿形公差 0.045 mm	5	不合格全扣		
	18	齿槽径向圆跳动公差 0.036 mm	5	不合格全扣		
	19	右旋		旋向错误扣该部分所得分的 50%		
	20	圆跳动 ϕ0.01 mm	5	不合格全扣		
表面粗糙度	21	*Ra*1.6 μm（3 处）	12	一处不合格扣 4 分		
	22	*Ra*1.6 μm（2 处）	8	一处不合格扣 4 分		
	23	*Ra*12.5 μm（9 处）	9	一处不合格扣 1 分		
其他	24	倒角 *C*1 mm（6 处）	1	一处不合格扣 0.2 分		
	25	倒角 *C*2 mm（2 处）	0.5	一处不合格扣 0.25 分		
	26	倒角 3 ×30°（2 处）	1	一处不合格扣 0.5 分		
	27	15°锥面（2 处）	1	一处不合格扣 0.5 分		
	28	过渡圆角 *R*1 mm（2 处）	0.5	一处不合格扣 0.25 分		
	29	过渡圆角 *R*1.5 mm（4 处）	1	一处不合格扣 0.25 分		
	30	遵守安全操作规程，违规操作一次，扣总分 5 分，发生重大人身设备事故，此题计 0 分				
合计			100			

四、加工支架

支架如图 8—4 所示，支架评分标准见表 8—4。

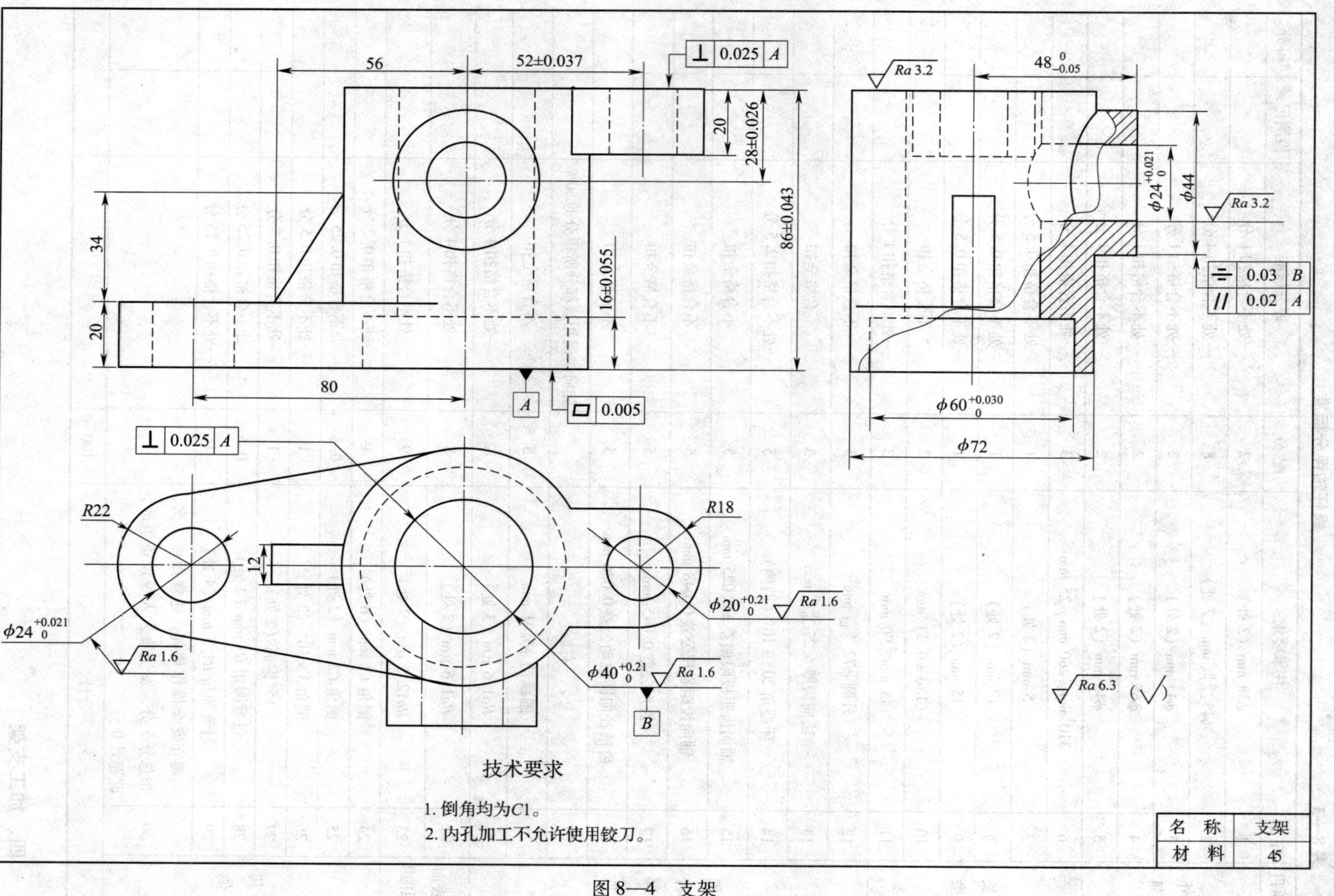

图 8—4 支架

表 8—4 支架评分标准

项目	序号	技术要求	配分	评分标准	检测记录	得分
内孔	1	$\phi 60^{+0.030}_{0}$ mm	5	不合格全扣		
	2	$\phi 40^{+0.025}_{0}$ mm	5	不合格全扣		
	3	$\phi 24^{+0.021}_{0}$ mm	10	一处不合格扣 5 分		
	4	$\phi 20^{+0.021}_{0}$ mm	5	不合格全扣		
长度	5	(16 ±0.055) mm	2	不合格全扣		
	6	(86 ±0.043) mm	3	不合格全扣		
	7	(52 ±0.037) mm	3	不合格全扣		
	8	80 mm	3	不合格全扣		
	9	(28 ±0.026) mm	3	不合格全扣		
	10	$48^{\ 0}_{-0.05}$ mm	4	不合格全扣		
表面粗糙度	11	*Ra*1.6 μm（3 处）	21	一处不合格扣 7 分		
	12	*Ra*3.2 μm（2 处）	6	一处不合格扣 3 分		
	13	*Ra*6.3 μm	1	一处不合格扣 1 分		
其他	14	平面度 0.005 mm	6	不合格全扣		
	15	垂直度 0.025 mm（2 处）	8	一处不合格扣 4 分		
	16	对称度 0.03 mm	7	不合格全扣		
	17	平行度 0.02 mm	5	不合格全扣		
	18	倒角 *C*1 mm（6 处）	3	不合格全扣		
	19	遵守安全操作规程，违规操作一次，扣总分 5 分，发生重大人身设备事故，此题计 0 分				
		合计	100			

理论知识考核模拟试卷参考答案

试卷一

一、单项选择题

1. C　2. A　3. C　4. B　5. D　6. D　7. C　8. A　9. A
10. D　11. C　12. A　13. A　14. A　15. D　16. A　17. B　18. A
19. B　20. C　21. D　22. B　23. B　24. B　25. D　26. A　27. B
28. B　29. A　30. C　31. A　32. D　33. A　34. B　35. B　36. C
37. B　38. B　39. B　40. D　41. C　42. B　43. B　44. B　45. B

46. A　47. C　48. D　49. A　50. B　51. D　52. A　53. A　54. C
55. D　56. B　57. C　58. C　59. A　60. D　61. C　62. C　63. B
64. C　65. A　66. A　67. A　68. D　69. B　70. A　71. D　72. A
73. C　74. C　75. C　76. C　77. B　78. D　79. A　80. D　81. B
82. C　83. C　84. C　85. A　86. C　87. C　88. A　89. A　90. B
91. A　92. D　93. C　94. B　95. D　96. B　97. A　98. B　99. A
100. D　101. C　102. C　103. A　104. C　105. B　106. C　107. A　108. B
109. B　110. B　111. B　112. C　113. A　114. C　115. D　116. B　117. D
118. A　119. C　120. C　121. B　122. C　123. B　124. A　125. B　126. B
127. A　128. C　129. D　130. B　131. C　132. A　133. D　134. A　135. B
136. B　137. A　138. A　139. B　140. D　141. D　142. C　143. C　144. C
145. B　146. A　147. C　148. C　149. C　150. A　151. B　152. C　153. C
154. A　155. D　156. D　157. D　158. B　159. C　160. D

二、判断题

161. ×　162. √　163. √　164. √　165. ×　166. ×　167. √　168. √　169. ×
170. ×　171. √　172. √　173. √　174. ×　175. √　176. ×　177. ×　178. ×
179. √　180. √　181. √　182. √　183. ×　184. ×　185. √　186. √　187. √
188. √　189. √　190. √　191. √　192. √　193. ×　194. ×　195. √　196. √
197. √　198. √　199. √　200. √

试卷二

一、单项选择题

1. B　2. D　3. B　4. B　5. B　6. A　7. A　8. D　9. D
10. C　11. D　12. C　13. B　14. D　15. C　16. B　17. B　18. A
19. C　20. B　21. C　22. D　23. A　24. B　25. C　26. A　27. A
28. A　29. B　30. D　31. B　32. C　33. B　34. C　35. A　36. A
37. B　38. B　39. A　40. A　41. B　42. C　43. B　44. A　45. C
46. D　47. C　48. C　49. A　50. D　51. B　52. A　53. D　54. C
55. C　56. A　57. D　58. A　59. D　60. C　61. D　62. B　63. B
64. B　65. D　66. B　67. A　68. C　69. B　70. B　71. C　72. B
73. A　74. B　75. C　76. B　77. D　78. D　79. C　80. B　81. A
82. A　83. C　84. C　85. A　86. D　87. D　88. D　89. D　90. B
91. D　92. A　93. A　94. C　95. B　96. B　97. C　98. A　99. B
100. B　101. D　102. D　103. C　104. C　105. A　106. C　107. A　108. A
109. A　110. A　111. B　112. B　113. A　114. A　115. C　116. D　117. C
118. B　119. B　120. C　121. C　122. D　123. B　124. C　125. A　126. C
127. A　128. C　129. A　130. C　131. B　132. C　133. A　134. B　135. A

136. B 137. C 138. D 139. C 140. D 141. B 142. D 143. A 144. C
145. A 146. A 147. A 148. B 149. C 150. B 151. C 152. B 153. B
154. B 155. A 156. A 157. B 158. D 159. C 160. A

二、判断题

161. √ 162. √ 163. √ 164. × 165. √ 166. √ 167. √ 168. × 169. ×
170. √ 171. √ 172. √ 173. √ 174. √ 175. √ 176. × 177. √ 178. √
179. √ 180. √ 181. √ 182. × 183. √ 184. √ 185. √ 186. × 187. √
188. √ 189. √ 190. √ 191. √ 192. × 193. √ 194. √ 195. √ 196. ×
197. √ 198. √ 199. √ 200. √

试卷三

一、单项选择题

1. A 2. A 3. A 4. C 5. C 6. A 7. A 8. B 9. D
10. A 11. A 12. B 13. C 14. C 15. D 16. B 17. B 18. C
19. B 20. B 21. C 22. A 23. A 24. C 25. A 26. D 27. D
28. C 29. C 30. A 31. B 32. B 33. B 34. B 35. C 36. A
37. A 38. C 39. B 40. C 41. B 42. C 43. B 44. A 45. B
46. B 47. B 48. A 49. B 50. A 51. B 52. A 53. B 54. B
55. B 56. B 57. A 58. D 59. B 60. A 61. B 62. B 63. A
64. C 65. C 66. A 67. D 68. D 69. A 70. D 71. D 72. C
73. D 74. C 75. A 76. B 77. A 78. A 79. C 80. B 81. C
82. C 83. D 84. C 85. B 86. C 87. B 88. A 89. A 90. C
91. D 92. C 93. A 94. A 95. D 96. A 97. A 98. C 99. C
100. C 101. D 102. C 103. D 104. C 105. A 106. C 107. B 108. A
109. A 110. C 111. C 112. C 113. C 114. B 115. B 116. A 117. C
118. C 119. D 120. A 121. C 122. A 123. B 124. B 125. C 126. D
127. B 128. D 129. B 130. B 131. B 132. C 133. B 134. A 135. A
136. C 137. C 138. D 139. C 140. D 141. D 142. C 143. B 144. A
145. A 146. B 147. B 148. A 149. B 150. A 151. B 152. A 153. A
154. A 155. C 156. B 157. B 158. C 159. A 160. A

二、判断题

161. √ 162. √ 163. √ 164. √ 165. √ 166. √ 167. √ 168. √ 169. √
170. × 171. × 172. √ 173. √ 174. √ 175. × 176. √ 177. × 178. ×
179. √ 180. × 181. √ 182. √ 183. × 184. × 185. × 186. × 187. √
188. × 189. √ 190. √ 191. √ 192. √ 193. × 194. × 195. √ 196. √
197. √ 198. × 199. √ 200. √